U0333463

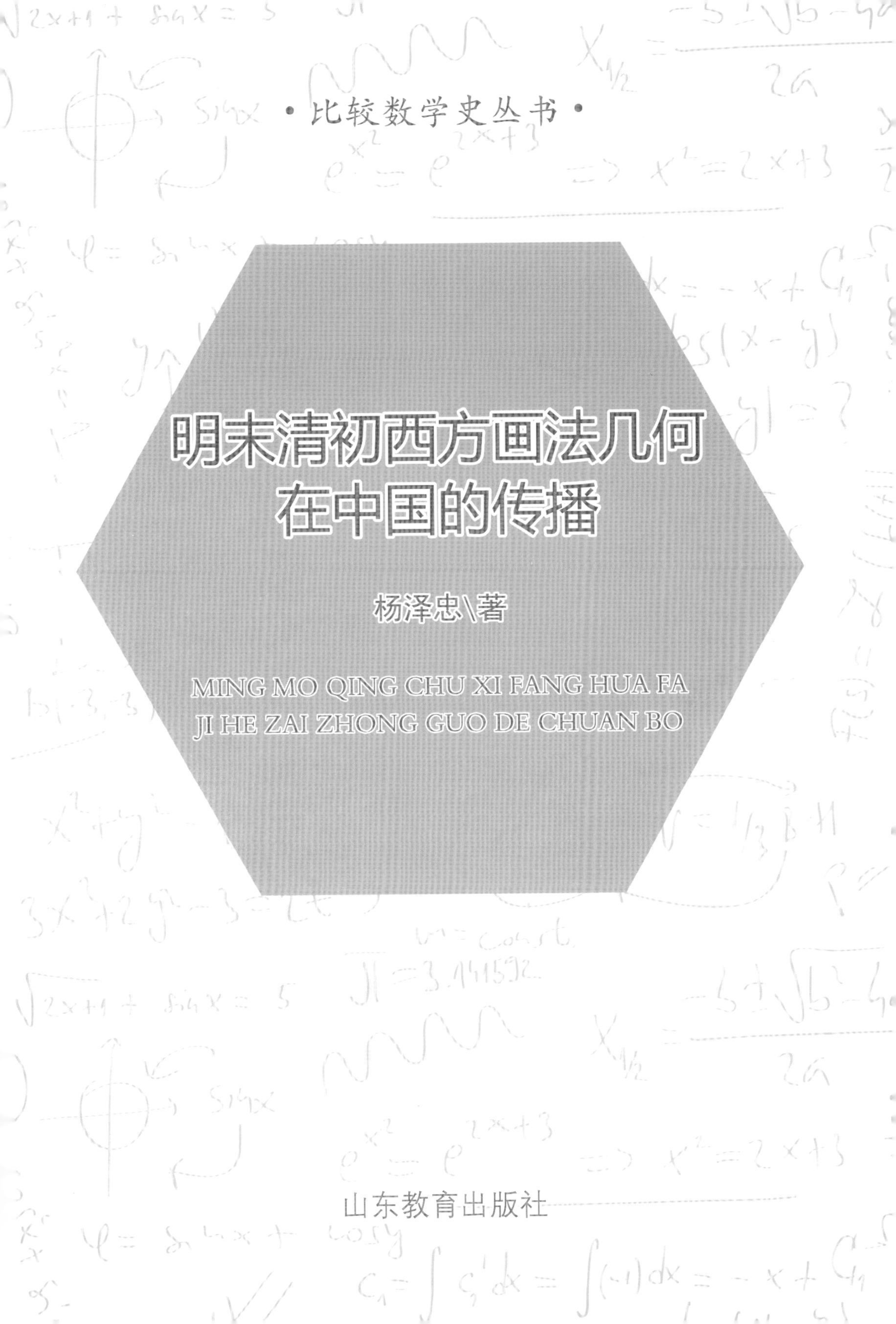

·比较数学史丛书·

明末清初西方画法几何在中国的传播

杨泽忠\著

MING MO QING CHU XI FANG HUA FA JI HE ZAI ZHONG GUO DE CHUAN BO

山东教育出版社

图书在版编目(CIP)数据

明末清初西方画法几何在中国的传播/杨泽忠著.
—济南:山东教育出版社,2014
(比较数学史丛书)
ISBN 978-7-5328-8669-2

Ⅰ.①明... Ⅱ.①杨... Ⅲ.①画法几何—数学史
—中国—明清时代 Ⅳ.①O185.2-092

中国版本图书馆 CIP 数据核字(2014)第 279334 号

比较数学史丛书

明末清初西方画法几何在中国的传播

杨泽忠 著

主　管:山东出版传媒股份有限公司
出版者:山东教育出版社
(济南市纬一路 321 号　邮编:250001)
电　话:(0531)82092664　**传真**:(0531)82092625
网　址:http://www.sjs.com.cn
发行者:山东教育出版社
印　刷:济南继东彩艺印刷有限公司
版　次:2015 年 1 月第 1 版第 1 次印刷
规　格:710mm×1000mm　16 开本
印　张:12.75 印张
字　数:203 千字
书　号:ISBN 978-7-5328-8669-2
定　价:56.00 元

(如印装质量有问题,请与印刷厂联系调换)
印厂电话:0531-87180055

总序

比较研究(comparative studies)在国际学术界是一个热门词,大凡运用比较分析的方法来探讨研究某一领域的问题,都属于比较研究的范畴.用比较分析的方法研究数学史,就形成所谓比较数学史.比较数学史,确切地说并不是数学史的一个分支,而是一个由方法论界定的范畴.

数学是人类文化的重要组成部分,数学的发展在历史上呈现出多元文化的特征.也就是说,数学发展至今日,包含融汇了世界古今不同民族、不同国家和地区的文化贡献.对历史上不同文化的数学贡献、成就、特点与风格进行比较研究和分析论述,不仅对于全面了解数学发展的历史实属必要,而且将能展示数学科学丰富多彩的文化内涵和数学发展的深刻复杂的动力因素.

那么比较数学史是不是仅限于不同民族、国家和地区数学发展的比较研究呢? 不是的,那只是狭义的理解.比较数学史具有更为广阔的内涵.除了不同民族、国家和地区的比较,比较数学史至少还应包括以下方向:

不同时代数学的比较.数学是历史最悠久的人类知识领域之一.数学的发展经历了不同的历史时期,通过不同时期数学内容、特征的比较,可以弄清数学进化的脉络,特别是古今比较,用现代数学的方法去解读一些古代数学成就,往往会引导重要的数学史发现.

同时代数学的比较.对同一时代及前后相近时代数学知识进行比较分析,概括出一些共同的特征,是正确复原该时代数学发展本来面貌的有效途径,甚至能提供解开某些历史谜团的钥匙.

不同数学家的比较.数学家创造数学的历史,对不同数学家研究工作的内容、方法、风格、特征等进行比较分析,尤其是关于同一主题(如解析几何、微积分等)不同数学家贡献的比较,对了解数学家们的创新思维、廓清数学学科起源与发展的客观过程具有毋容置疑的意义.

在上述广义的理解下,比较研究可以说是数学史研究必不可少的基本手段.数学史研究上一些突破性进展,包括新观点的提出、新结论的获得、新史料的解释等,都离不开比较方法的运用.让我们来考察几个经典的例子.

李约瑟博士的巨著《中国科学技术史》第三卷数学部分，堪称跨文化比较数学史的典范.作者以其特有的贯通中西的学术文化背景，展开了中国古代数学与古代巴比伦、希腊、印度、阿拉伯地区乃至意大利等欧洲国家数学的空前广泛深入的比较分析，令人信服地论证了中国古代数学的独立地位，纠正了西方学界的一些传统偏见.

17世纪以后来华的西方传教士们曾经用当时的欧洲数学知识解读中国古代数学著作，发掘并向西方知识界介绍了包括著名的"中国剩余定理"在内的一些中国古代数学成果.20世纪初，李俨、钱宝琮等开始了系统的现代意义上的中国数学史研究，运用现代数学方法揭示了一系列中国古代数学成果的世界意义.钱宝琮主编的《中国数学史》可以看作是这方面的代表作.像祖暅原理及球体积计算的诠释，已经成为脍炙人口的佳篇.

另一个方向的例子是吴文俊的古证复原原则.吴文俊先生指出：不加限制地搬用现代西方数学符号与语言来理解中国或其他文明的古代数学将会导致误解.他提出了研究古代数学史的方法论原则，主张所有结论应该利用古人当时的知识、辅助工具和惯用的推理方法得出.这实际上就是强调要把古代数学成果放到当时或前后相近时代的背景中去比较分析.吴文俊先生运用此原则复原了刘徽海岛公式、赵爽日高公式、秦九韶三角形面积公式等.其后，国内外许多学者竞相效法，在中国古代数学史研究领域获得了大量成果，取得了大刀阔斧的进展.

至于不同数学家之间的比较，最有名的例子就是牛顿与莱布尼茨创立微积分工作的比较.这方面的研究不仅澄清了牛顿与莱布尼茨各自独立创立微积分的历史真相，而且向人们展示了这两位伟大的学者鲜活的创新思维.

借用一句俗语："不怕不识货，只怕货比货."在占有一定史料的基础上，比较分析乃是数学史研究获得真知灼见、取得实质性进展的重要法宝.这里强调以史料为基础，因为缺乏史料的高谈阔论，终究是基础不稳的空中楼阁.但另一方面，不加理论研究的史料，很可能变成沉默的古董，即使知其为宝，也不识宝在何处.君不见《九章算术》(包括其注文)中一些精华的段落，历数千余年沧桑，直到20世纪经现代解读才大放异彩!

因此，比较研究是数学史研究中既历久又摩登的范畴.凡是有意义的数学史进展与成果，都在不同程度或不同方面涉及比较方法的运用.当然，认识其重要是一回事，能成功地运用又是一回事.至于收获的大小，就要看研究者各人的眼力、智慧和功底了. 正因为如此，对于数学史工作者来说，比较研究既给人以机会，也提出了挑战. 笔者高兴地看到，国内对比较数学史的关注在近十年来有较大的增长，一批中青年学者做了大量深入的工作并有可喜成果，其中有些已引起国际同行的瞩目. 将这些成果整理出来，以丛书的形式发表，将能反映我国近年来在这方面的部分成果，激励青年学者的研究积极性，产生良好的学术效果. 同时，由于国内目前基本上找不到系统介绍有关民族和地区(如阿拉伯、印度、日本以及古希腊等)数学的专著(连译著都很少见)，这一丛书的出版，将能从比较史的角度，部分满足国内学术界在这方面的学术兴趣与需求.

首批出版的《比较数学史丛书》著作涉及古代和中世纪阿拉伯、朝鲜半岛、日本、古希腊等民族和地区数学的成就、文化背景，并与中国传统数学进行比较，探讨它们之间的相互交流与影响. 丛书中还包括了清代学者画法几何著作的比较研究、行列式理论历史的比较研究等. 今后我们还将继续扩大研究范围，在条件成熟时推出更多新的比较数学史研究成果.

数学史是一个广阔的研究领域，“海阔凭鱼跃，天高任鸟飞”. 然而惟其广阔，把握方向就尤显重要. 希望本丛书的出版，能在推动国内数学史研究、引导有意义的成果方面起到一定的作用.

本丛书中部分作品是吴文俊丝绸之路数学与天文基金资助项目成果，笔者谨向吴文俊院士表示衷心的感谢.

李文林

目录

引论

一、研究意义

明朝末年和清朝初年，西方传教士航海东来，给我们带来了多项西方数学知识，如算术、三角、几何、对数和代数等. 对于几何，由于利玛窦和徐光启共同翻译了《几何原本》前六卷，后来其他人在编写《崇祯历书》和《数理精蕴》等著作的时候，又引用了《几何原本》后九卷的许多内容①，这样在这个期间大量的欧氏几何知识传了进来. 其实，在这个期间，伴随着传教士们的各项活动，特别是他们的科技活动，不少其他几何知识也传了进来，比如圆锥曲线、西方早期画法几何等.

画法几何是一种专门研究利用几何投影来绘制空间物体的几何，包括平行投影（主要含平行正投影和轴测投影）和中心投影，包括点、线、面、体的投影性质和各种物体的阴影画法等. ②画法几何这个概念虽然最早出现在 18 世纪，1798 年法国数学家蒙日（Gaspard Monge，1746—1818）出版了《画法几何学》（*Géométrie descriptive*）一书，这被认为是画法几何之肇始，但实际上，在这之前人们已经积累了很多画法几何的知识，画法几何的许多内容早就被广泛地应用

---

① 见《测量法义》第四卷、第六卷和《数理精蕴》中的《算法原本》一书.

② 蒙日. 画法几何学[M]. 长沙：湖南科技出版社，1984：1—3.
同济大学建筑制图教研室. 画法几何[M]. 上海：同济大学出版社，1985：1—4.
大连理工大学工程图教研室. 画法几何学[M]. 北京：高等教育出版社，1992：1—6.

到了生产实践中.[1]比如古希腊托勒玫曾将球极投影应用到绘制星盘中[2],文艺复兴时期达・芬奇(Leonardo da Vinci, 1452—1519)曾将透视法用于绘制人物[3],16世纪墨卡托(Gerardus Mercator,1512—1594)曾将圆柱投影用于绘制世界地图[4],等等.

西方画法几何知识于明清之际由西方传教士传入我国,并通过我国学者的学习、研究和实践进行了传播,对我国当时科学技术的发展起到了十分积极的推动作用.但是,由于资料缺乏等原因,前段时期少有人研究这段历史,特别是关于这段历史的系统研究,至今还没有.实际上,对于此历史的研究也非常有意义.第一,这项研究可以使我们更加清楚地知道当时西方传教士传入我国的科技知识究竟有多少,特别是数学知识;第二,此项研究可以帮助我们更好地理解当时西方数学以及天文学、地理学、绘画等学科知识具体传入我国的过程;第三,此项研究还可以使我们真正了解到当时我国数学、天文学、地理学和绘画等科学是如何发展的.总之,明末清初西学东渐的研究一直是个热门话题,此研究无疑是其中比较深入的一部分,它的展开将有助于这个热门话题向前更进一步.

二、国内外研究综述

明末清初西方早期画法几何知识主要是伴随着西方科技,特别是天文学、地理学和绘画等知识传入我国的,介绍者主要是西方来华传教士.关于这个时期的中西科技文化交流与传教士的很多研究工作,都涉及了西方画法几何的东来和在我国的传播问题.如英国人李约瑟(Joseph Needham, 1900—1995)的中

---

① 切特维鲁新.画法几何[M].北京:高等教育出版社,1985:271—274.

[苏]捷夫林.画法几何教程[M].北京:高等教育出版社,1988:124—127.

罗伊特.画法几何学[M].北京:机械工业出版社,1991:1—3.

② 江晓原.托勒玫[G]//席泽宗.世界著名科学家传记・天文学家Ⅱ.北京:科学出版社,1990:191.

③ Leonardo da Vinci. A treatise on painting[M]. Princeton: Princeton University Press,1956:95—120.

④ 沃尔夫.十六、十七世纪科学、技术和哲学史[M].北京:商务印书馆,1997:440—442.

国科技史研究①、陈遵妫的中国古代天文学史研究②、方豪的中西交通史研究和李之藻研究③、曹婉如的西来地图研究④、汪前进的中国明代科技史研究⑤、沈毅的中国清代科技史研究⑥、卢良志的中国地图学研究⑦、潘天寿、王伯敏和莫小也的传教士与西画东渐研究⑧、樊洪业、曹增友和许明龙的传教士与中国科学的研究⑨、江晓原的西学东渐研究⑩、刘克明关于中国工程图历史的研究⑪，以及其他人关于利玛窦(Matteo Ricci，1552—1610)的研究⑫、关于汤若望(Johann Adam Schall von Bell，1592—1666)的研究⑬、关于郎世宁(G. Castiglione，

---

① 李约瑟. 中国科学技术史(第四卷)[M]. 北京:科学出版社,1975:259—523.

李约瑟. 中国科学技术史(第五卷)[M]. 北京:科学出版社,1976:229—230.

李约瑟. 中华科学文明史(第五卷)[M]. 江晓原,等译. 上海:上海人民出版社,2003:83—85.

② 陈遵妫. 中国天文学史(上)[M]. 上海:上海人民出版社,1980:242—250.

③ 方豪. 中西交通史(下)[M]. 长沙:岳麓书社,1987:691—928.

方豪. 李我存研究[M]. 杭州:我存杂志社,民国二十六年.

④ 曹婉如. 中外地图交流史初探[J]. 自然科学史研究,1993(3).

杜石然,范楚玉,曹婉如,等. 中国科学技术史稿(下)[M]. 北京:科学出版社,1982:192—231.

⑤ 汪前进. 中国明代科技史[M]. 北京:人民出版社,1994:47—93.

⑥ 沈毅. 中国清代科技史[M]. 北京:人民出版社,1994:91—157.

⑦ 卢良志. 中国地图学史[M]. 北京:测绘出版社,1984:170—190.

⑧ 潘天寿. 中国绘画史[M]. 上海:上海人民美术出版社,1983:185—280.

王伯敏. 中国绘画史[M]. 上海:上海人民美术出版社,1982:541—683.

莫小也. 十七、十八世纪传教士与西画东渐[M]. 北京:中国美术学院出版社,2002.

莫小也. 欧洲传教士与清代宫廷铜版画的繁荣[J]. 文化杂志,2002(12).

⑨ 樊洪业. 耶稣会士与中国科学[M]. 北京:中国人民大学出版社,1992.

曹增友. 传教士与中国科学[M]. 北京:宗教文化出版社,1999.

⑩ 江晓原. 天学外史[M]. 上海:上海人民出版社,1999:188—248.

⑪ 刘克明. 中国工程图学史[M]. 武汉:华中科技大学出版社,2003:260—291.

⑫ Bernard Henri. Matteo Ricci's scientific contribution to China[M]. Peiping: Henri Vetch,1935:37—72.

罗光. 利玛窦传[M]. 台北:台湾学生书局,1982.

⑬ 李兰琴. 汤若望传[M]. 北京:东方出版社,1995:31—114.

许明龙. 中西文化交流先驱[C]. 北京:东方出版社,1993:95—114.

[德]恩斯特·斯托英. "通玄教师"汤若望[M]. 北京:中国人民大学出版社,1989.

1688—1766)的研究、关于梅文鼎的研究和关于年希尧的研究①,等等.

这些研究一方面指出了在明末清初时期,有个别传教士将西方几何投影和画法几何的书籍、物品和制造的仪器带入了中国,另一方面提及了部分常用概念,如中心投影、正投影和透视法等,还说明了这些概念的来源和用途,从而为本研究奠定了一个比较广泛的基础.

除了有上述一些简单提及西方早期画法几何之东来及其在我国传播的研究外,近40年来,也出现了一些与本研究有直接关系且比较深入的研究,它们是:

1. 赵擎寰关于《视学》的研究

《视学》是我国清代初期数学家年希尧(1671—1739)于1729年写成的一部画法几何著作,直至20世纪中期尚无人特别重视和探讨.赵擎寰于20世纪60年代撰文《中国古代工程图发展初探》(载《画法几何及制图学论文选编》,1965年),从图学历史的角度考察了《视学》的来源、特点和价值等.他说:"此书内容半数以上取自1693年意大利人罗梭所作的《建筑透视图》……《建筑透视图》由意大利人郎世宁携来我国,1729年由年希尧节译,雕版印刷,书名《视学》,书中增入了年希尧自己所作的一些图形."②这里提及的罗梭即为意大利人Andrea Pozzo(1642—1709),现在多译为朴蜀.这里提及的《建筑透视图》一书即是Andrea Pozzo的*Perspectiva Pictorum et Architectorum*,现在多译为《绘画与建筑透视》.

由此,赵擎寰为我们研究清朝初期意大利传教士郎世宁传入我国几何投影

---

① 石田干之助.郎世宁传略考[J].国立北平图书馆馆刊,1933(7).

Beurdeley Cecile, Beurdeley Michel, Bullock Michael. Giuseppe Castiglione: A jesuit painter at the court of the Chinese emperors[M]. Rutland: Charles E. Tuttle Company, 1971:161—189.

刘钝.梅文鼎[G]//席泽宗.世界著名科学家传记·天文学家Ⅱ.北京:科学出版社,1990:1030—1039.

严敦杰.梅文鼎的数学和天文学工作[J].自然科学史研究,1989(2).

刘钝.年希尧[G]//席泽宗.世界著名科学家传记·天文学家Ⅱ.北京:科学出版社,1990:1067—1069.

李迪.清代著名天文学家[M].上海:上海科学技术文献出版社,1988.

② 赵擎寰.中国古代工程图发展初探[G]//湖北科学技术协会,湖北省制图学会,湖北省科学技术情报研究所.画法几何及制图科学论文选编,1965.

和画法几何打下了基础,也为几何投影和画法几何内容在我国的传播研究指出了一个方向.

2. 李迪关于《视学》和梅文鼎画法几何的研究

李迪于1979年撰文《我国第一部画法几何著作〈视学〉》,从数学的角度考察了《视学》.他指出:我国历史上画法几何的发展很早就有,但就著作来讲,年希尧的《视学》是我国最早的画法几何专著;《视学》有我国数学家研究的成分,也有西来的内容;年希尧在写作《视学》过程中受到了当时来华传教士郎世宁所携来的意大利绘画专家朴蜀《绘画与建筑透视》的影响①.由此,进一步指明了画法几何在清朝初期由西方传教士传入我国,并被我国知识分子所接受.

1988年,李迪与郭世荣共同编著了《梅文鼎》一书,书中认为:梅文鼎早在法国数学家蒙日之前就对画法几何作了探讨;梅文鼎在他的著作中使用了几何体的正视图和侧视图,在这个过程中论述了球面正投影下视长和实长之间的三个关系性质,并将其应用到了解决球面三角形问题上和证明球面三角形公式上;"梅氏对画法几何的研究是在中西两方面影响的基础上,经过长期考虑,'积思所通,引伸触类'的结果"②.由此,李迪对梅文鼎画法几何的由来和梅文鼎对画法几何的实践进行了研究,指出了西方画法几何曾在清朝初期影响到梅文鼎的数学工作,梅文鼎创造性地将西方画法几何知识应用到了他的数学研究中,为其在我国的传播做出了重要贡献.

3. 沈康身关于《视学》的研究

沈康身从20世纪60年代开始涉猎几何投影和画法几何这一领域,迄今共撰写了近十篇相关文章和文献,分别是:

(1) 界画、《视学》和透视学.(载《杭州大学庆祝建国三十周年科学报告会论文集》(数学系分册),杭州大学,1979:58—59.)

(2) 界画、《视学》和透视学.(载《科技史文集》(8),上海科学技术出版社,1982:159—176.)

(3) 从《视学》看18世纪东西方透视学知识的交融和影响.(载《自然科学史

① 李迪.我国第一部画法几何著作《视学》[J].内蒙古师范学院学报(自然科学版),1979(00).

② 李迪,郭世荣.梅文鼎[M].上海:上海科学技术文献出版社,1988:180—181.

研究》,1985,4(3):258—266.)

(4) 波德拉《透视学史》与年希尧《视学》.(载《科学探索》,1987,7(1):206—216.)

(5)《视学》透视量点法作图选析.(载《中国数学史论文集》(四),1996:104—113.)

(6) 年希尧《视学》的研究.(载《近代中国科技史论集》,台北,1991:173—194.)

(7)《视学》再析.(载《自然杂志》,1991,19(8):605—610.)

(8) Descriptive Geometry in China before 1750.(载《第五届国际中国科学史会议论文》,美国加州大学,1988:1—52.)

(9) 梅文鼎、年希尧对画法几何的研究.(载《中国数学史大系》(第七卷),2000:369—455.)

沈康身通过多方面的研究指出:《视学》题材广泛,有方柱、圆柱、人物、场景和器皿等①;方法多样和先进,有单量点法、双量点法、截距法、仰望透视画法、阴影画法等②;《视学》一书继承了我国传统的绘画方法,同时借鉴了西方投影和画法几何知识;《视学》受到的影响直接来自于郎世宁;《视学》借鉴的内容主要来自于郎世宁带来的朴蜀的《绘画与建筑透视》一书;《视学》翻刻了《绘画与建筑透视》一书30幅图形,但为了适合国人习惯,在刻印时左右颠倒;《视学》还意译了《绘画与建筑透视》一书中第二图的说明,以天干地支或其他汉字字序代替了原文中的拉丁文字母③;《视学》与《绘画与建筑透视》一书相同的地方不足五分之一,二者大异小同,所以,《视学》并非节译,"说《视学》为年希尧的创作是恰如其分的";④《视学》所表现出来的绘画水平在当时是世界最为先进的,其所给出的画法几何方法和使用的投影比法国数学家蒙日所给出的早60余年⑤.

由此看出,沈康身关于《视学》的研究已非常深入,也相对比较全面,从而为我们研究这个时期西方投影和画法几何东来以及其在我国的传播提供了很多依据.

---

① 沈康身. 从《视学》看18世纪东西方透视学知识的交融和影响[J]. 自然科学史研究,1985(3):258—266.

② 沈康身. 界画、《视学》和透视学[G]//中国天文学史整理研究小组. 科技史文集(8). 上海:上海科学技术出版社,1982:159—176.

③ 吴文俊. 中国数学史大系(第七卷)[M]. 北京:北京师范大学出版社,2000:445.

④ 吴文俊. 中国数学史大系(第七卷)[M]. 北京:北京师范大学出版社,2000:446.

⑤ 沈康身. 波德拉《透视学史》与年希尧《视学》[J]. 科学探索,1987(1):206—216.

4. 刘钝关于梅文鼎投影的研究

刘钝从 20 世纪 80 年代开始探讨梅文鼎的投影，也给出了多篇论文和文献，分别是：

(1) 郭守敬的《授时历草》和天球投影二视图.(载《自然科学史研究》，1982，1(4)：327—333.)

(2) 托勒密(即托勒玫，编者注)的"曷捺楞马"与梅文鼎的"三极通机".(载《自然科学史研究》，1986，5(1)：68—75.)

(3) 梅文鼎在几何学领域中的若干贡献.(载梅荣照主编的《明清数学史论文集》，南京：江苏教育出版社，1990：182—218.)

(4) 弧三角举要提要.(载郭书春主编的《中国科学技术典籍通汇・数学卷(四)》，郑州：河南教育出版社，1993：565.)

(5) 环中黍尺提要.(载郭书春主编的《中国科学技术典籍通汇・数学卷(四)》，郑州：河南教育出版社，1993：605—607.)

(6) 堑堵测量提要.(载郭书春主编的《中国科学技术典籍通汇・数学卷(四)》，郑州：河南教育出版社，1993：655—656.)

在这些文献中，刘钝指出：梅文鼎了解并使用了画法几何，特别对于天球平行正投影，其不仅熟悉，而且还能用来解决天文学中的计算①；梅文鼎的天球平行正投影主要有两个来源，一是郭守敬的《授时历草》，二是利玛窦带来的"曷捺楞马"；"曷捺楞马"促成了梅文鼎"三极通机"的提出，但更直接的启发可能来自于汤若望和罗雅谷《恒星历指》中黄赤相求的简法.②由此，刘钝对于梅文鼎时期西方几何投影和画法几何在我国的传播作了比较深入的探讨.

5. 刘逸关于《视学》和梅文鼎投影的探讨

刘逸于 1987 年撰文《〈视学〉评析》(载《自然杂志》，1987 年 10 卷第 6 期)，1991 年撰文《略论梅文鼎的投影理论》(载《自然科学史研究》，1991 年 10 卷第 3 期)，分别对年希尧的画法几何和梅文鼎的画法几何进行了探讨. 对于年希尧的

---

① 刘钝. 郭守敬的《授时历草》和天球投影二视图[J]. 自然科学史研究，1982(4).

刘钝. 环中黍尺提要[G]//郭书春. 中国科学技术典籍通汇・数学卷(四). 郑州：河南教育出版社，1993：605—607.

② 刘钝. 托勒密的"曷捺楞马"与梅文鼎的"三极通机"[J]. 自然科学史研究，1986(1).

画法几何，刘逸再次肯定了其历史地位和价值；对于《视学》的成书过程进行了探讨，认为是对西方文献的学习，同时增加了自己的心得写就的一本专著. 对于梅文鼎的投影，刘逸认为其有思想、有体系、有应用，是一个完整的体系.

6. Jean-Claude Martzloff 关于《视学》的研究

Jean-Claude Martzloff 是法国有名的汉学专家，对我国数学有深入的研究. 他于 1987 年出版了 *Histoire Des Mathematiques Chinoises*（《中算史导论》）一书. 在此书中，他认为：《视学》为年希尧和郎世宁的译著，底本为朴蜀的《绘画与建筑透视》①.

7. 韩琦关于《视学》的研究

近年来，韩琦关于《视学》的研究主要见于以下文献：

(1) 康熙时代传入的西方数学及其对中国数学的影响.（韩琦博士论文，1991 年.）

(2) 视学提要.（载郭书春主编的《中国科学技术典籍通汇 · 数学卷（四）》，郑州：河南教育出版社，1993：709—710.）

(3) 康熙雍正时代传入的其他西方数学.（载董光壁主编的《中国近现代科学技术史》，长沙：湖南教育出版社，1995：101—103.）

通过研究，韩琦认为《视学》中前 29 幅图来自于意大利画家朴蜀的《绘画与建筑透视》，后面带序号的 50 多幅是年希尧在郎世宁的帮助下自己创造的；对于《视学》中的理论，后面的和朴蜀书中的说明相去甚远，不可能来自朴蜀的书②.

由上可以看出，前人关于本课题的研究确实已有不少，有的研究还比较广泛或深入，这无疑是本研究进一步探讨的坚实基础. 但是，纵观前人的工作，研究的中心主要在于梅文鼎、年希尧和郎世宁的画法几何上，研究的方向主要在于判断他们画法几何的特点、价值和历史地位等，基本的立足点是梅文鼎和年希尧的工作本身，时间阶段也主要限定在清初等；而对于梅文鼎画法几何知识

---

① Jean-Claude Martzloff 说："(Shixue) Tradution de Nian Xiyao（? —1738）et de G. Castiglione(?). Source：Pozzo，Perspectiva Pictorum et Architectorum，Rome，1693." 见 Martzloff Jean-Claude. Histoire des mathématiques chinoises[M]. Paris：Masson，1988：338.

② 韩琦. 视学提要[G]//郭书春. 中国科学技术典籍通汇 · 数学卷（四）. 郑州：河南教育出版社，1993：709—710.

是从哪里来的，郎世宁是如何把西方透视法传入中国的，以及其他人的工作等，研究较少. 这样，他们的研究之于本课题而言，仍有很多问题没有答案，也有不少的问题有待进一步深入探讨. 比如：梅文鼎之前，即明朝末年西方画法几何有没有传入中国？那个时期西方画法几何知识传入之后中国学者是如何学习和接受的？汤若望有没有传入中国西方画法几何知识？梅文鼎除了从西方文献中学习和应用了天球平行正投影外，还学习和应用了哪些西方画法几何知识？郎世宁是如何将西方透视法介绍给国人的？西方画法几何在当时为什么能在中国传播？它们的传入对于当时的数学、天文学、地理学和绘画等有什么明显的影响？等等. 所以，进一步的深入研究和全面系统的探讨是必要的.

第一章　17世纪以前画法几何知识回顾

17世纪之前，无论是西方还是东方，都发展起来许多画法几何知识，这期间双方广泛的交流没有，但少量的接触还是存在的，这不能不对后来明末清初时期西方画法几何之东来产生影响．因此，在深入研究本课题之前，首先回顾一下这段历史是必要的．

§1.1　17世纪以前西方画法几何的发展

据现代历史学研究，在古代西方，很早就出现了天文测量和土木建筑等活动．天文测量和土木建筑一般都要使用绘图，但是，在这个过程中当时的人们是否使用了几何投影并发展起了画法几何的知识不是很清楚，因为那个时候保留下来的资料很少①．从目前的文献来看，最早使用画法几何知识的时间是古希腊和古罗马时期．

1.1.1　古希腊与古罗马时期的画法几何知识

古希腊的亚历山大里亚时期，人们对于大自然已经有了比较深刻的认识，大量的有关知识已经积累起来，特别是天文方面的知识．当时人们已经意识到了地球是球形的，已经认识到了平时的光线来自太阳，已经认识到了星空离我们很遥远，也已经认识到了天上有众多恒星等，从而提出了天球的概念，即天空是个巨大的球体，移动的星星都是悬挂在这个硕大的球体上的．这样就产生了一个问题：如何才能将球体上的内容绘制到二维平面上？这个问题解决了，人们才能更好地记录、识别和研究天空和地球．正是在解决这个问题的过程中，人们才建立起了众多画法几何知识．

---

① 很可能没有，因为那个时期透视的思想尚且很模糊．参见 Bartschi Willy A. Linear perspective：Its' history, directions for constructions, and as peets in the environment and in fine arts [M]. New York：Van Nostrand Reinbold Company，1981：8—10.

首先,人们研究了和画法几何有关的现象,积累了相关知识. 比如毕达哥拉斯(Pythagoras,约公元前580—约前500)、柏拉图(Plato,公元前427—前347)、欧几里得(Euclid,约公元前330—约前275)、阿基米德(Archimedes,公元前287—前212)等研究了圆和球体的性质,安纳萨格拉斯(Anaxagoras,公元前500—前428)、亚里士多德(Aristotle,公元前384—前322)和欧几里得等研究了光学,埃拉托塞尼(Eratosthenes,公元前276—前195)研究了地理学,门奈赫莫斯(Menaechmus,约公元前4世纪)、阿里斯泰奥斯(Aristaeus,? —公元前320年)、阿波罗尼奥斯(Apollonius,公元前262—前190)等研究了圆锥曲线. 特别是阿波罗尼奥斯,他的专著《圆锥曲线论》系统地整理了圆锥曲线的各种性质,为画法几何的产生提供了直接基础①.

古希腊时期,人们建立的画法几何知识主要是和球体有关的几何投影内容. 据现有资料记载,历史上第一个正式给出球形投影的人是公元前2世纪著名的数学家和天文学家喜帕恰斯(Hipparchus,约公元前190—前125)②. 喜帕恰斯出生在波斯尼亚的尼卡埃(Nicaea),但主要活动在奥迪斯(Rhodes). 据记载,其专注于数学和天文,毕生作过很多研究. 比如他曾利用日食测量过月亮到地球的距离,曾写过关于历法、光学和算术方面的书,曾观测过恒星运动,曾用过三角知识(因此有人认为他才是三角学真正的创始人),曾提出过宇宙几何模型,还曾为公元前3世纪阿拉图斯(Aratus)写的一首天文学长诗作过评论等. 由此,人们认为他是那个时期最有影响的天文学家之一. 托勒玫的《至大论》中的很多知识都来源于他的工作,在谈及他的工作时,托勒玫还热情地称他为"真理的情人"(lover of truth)③.

喜帕恰斯给出的关于球体的几何投影共两种. 第一种是今天我们有时也称

---

① Apollonius. Conics[M]//Hutchins R M. Great books of the western world(V11). Chicago: Encyclopedia Britannica, Inc., 1980:607,608. 利用此处的定理可容易地证明球形中心投影的保圆性,也许正是这个原因,后人均对保圆性不证只用.

② Snyder John P. Flattening the earth: Two thousand years of map projections[M]. Chicago: The University of Chicago Press, 1993:22.

③ Toomer G J. Hipparchus[G]//Gillispie Charles Coulston. Dictionary of scientific biography. New York: Charles Scriber's Sons, 1978: Supplement I,207—224.

Hammond N G L, Scullard H H. The Oxford Classical Dictionary[M]. Oxford: Clarendon Press,1979:516,517.

为正交投影的平行正投影①. 这种投影有如下几条假设：

1. 投影点在无穷远点；

2. 从投影点过来的光线是相互平行的；

3. 球体是透明的；

4. 投影平面在球体的另一侧，是不透明的. 如图 1-1 所示.

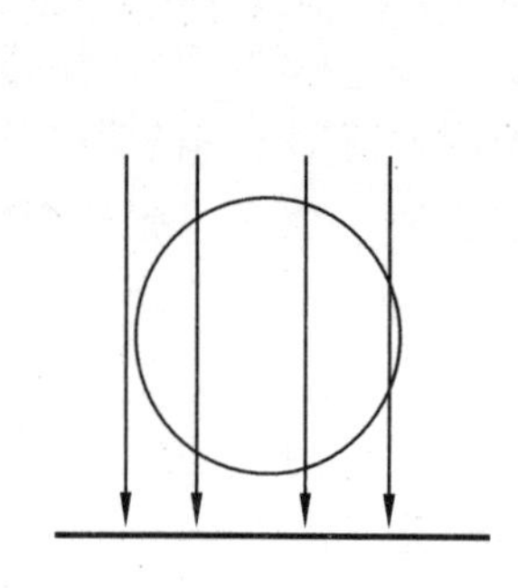

图 1-1　正交投影

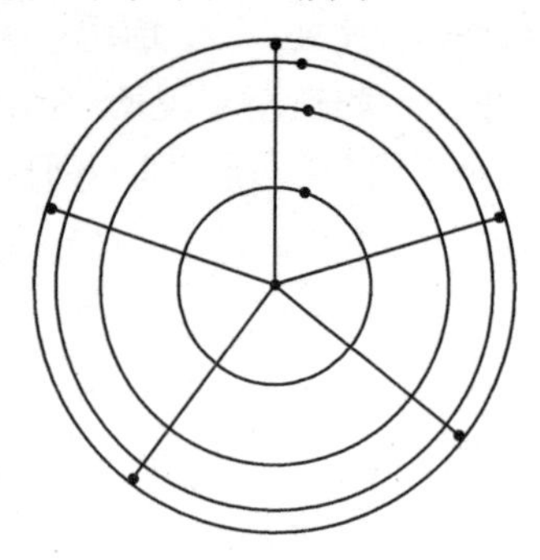

图 1-2　正交投影图

由此可以看出，这种投影很简单，比较容易操作，但是，它不能把整个球面上的内容一次都投影到平面上，一次最大只能透射半个球面. 这种投影得到的图形大体如图 1-2 所示(由此看出它即不保角也不保积). 也许正是这个原因，其虽是最早提出的一种投影，但后来却少有使用. 这种投影后来主要应用在日晷的制造中，使用的过程称为"曷捺楞马"(Analemma).

喜帕恰斯给出的第二种投影我们今天叫做球极方位投影(polar stereographic projection). 它在后世托勒玫的著作《平球论》中得到了改良和广泛研究，因而现在也有人把它归于托勒玫名下. 这种投影假设如下：

1. 投影点在球体的南极或北极，发出的光线成一个锥体；

2. 球体内部是空的，而表面是透明的；

3. 投影平面在球的北极或南极，是不透明的. 如图 1-3 所示.

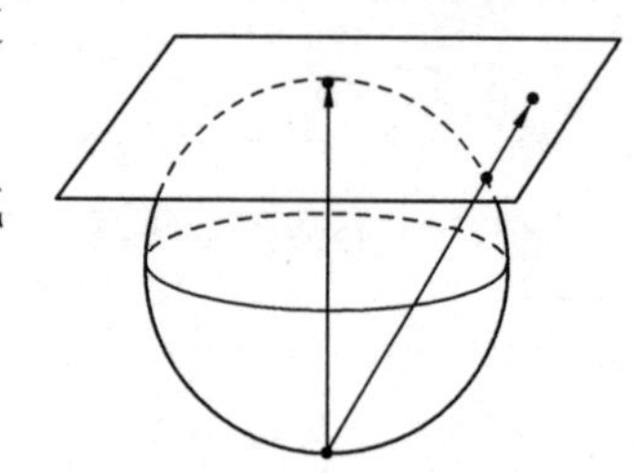

图 1-3　球极方位投影

① [美]克莱因 M. 古今数学思想(第一册)[M]. 上海：上海科学技术出版社，1979：184.

由此可以看出，这种投影也很方便，很容易操作，只要知道一些简单的几何知识和三角知识就可以使用. 这种投影除南极或北极一个点之外，球面上的其他内容原则上都能透射到投影平面上——只要投影平面足够大.

这种投影得出的投影图如图 1-4 所示. 由图形可知其和图 1-2 类似，但也有不同. 不同的是，这种投影图形是“外疏内密”，即赤道以上度数比较高的纬线圈的投影相对集中，度数比较低的纬线圈的投影相对稀疏；赤道以下，则正好相反.

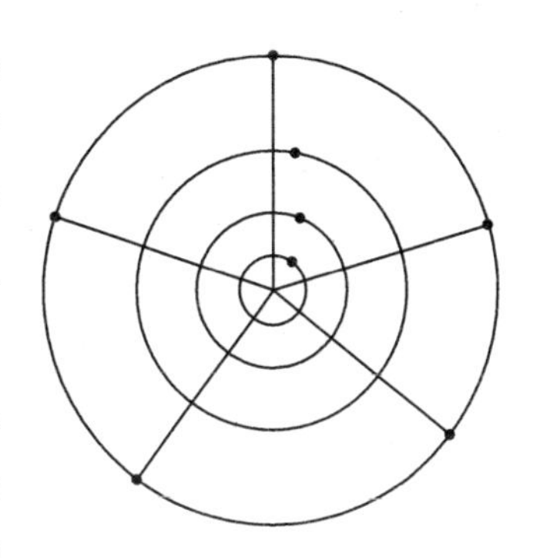

图 1-4　球极投影图

对于这种投影，据说喜帕恰斯还首先发现了其两个重要的性质，并给出了证明. 这两个性质分别是：1. 它具有保角性；2. 它具有保圆性. ①保角性就是球面上任两条曲线通过这种投影之后，其夹角度数都保持不变. 保圆性即是球面上任意位置的圆——只要不是经线，投影之后都还是圆. 对于喜帕恰斯是如何证明上述两条性质的，我们不得而知. 喜帕恰斯知道三角知识和圆锥曲线的知识，由此，很可能他是利用这两种知识来证明的. 另外，这两个性质很重要，有人认为正是因为具有这两个性质才使得其在随后的天文和地理研究中被广泛应用②.

喜帕恰斯之后，再一个使用画法几何知识的是维特鲁威斯（Marcus Vitruvius Pollio，约公元前 90—前 20）. 维特鲁威斯是罗马时期的人，其生平已不可考，现在只知道他是当时著名的建筑学家. 约在公元前 25 年，他写了一本传世著作《建筑十书》（*De Architectura*）③. 在这本书里面，他既使用了平行投影也使用了中心投影，给出了多种几何投影图形. 他说：“布置则是适当地配置各个细部，由于以质来构图，因而做成优美的建筑物. 布置的式样——希腊人称做伊得埃（Ideae）——就是平面图、立面图、透视图. 平面图是适度地使用圆规和直尺并由这些在建筑场地上绘出图形. 立面图是正面的建筑外貌，以适度的划分绘出要实现的建筑物的图样. 还有透视图是绘出远离的正面图和侧面图，所有

---

① Jones A. Hipparchus [G] // Murdin Paul. Encyclopedia of Astronomy and Astrophysics. London: Institute of Physics Publishing, 2001.

② http://www.xylem.f2s.com/kepler/starmap.html，2004-12-25.

③ Hammond N G L, Scullard H H. The Oxford Classical Dictionary[M]. Oxford: Clarendon Press，1979：1130.

的线都向圆心集中.这些图样是由构思和创作产生的.”①他给出的建筑图形如图 1-5、图 1-6 所示.

SPIEGAZIONE
DELLA TAVOLA I.

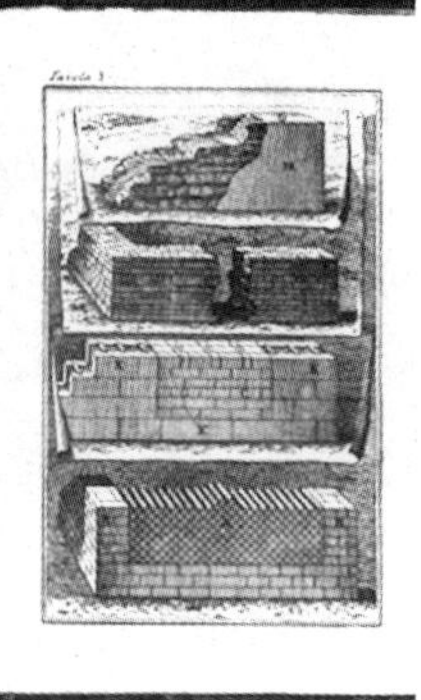

图 1-5 《建筑十书》中轴测投影图

SPIEGAZIONE
DELLA TAVOLA II.

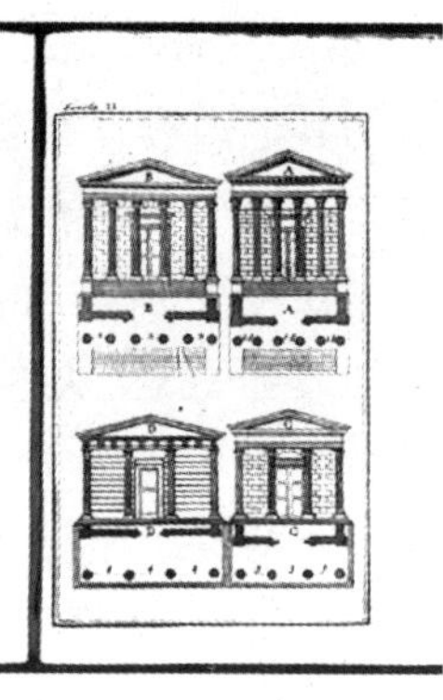

图 1-6 《建筑十书》中平行投影图

另外,在这本书的第十二章中维特鲁威斯还讨论了日晷的做法,使用了 Analemma 方法.此方法据后人研究正是上面提到的天球平行正投影方法,只不过这里的投影平面放到了天球的子午规面上②.

维特鲁威斯之后再次为画法几何做出重要贡献的是推罗的马林(Marin de Tyr).关于马林其生卒年不可考,历史上流传下来的与其相关的资料也极少.他的事迹只是在托勒玫的《地理学》中有一点点提及,说他大约是公元 1 世纪前半叶的人,主要的贡献在于地理学上,他给出了直交投影等③.

马林给出的直交投影,大致上和今天我们熟悉的墨卡托投影(Mercator projection)一样——因而有人怀疑墨卡托抄袭了马林的工作.这种投影的假设为:

1. 投影点在球的中心,球面是透明的;
2. 投影平面是可以弯曲的;
3. 投影的时候,先将投影平面卷成一个圆筒,套

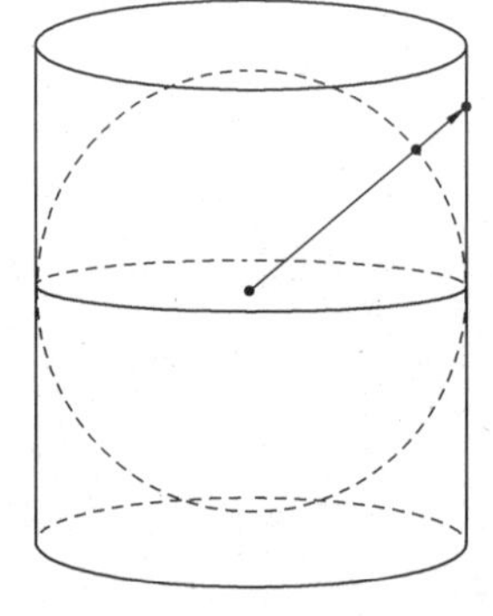

图 1-7 圆柱投影

① [古罗马]维特鲁维斯.建筑十书[M].高履泰,译.北京:中国建筑工业出版社,1986:10.

② Ivor Thomas. Selections illustrating the history of Greek mathematics (1)[M]. London: Heinemann, 1939:300.

③ [法]佩迪什.古代希腊人的地理学[M].北京:商务印书馆,1983:170—173.

在球外侧,然后投影,之后再将平面打开即可.由此这种投影也叫圆柱投影,如图1-7所示.

这种投影的特点,由图形可以看出,其除了球面上的两个点之外,原则上也可以把球面上的内容一次全部都投影到平面上——只要投影平面足够大.如果这种投影开始的时候圆筒和球体的赤道相切,那么投影的结果会是:经线和纬线都投成直线,纬线是等长的且水平的,经线是竖直的无限长.这样得到的投影图形是个网格矩形,如图1-8所示.不过要注意的是,纬线圈的投影随着度数的增高,相邻之间的距离逐渐拉大,直到无穷大(由此看出其不是保积变换).

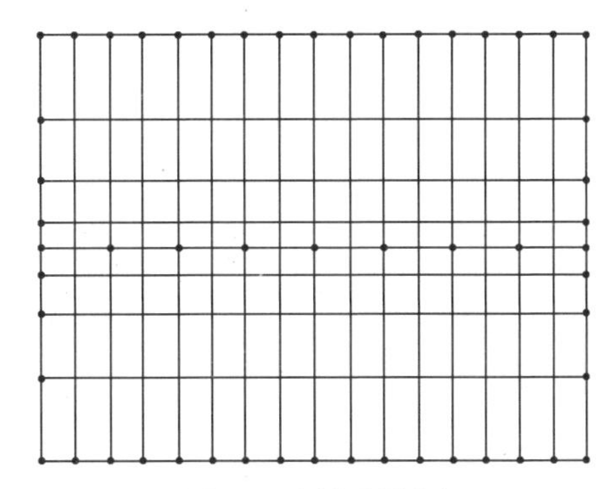

图1-8　圆柱投影图

马林之后,第四个对几何投影和画法几何做出巨大贡献的是古希腊后期著名的数学家、天文学家和地理学家托勒玫(Ptolemy,约90—168).关于托勒玫的生平现在知道的也很少.托勒玫原名为Ptolemaeus Claudius,由此人们猜测其可能是希腊人,生活在埃及,是罗马帝国的人.托勒玫曾在《至大论》(*Almagest*)中保留了当时的天文观测.这些观测最早的为公元127年3月26日,最晚的为141年2月2日,由此可知托勒玫曾活动于罗马帝国皇帝哈德良(Hadrian,公元117—138年在位)和安东尼(Antoninus,公元138—161年在位)两帝时代[①].托勒玫生前对很多方面都进行过研究,著作颇多——仅目前流传下来的就有10部之多.他对几何投影的研究主要集中在《平球论》(*Planisphaerium*)和《地理

① 江晓原.托勒玫[G]//席泽宗.世界著名科学家传记·天文学家Ⅱ[M].北京:科学出版社,1990:191.

Hammond N G L, Scullard H H. The Oxford Classical Dictionary[M]. Oxford: Clarendon Press,1979:897,898.

学》两部书中[①]. 他的另一本书《曷捺楞马》(*Analemma*)也讨论了球面投影，是一种球面正投影，但此方法有可能源于维特鲁威斯或其他人，不是他自己创造的，仅是继承而已[②].

在《平球论》中，托勒玫首先回顾了喜帕恰斯的工作，对于前人的工作表示了尊敬(正是由此人们才得到喜帕恰斯曾经研究过球形投影的信息). 然后对喜帕恰斯给出的球极方位投影进行了评价，指出了它的优点和不足. 喜帕恰斯给出的方位投影的优点前面介绍了，此不重复. 其不足即是：第一，投影之后北极附近的内容比较密集，不容易分辨，而南极附近的内容又过于稀疏，这很不利于识别和研究. 第二，为了获得整个球面的内容，这种投影一般需要一个很大的平面，即是对于一个很小的球，也是一样，这实际上是很难做到的. 为此，托勒玫提出了一种新的投影方法. 这种方法基本和喜帕恰斯的球极方位投影一样，不同的是平面由球极前移到赤道，如图 1-9 所示. 这就是后来在西方极为流行的应用最为广泛的球极投影(stereographic projection)[③].

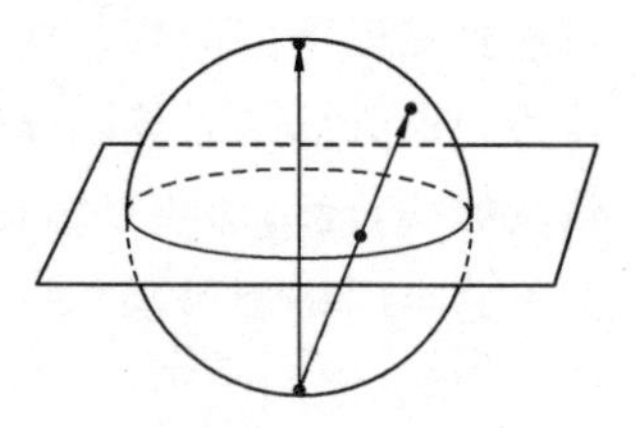
图 1-9　球极投影

由图形我们可以看出，这种投影显然要比喜帕恰斯的方位投影在实际绘制中更为方便了. 其将赤道投成了和自己一样大小的圆，赤道以北的球面内容都在赤道圆以内，赤道以南如果去掉南极圈附近的部分内容(当时的人们常常这样做，原因是他们当时很少知道南极附近的星空或地理知识)，实际需要很小的一个平面就可以将球面内容绘制出来了.

托勒玫在《平球论》中不仅给出了球极投影，同时还讨论了它的很多性质，比如球上各种圆投影的位置、画法和特点等[④]. 正是这些讨论确定了这种投影的科学性，确定了它日后成为绘制星图和制作星盘的基础. 托勒玫之后，星盘的制

---

① 托勒玫在他的《至大论》中也讨论了几何投影，比如在第五章的第一节“星盘的构造”中，但内容很少. 见：Ptolemy C. The almagest[M]// Hutchins R M. Great books of the western world(V16). Chicago: Encyclopedia Britannica, Inc., 1980:143,144.

② Heath T. A history of Greek mathematics: From Thales to Euclid [M]. Bristol: Thoemmes Press, 1993:287.

③ Lorch R P. Ptolemy and Maslama on the transformation of circles into circles in stereographic projection[J]. Arch. Hist. Exact Sci., 1995,49(3):271—284.

④ [美] 伊夫斯 H. 数学史概论[M]. 太原：山西经济出版社，1986:148.

作基本上都采用的是托勒玫的投影法. 在这些讨论中,很可惜没有见到托勒玫讨论其主要的性质:保角性和保圆性. 对于此,有人推测也许托勒玫认为其来源于喜帕恰斯的投影,这两个性质是显然的①.

《地理学》本是托勒玫研究地理的专著,但由于当时的地理学主要的一部分内容是绘制地图,所以他也讨论了球形投影. 由于当时人们已经认识到了地球是球形的,可地图却要绘制成平面的,并且为了实用,地图最好还要清楚、方便和有助于识别等等,由此研究地理不得不讨论几何投影.

托勒玫在《地理学》中研究几何投影也是从前人的工作——马林的投影开始的. 他分析了马林的圆柱投影,认为其投影虽然能将赤道附近的内容绘制得很好、很清楚,也比较符合实际,但对于离赤道比较远的地区的内容就表现得不太好了,特别是两极附近的内容,几乎不能绘制,即使绘制出来变形也很大,根本无法识别和使用. 由此,他建议不如将圆柱投影改进一下,变成圆锥投影. 这种投影的前提假设和圆柱投影一样,只是在投影的时候,它要求将平面卷成一个圆锥,然后盖在球面的北极上方进行,如图1-10所示.

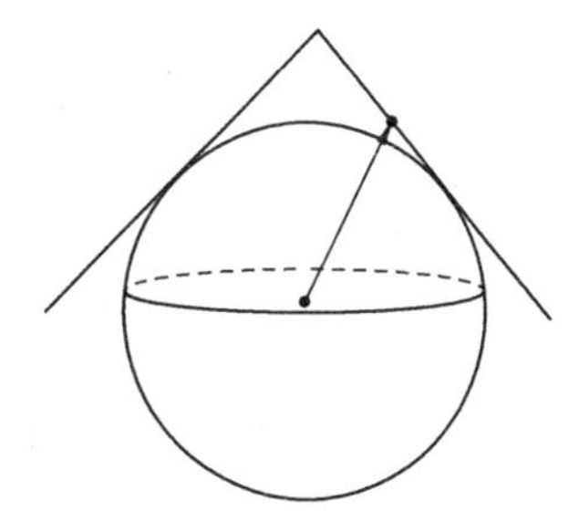
图1-10 圆锥投影

这种投影显然和圆柱投影有很大的区别. 它再也不可能将整个球面一次投影到平面上去了,它只能得到球面的大部分;如果适当地选择圆锥曲面和球面的相切点的话,则可以将地球温带地区的内容绘制得比较契合实际(也许这是创造这种投影的原因),对于北极附近的内容也可以绘制得比较清楚;这种投影将纬线圈都投成了以北极为中心的同心圆,将经线圈投影成了以北极为端点的射线;利用这种投影最后得到的图形是个扇形,如图1-11所示②.

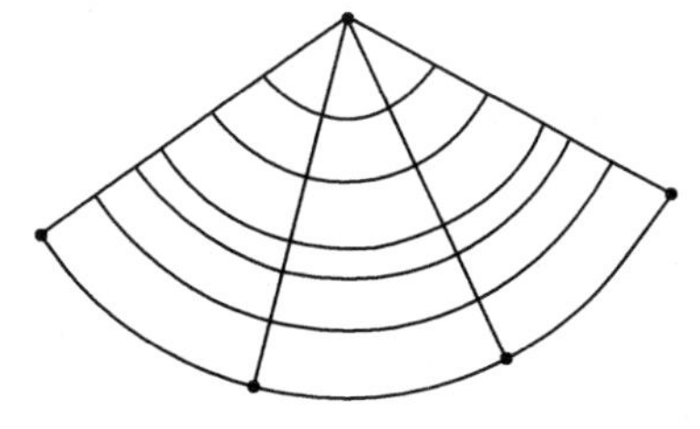
图1-11 圆锥投影图

对于这种投影的性质,很可惜,托勒玫也没有作深入的讨论和研究,只是拿来使用. 实

① Toomer G J. Ptolemy[G]// Gillispie Charles Coulston. Dictionary of scientific biography. New York: Charles Scriber's Sons, 1970:186—206.

② Ptolemateus Claudius. Geographia[M]. Venice: Theatrvm Orbis Terrarvm Ltd., 1511.

际上可以证明这种投影具有很好的保角性.

托勒玫之后,由于古希腊文化的没落和罗马教会的统治等多方面的原因,几何投影的研究进入了一个萧条的时期.根据历史记载,这个时期对几何投影进行研究的仅有公元3世纪左右的著名的数学家塞翁(Theon)和他的女儿西帕提亚(Hipatia,约370—415)①.泰翁在注释古代著作的时候曾写过一篇关于星盘的论文,他的女儿和她的一位学生斯内乌斯(Synesius,378—430)曾经制造过一架星盘.由此看出,泰翁、西帕提亚和斯内乌斯在托勒玫之后也研究过几何投影和画法几何知识②,但是,由于星盘只是对托勒玫球形投影的具体使用,所以可推测其很可能没有超过前人的水平.

1.1.2 画法几何知识在阿拉伯世界的保留和应用

古希腊之后,西方世界文化的中心开始转向阿拉伯世界,很多古代的知识在那里得到了保留,早期的画法几何知识也不例外.不过,这些知识的保留主要是和当时的星盘制造联系在一起的.

星盘是古代西方在发明出钟表、望远镜和六分仪等精确的计时和天文仪器之前最重要的仪器之一.其也是古希腊人发明的,但具体是谁并不清楚.有人说是喜帕恰斯,因为他研究过球形投影,也有人说是托勒玫,因为在他的书中,他曾描绘过一个和星盘极为类似的天文仪器.而星盘的数学基础——球极投影——是托勒玫给出的确定无疑.星盘的种类有很多,但最常见的是平面状的.平面状的星盘形状似一个圆盘,上面绘制了天球上众多经纬线和众多恒星的投影,如图1-12所示.这些经纬线和恒星

图1-12 平面星盘

① Neugebauer O E. The early history of the astrolabe[J]. Isis, 1949, 40(3): 240—256. Hammond N G L, Scullard H H. The Oxford Classical Dictionary[M]. Oxford: Clarendon Press, 1979: 1058.

② Neugebauer O E. A history of ancient mathematical astronomy[M]. New York: Springer-Verlag, 1975: 860.

的投影能帮助人们计时、测高、定远，能帮助人们随时随地确定自己所在的位置，因此倍受重视. 星盘最早主要用在天文活动中，后来又扩大到了航海上和家庭中.

古希腊文化没落而阿拉伯世界兴起的时候，星盘和古希腊的其他文化遗产一起流传到了阿拉伯世界，在那里得到了很好的继承和发展. 原因在于阿拉伯人非常重视祈祷，而星盘能帮助阿拉伯人精确地确定祈祷的时间和圣地麦加的朝向. 为此，阿拉伯人制造了大量精美的星盘. 正是由于这些精美的星盘随着后来十字军东征流传到了欧洲，才使得球形投影开始了又一轮大发展①.

有证据表明，阿拉伯世界的星盘和球形投影研究是从泰翁的论文和西帕提亚的星盘仪器流传到阿拉伯世界开始的. 6世纪和7世纪曾出现过两篇介绍泰翁论文的文章，两文的作者分别是菲力普努斯(Philoponos)和塞维鲁斯塞博赫特(Severus Sebokht). 此后，从8世纪到12世纪又出现了若干篇介绍星盘使用和制造的文章，其中一篇是10世纪的劳伯特(Llobet)写的. 到了984年或是985年，伊斯兰数学家和天文学家阿尔·卡亚迪(al-Khujandi)还曾在巴格达制作过星盘.

几何投影在阿拉伯世界主要是作为星盘的制作基础被使用，总的来讲研究的不多，几乎没有什么发展.

1.1.3 几何投影和画法几何知识在欧洲的再次发展

11世纪，随着阿拉伯人进入西班牙，还有后来的十字军东征，星盘和以上论文又逐渐地传回到了欧洲. 星盘具有很强的实用性，欧洲人一接触到它就对它表现出了极高的兴趣，一时间有很多人学习它和研究它，这从当时出现的论文数可以看出来. 有人曾统计过，在12世纪到13世纪期间，一百多年的时间里出现的关于星盘的论文足有几百篇，由此可见当时的研究盛况了. 球极投影是星盘的制造基础，由此，几何投影和相应的画法几何知识也逐渐地被人们再次重视起来. 不过此时，人们对它们的研究首先还是主要集中在继承应用上，这也许与当时古希腊和托勒玫的一些书籍还没有完全翻译到欧洲去有一定的关系. 但是，在接下来的几个世纪里就不一样了，画法几何知识有了很大的发展.

首先是1280年，意大利著名雕刻家和建筑师乔托(Giotto di Bondone,

---

① Neugebauer O E. The early history of the astrolabe[J]. Isis, 1949, 40(3): 240—256.

1266—1337)在使用古代透视思想绘画的时候,提出了透视画法中水平线的概念,并开始在其作品中应用①.

1342年,乔托的学生安布罗吉奥(Ambrogio Lorenzetti,1290—1348)开始将透视绘画中不同位置的灭点归于一点,开始实践焦点透视绘画方法.据说他还发明了无穷远符号以帮助汇聚灭点②.

1391年,英国著名的学者、莎士比亚之前最有名的诗人乔叟(Geoffrey Chaucer,1342—1400)为帮助他的小儿子刘易斯学习星盘的知识,写出了一篇著名的关于古代星盘的论文《论星盘》(*A Treatise on the Astrolabe*),阐述了刻制星盘上的各种圆所使用的方法和各种画法以及星盘的使用方法等③.

14世纪末15世纪初,意大利著名艺术家和建筑师布努雷契(Filippo Brunelleschi,1377—1446)提出了投影平面的概念,讨论了透视画法的几何规则,给出了"窥视"(peepshow)绘画的方法等,这为透视方法的发展奠定了坚实的基础.

布努雷契之所以能提出这些概念和原则,据研究是受到了托勒玫球极投影的启发.当时他有不少熟悉星盘的天文学家和工程师朋友,他在他们那里学会了星盘的制作,并弄懂了球极投影是怎么回事,然后对其进行了深入研究.之后,布努雷契便将其中的几何投影的思想借用到了他的建筑设计和绘画中,从而创造了一种崭新的绘画方法——透视画法④.由此可见,透视法和球极投影这两种不同的几何投影其实是相互关联的,前者是在后者的基础上发展出来的.它们都严格依据欧氏几何原理,都遵循视觉和光线传播规律,有着完全相同的思想和方法.

马萨乔(Masaccio,1401—1428)是意大利文艺复兴时期著名的画家,据说

---

① Edgerton Samuel Y. The heritage of Giotto's geometry: Art and science on the eve of the scientific revolution [M]. Ithaca, N. Y.: Cornell University Press, 1991.

② Bartschi Willy A. Linear perspective: Its' history, directions for constructions, and as peets in the environment and in fine arts [M]. New York: Van Nostrand Reinbold Company,1981:12—13.

③ Chaucer Geoffrey. A treatise on the astrolabe[M]//Skeat Walter W. Early English text society. Woodbridge: Boydell & Brewer Incorporated, 1969.

④ Jaff Macro. From the vault to the heavens: A hypothesis regarding Filippo Brunelleschi's invention of linear perspective and the costruzione legittima [J]. Nexus Networks Journal,2003,5(1).

他曾求教于布努雷契. 他在绘画的时候常使用一些外在的工具，如线、网格和钉子等来作透视图. 由此，他的透视方法更加合乎几何原理，如图1-13所示.

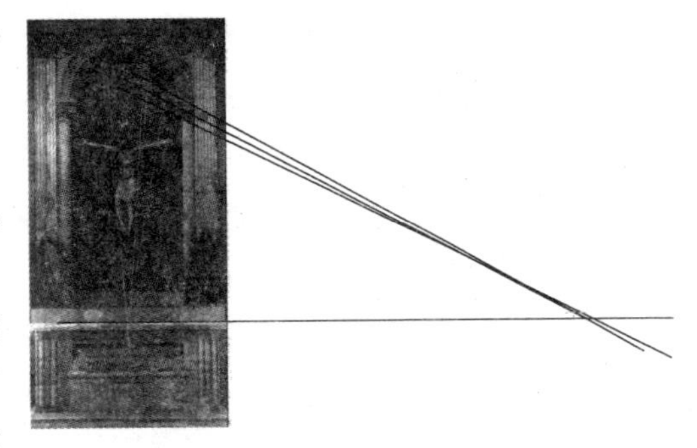

图 1-13 马萨乔的《Trinity》

1435年，意大利著名画家阿尔倍蒂(Alberti，1404—1474)发表了论文《论绘画》(*Della Pittura*). 在这篇文章中，他回顾了透视的历史，提及了布努雷契的工作，解释了透视画法的几何基础，给出了“画就是光锥的截面”的思想；他创立了直到1872年还被托马斯伊肯斯(Thomas Eakins)使用的“单量点法”[①]；提出了“画布是看世界的窗子”的观念——丢勒(Albrecht Durer，1471—1528)后来进行了描述，如图1-14所示；他提出了“灭点”和“截景”的概念，创造了网格画法——其可证明是正确的[②]. 同时，他也提出了两个光锥截景有什么一致性的问题等[③]. 他这篇论文具有划时代的意义，深刻地影响了200年之后的笛沙格(Girard Desargues，1591—1661)，可以说是射影几何之肇始[④].

阿尔倍蒂之后又一个对透视画法进行认真研究的是弗朗西斯科(Piero Della Francesca，1410—1492). 他是那个时期有名的画家，同时他的朋友们也称他为那个时代最好的几何学家. 他于1484年左右写就了《透视画法论》(*De Prospectiva Pingendi*)，推进了阿尔倍蒂的投影线和截景思想，提出了多条对当时的画家非常实用的绘画定理并给出了证明[⑤].

---

① Edgerton Samuel Y. The heritage of Giotto's geometry: Art and science on the eve of the scientific revolution [M]. Ithaca, N. Y.: Cornell University Press, 1991.

② Katz Victor J. 数学史通论[M]. 李文林，邹建成，胥鸣伟，等译. 北京：高等教育出版社，2004：305—306.

③ Alberti Leon Battista. Della Pittura[M]. 1435. 文章也可见：http://www.intratext.com/IXT/ITA0725/.

④ Field J V, Gray J J. The geometrical work of Girard Desargues[M]. London: Springer-Verlag, 1987：16—17.

⑤ Clark Kenneth. Piero della Francesca[M]. London: Phaidon Press Limited, 1951：53—210.

[美] 克莱因 M. 古今数学思想(第一册)[M]. 上海：上海科学技术出版社，1979：270.

达·芬奇(Leonardo da Vinci, 1452—1519)是当时著名的画家、数学家和工程师,他也对透视画法进行了研究——这些研究汇集在他1651年出版的《绘画专论》(*Trattato Della Pittura*)中.在他的文章中,达·芬奇认为正是透视产生了天文学的知识,天文学的每一部分都是几何投影的产品.由此,他提出了多个透视绘画原则,这些原则不仅包括一般物体的透视,而且还包含颜色的透视和物体阴影的透视等①.

图1-14　丢勒的透视画法解释图

1507年,卢士(Walter Luh)首先使用球极平面投影绘制了一张地图,再现了部分喜帕恰斯的工作.1514年,斯太伯(John Stab)和维纳(John Werner, 1468—1528)研究了正交投影,又回顾了喜帕恰斯的另一部分工作②.

丢勒是当时德国的著名画家,他成名后到意大利作了一次旅行,看到了意大利的透视画法,之后便专心于透视画法的研究,于1525年写成了《圆规直尺测量法》(*Underweysung der Messung mid dem Zyrkel und Rychtscheyt in Linien, Ebnen, und Gantzen Corporen*).在这本书里,他全面讨论了透视画法,考虑了曲线在平面上的投影的性质——是一些平面螺线——和画法,并建议从主视图和俯视图来作透视图等③.1528年,他又出版了《人体比例四论》(*Vier*

① Leonardo da Vinci. A treatise on painting[M]. Princeton: Princeton University Press, 1956:95—119.

② 汪前进.康熙铜版《皇舆全览图》投影种类新探[J].自然科学史研究,1991(2):186—194.

③ Dürer Albrecht, Conway Wukkuam Martin, Werner Alfred. The writings of Albrecht Dürer[M]. London: Peter Owen Limited, 1958:207—221.

Bucher von Menschlicher Proportion). 在这本书中，他证明了正确的绘制人体需要许多几何知识，并实际运用了三个相互垂直的平面来绘制图像①.

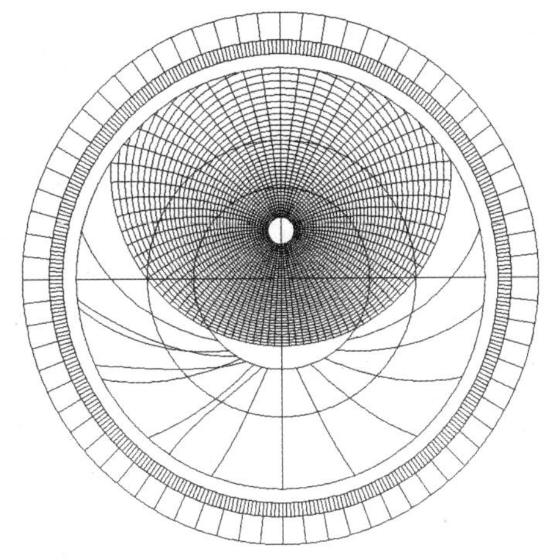

图 1-15　星盘上的经纬线投影

16 世纪初期，比利时的卢万(Louvain)成了著名的仪器制造中心②. 这里出了两个很有名的学生，第一个是著名的仪器制造师和数学家弗雷塞斯(Gemma Frisius, 1508—1555). 据说他非常聪明，善于思考. 他曾写了一篇关于星盘的论文，其中探讨了球极投影，深入研究了不同地区投影的特点，从而发明了具有众多纬度水平线的多层结构的星盘，使得在不同纬度的人都能使用星盘来计时. 从此星盘开始复杂起来，有了很多的网线和层面，如图 1-15 所示，这样大大扩展了星盘的使用范围.

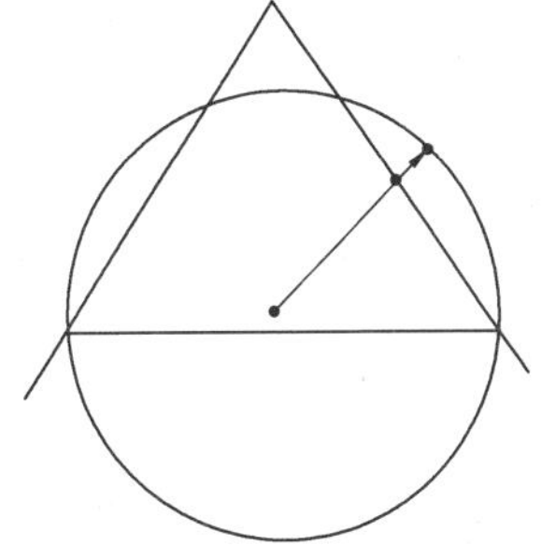

图 1-16　新圆锥投影

第二个便是著名地理学家墨卡托(Gerard Mercator, 1512—1594). 墨卡托出生在荷兰，是个鞋匠的儿子，但他很幸运，有一个富裕的伯父，他靠伯父的资助接受了教育，后来又到了卢万大学学习，在卢万大学跟弗雷塞斯学习数学，不久就得到了校方的允许可以给其他的学生上课了. 据记载，墨卡托心灵手巧，善于制作，1541 年墨卡托曾奉命为当时的查尔斯皇帝制作过天文仪器. 墨卡托在此期间，深入研究了星盘的制作和其背后的数学原理，由此出发，他深深地喜欢上了天文和地理，阅读了大量的相关资料，特别是古希腊托勒玫的文献，从而了解了托勒玫和托勒玫以前的学者创造的各种投影. 1554 年，他出版了《欧洲记述》(*Europae Descriptio*)，其中利用改进的托勒玫圆锥投影绘制了一幅地图. 托勒玫的圆锥

---

① Katz Victor J. 数学史通论[M]. 李文林，邹建成，胥鸣伟，等译. 北京：高等教育出版社，2004:309.

② http://www.antiquorum.com/html/vox/vox2003/astrolabe/astrolabe.html, 2003-6-18.

投影是圆锥曲面和球面相切，墨卡托改进之后的是圆锥曲面和球相割，如图1-16所示．由此可以看出，新的圆锥投影的确在得出的图形上更加逼真和实用，变形更小了[①]．这是对托勒玫投影的发展．

1569年，墨卡托又出版了《根据航海资料修正描绘的新的和不断扩展的世界》(*Nova et Aucta Orbis Terrae Descriptio ad Usum Navigantium Emendate Accommodata*)．这幅地图长为2米，宽为1.32米，绘制的内容包括从北纬80°到南纬66°30′的内容，使用了著名的墨卡托投影，也就是圆柱投影[②]．当时由于人们对于古希腊马林的工作几乎不了解，所以这幅地图一问世，立刻引起了广泛的兴趣．后来人们发现这种投影得到的地图有一个很好的特性，就是如果一条船始终沿着罗盘所指的方向前进，其航线在地图上就是一条直线，并且这条直线和经纬线的夹角同实际的夹角相等，所以其对指导航海非常有利，因此很快便流行开来．

这之后，随着古希腊数学翻译工作的基本就绪，也随着球体投影的不断使用，有人开始从数学的角度系统地来研究几何投影了．当时最著名的是有文艺复兴时期欧几里得之称的意大利人克拉维乌斯(Christopher Clavius，1537—1612)神父．

克拉维乌斯于1537年出生在巴伯格(Bamberg)，1555年加入耶稣教会，1565年起一直任罗马学院的数学教授，直到去世．他一生偏爱数学，在数学上的研究非常深入．早期他曾编译欧几里得的《几何原本》，将原来的十三卷改编成了十六卷(后三卷为注释)[③]．他的这个版本曾在欧洲学校非常流行，当时很多人都是通过他的这本书来习得欧氏几何的．后来这个版本被利玛窦带到了中国，1607年被利玛窦和徐光启部分翻译成了中文(前六卷)．

1593年，克拉维乌斯在罗马出版了一本关于星盘的书《论星盘》(*Astrolabivm*)．此书一改前人只是讲述星盘使用的做法，深入分析了星盘的制

---

① [英]沃尔夫．十六、十七世纪科学、技术和哲学史[M]．北京：商务印书馆，1997：440—442．

② [英]沃尔夫．十六、十七世纪科学、技术和哲学史[M]．北京：商务印书馆，1997：440—442．

③ Clavius C. Euclidis Elementorum libri XV[M]. Romae：Apud Vincentium Accoltum，1574．此书共两部分，第二部分的名字为：Euclidis Posteriores libri sex a X. ad XV.：Accessit XVI. De solidorum regularium comparatione.

造原理. 他从球的性质、光线的性质和一般几何元素的性质出发，给星盘的制造建立了一个系统的体系①，从而证明了球极投影的各种性质，包括画法的各种性质等. 有了这本书，无疑可以使得人们更加放心地使用球极投影了.

克拉维乌斯除了这本书之外，还于1599年出版了《论计时器》(*Christophori Clavii Bambergensis Horologiorvm nova Descriptio*). 此书深入讨论了日晷的数学原理，阐述了日晷的制作方法，对古希腊人使用的平行正投影也进行了分析②. 此书也被利玛窦带到了中国，后来陆仲玉在写作《日月星晷式》的时候多有引用③.

还有，早在1581年，克拉维乌斯还出版了一本关于日晷的图书《晷针十书》(*Gnomonices Libri Octo*). 在这本书中，他也对西方传统的平行正投影进行了描述和使用④.

此后是法国著名数学家和建筑师笛沙格(Girard Desargues，1591—1661)，他在1636年研究了阿尔倍蒂提出的截景问题⑤，给出了著名的笛沙格定理. 后来，法国数学家帕斯卡(Blaise Pascal，1623—1662)和海勒(Philippe de la Hire，1640—1718)等人沿着笛沙格指出的方向，放弃了研究几何投影和画法，专门研究几何投影下物体的不变性质——调和比，从而发展起来一门新的数学——射影几何学(Projective Geometry)⑥. 再后来是英国数学家泰勒(Brook Taylor，1685—1731)、德国数学家兰伯特(Johann Heinrich Lambert，1728—1777)和法国数学家蒙日继续研究空间中各种物体在几何投影下的规则和画法. 1798年，蒙日写成了著名的《画法几何》一书，建立了另一门新的数学——画法几何

---

① 安大玉. 明末平仪在中国的传播[J]. 自然科学史研究，2002(4)：229—319.

② Clavius C. Horologiorvm: nova descriptio [M]. Romae: Apud Aloysium Zannettum, 1599.

③ 胡铁珠. 日月星晷式提要[G]//薄树人. 中国科学技术典籍通汇·天文卷(八). 郑州：河南教育出版社，1993：383—384.

④ Clavius C. Gnomonices libri octo[M]. Romae: Apud Franciscum Zanettum, 1581: 145—585.

⑤ Field J V, Gray J J. The geometrical work of Girard Desargues[M]. London: Springer-Verlag, 1987: 31—59.

⑥ Kline M. "Projective Geometry" in the mathematics in the modern world[M]. London: W. H. Freeman and Company, 1968: 122—127.

[美]克莱因M. 古今数学思想(第一册)[M]. 上海：上海科技出版社，1979：333—351.

(Descriptive Geometry)①.

关于几何投影,到了 16 世纪末 17 世纪初,也出现了变化. 这个时期由于地理的大发现等原因,人们对地图和星图的需求不断增强,几何投影在很多方面得到了广泛的应用,特别是在地理学中. 在应用过程中,人们逐渐发现球形几何投影虽然有很多优点,但也有不少的不足,如绘制往往不全面、变形大等. 如何解决这些问题呢? 恰在此时,欧洲数学又有了新的发展,出现了射影几何和解析几何等. 在它们的影响下,几何投影开始逐渐被冷落,解析投影发展起来了. 解析投影即是利用函数方法建立起物体和平面上点的一一对应的投影(比如椭圆投影就是解析投影). 解析投影可以使地图根据需要绘制成各种形式. 自此以后,几何投影的使用在地理学中减少了,但在当时的天文学和绘画中还依然使用着.

由上我们可以看出,17 世纪以前的西方早已经使用了多种几何投影来研究客观世界或进行绘画,并且由此发展起来的画法几何在内容上也已经十分丰富. 这样就难怪拉格朗日(Joseph-Louis Lagrange, 1735—1813)在听了蒙日的画法几何演讲之后说:"这之前我不晓得原来我是知道画法几何的."②

§1.2 我国古代关于画法几何的探索

我国历史悠久,在很早的时候就有了天文观测和土木建筑等活动,也很早就有了各种绘画和绘图,同时,人们对于光在空气中传播的认识和对于空间几何形状的认识也不亚于西方,由此,我国也在很早的时候就产生了透视的观念,有了简单的透视画和图形等. 但是,我国古代似乎很长时间都没有将透视和几何结合起来,以至于我国传统的绘图以比较严格的标准来看,多不符合现代画法几何的要求③.

---

① Toomer G J. Brook Taylor's work on linear perspective[M]. New York: Springer-Verlag, 1992: 1—3.

[美]克莱因 M. 古今数学思想(第三册)[M]. 上海:上海科技出版社,1979:243—246.

② 贝尔 E T. 数学精英[M]. 北京:商务印书馆,1991:215.

③ 李约瑟. 中华科学文明史(5)[M]. 江晓原,等译. 上海:上海人民出版社,2003:83—85.

1.2.1 我国古代绘画中的透视

图1-17是20世纪出土的河姆渡时期的一个黑陶盆，侧面画了一只猪，这只猪后面两脚不在一个层平面上①. 图1-18是发现于新疆库鲁克山上的一幅岩画，表现的是围猎的场面，很明显远处的人物小，近处的人物大②. 从这里我们可以看出，早在公元前3000年以前我们的祖先就已经有了初步的透视观念.

图1-17 黑陶盆图

图1-18 围猎

夏、商和周早期的绘画主要刻画在青铜器上，如鼎、酒器上，严格说应属于雕刻③. 在这些雕刻中，有的描绘的是人们劳动的场面，有的描绘的是大自然的景物等. 从这些雕刻的立体景物中，我们也可以看到简单的透视观念. 如图1-19是战国时期的一个铜豆的拓片，看其中描绘的人物和场面，特别是第二层和第三层中，很清楚地表明当时的人们已经有了透视的思想④.

到了春秋战国后期，人们不仅在铜器上作画，也开始在其他物品如布匹上作画了，此时出现了帛画. 帛画易损坏，所以现在保留下来的不多，即使保留下来也不是很清楚. 但从当时一些哲学家对绘画的论述中，我们可以窥视到那时的一些情况. 在《韩非子·外储说左上》中有一段答齐王论："客有为齐王画者，齐王问曰：'画孰最难者?'曰：'犬马最难.''孰最易者?'曰：'鬼魅最易.'夫犬马，人所知也，旦暮罄于前，不可类之，故难. 鬼魅，无形者，不罄于前，故易之也."⑤《荀子·解蔽》中有一段讨论望牛论："故从山上望牛者若羊，而求羊者不

① 王伯敏. 中国美术通史(第一卷)[M]. 济南：山东教育出版社，1987:54.

② 王伯敏. 中国美术通史(第一卷)[M]. 济南：山东教育出版社，1987:61.

③ 王伯敏. 中国美术通史(第一卷)[M]. 济南：山东教育出版社，1987:95—193.

④ 王伯敏. 中国绘画史[M]. 上海：上海人民美术出版社，1982:18.

⑤ 韩非. 韩非子[M]. 上海：上海古籍出版社，1989:92.

下牵也，远蔽其大也．从山下望木者，十仞之木若箸，而求箸者不上折也，高蔽其长也．”①由此看出，当时的画风还是比较注重反应现实和提倡写实的，所以必然对透视也有所思考和研究．

图 1-19　战国时期的铜豆

秦朝中国统一，此时大规模的建筑兴起，因此也带动了绘画的发达——因为建筑需要制图帮助，需要壁画装饰等．此时的绘画很可能也秉承了前面的写实理论和风格．《史记·秦始皇本纪》中记载："秦每破诸侯，写放其宫室，作之咸阳北坂上．"②"写放"就是据实描绘的意思，由此可知当时对透视已有了大量的应用．

另外，由 1979 年在陕西咸阳发现的秦宫殿建筑上的壁画可知，当时写实的水准也是比较高的③．相比以前，无论透视画法的成熟程度还是效果，都有了很大的提高．图 1-20 是在 3 号宫殿中找到的一个关于车马的壁画，图中的四匹马从下向上依次顺序排列，深度的感觉很明显．

图 1-20　车马图

图 1-21　汉砖图

汉朝时期由于生产力的发展和社会的进步，各种绘画都得到了很大的发展．此时不仅有帛画、漆画、壁画、板画、岩画，而且还出现了砖画．砖画主要以描述劳动场景为主，因而多是写实性质的．图 1-21 就是在四川成都出土的三块汉

① 荀况．荀子[M]．上海：上海古籍出版社，1989：123．

② 司马迁．史记[M]．长沙：岳麓书社，1983：57．

③ 周经．谈《史记》中的画图地图档案[J]．历史档案，1985(4)．

像砖上的砖画，画的是汉朝的一幢住宅，显然这里用到了透视——虽不完全正确. 另外，从马王堆汉墓出土的帛画和壁画，以及在洛阳朱家村出土的汉朝墓壁画中也可以看出这一点①.

魏晋南北朝时期，出现了我国最早的透视理论——其实也是世界上最早的透视理论——宗炳的"置陈布势"说.

宗炳(375—442)，字少文，南朝时期山水画家. 书中记载其不慕仕途，专情山水，每次游玩回来都要"图之于室". 他写了一篇文章《画山水序》，讲述了自己对绘画的理解，同时还提出了一个画山水的技巧，即是利用透视. 他说："且夫昆仑山之大，瞳子之小，迫目以寸，则其形莫睹，迥以数里，则可围于寸眸，诚由去之稍阔，则其见弥小. 今张绢素以远映，则昆阆之形，可围于方寸之内. 竖画三寸，当千仞之高，横墨数尺，体百里之迥. 是以观图画者，徒患类之不巧，不以制小而累其似，此自然之势. 如是，则嵩华之秀，玄牝之灵，皆可得之于一图矣."②图1-22即宗炳理论的示意图. ③

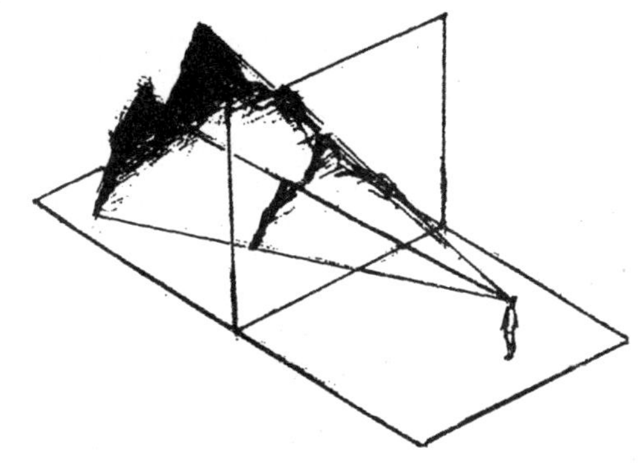

图1-22　宗炳理论的直观图

有了宗炳的理论，我国的绘画技术有了很大的提高，这从之后出现的画上画物的安排和布局就可以看出来. 自此，比较成熟的山水画和时空画也大量出现，这不能不说是宗炳的作用. 但是，这并没有改变中国透视学的命运，透视技术从此以后似乎也仅仅如此而已，在中国一千多年的历史发展过程中再没有进一步的发展. 这其中的原因当然很多，但最主要的应当是儒家学说的兴起. 儒家学说在汉朝兴起并被极力推崇，此后又持续发展，到了南北朝时期逐渐成为了具有统治地位的思想. 从此绘画主流变得更讲求礼性和政治性，讲求书、画、文结合等. 为迎合这种风气，南北朝时期顾恺之提出了"以形传神"的要求. 谢赫提出了作画的六法，即"一气韵生动；二骨法用笔；三应物象形；四随类赋彩；五经营位置；六传移模写". 此后唐朝又有人提出"神、骨、肉"等④. 由此，中国绘画走

① 王伯敏. 中国绘画史[M]. 上海：上海人民美术出版社，1982：55—69.

② 王伯敏. 中国绘画通史[M]. 北京：生活·读书·新知三联书店，2000：149.

③ 刘克明. 中国工程图学史[M]. 武汉：华中科技大学出版社，2003：133.

④ 葛路. 中国古代绘画理论发展史[M]. 上海：上海人民美术出版社，1982：18—48.

上了另外一条道路，基本上不再对透视作进一步研究. 因此，从那时起，透视学在中国古代绘画主流中几乎再没有大的发展. 不仅如此，就是以前在使用透视绘画的时候出现的错误，如“人大于山”，也没完全改正过来①. 当然这也许有其他的原因在里面，那又另当别论. 从那以后，凡遇到立体实物或是远近关系时，均利用画面的上下和画物的大小来表示，基本的原则无非是“远高近低”和“远大近小”②. 这显然违背了我们平时的观察事实和透视原则，如图1-23、图 1-24、图 1-25.

图 1-23　敦煌壁画《楞伽经变》(唐朝)

图 1-24　敦煌壁画五台山(五代时期)

图 1-25　货郎图局部(明朝计盛)

① 王伯敏. 中国山水画的透视[M]. 天津：天津美术出版社，1981：2.

② [英]李约瑟. 中华科学文明史(5)[M]. 江晓原，等译. 上海：上海人民出版社，2003：83.

魏晋南北朝之后，透视学发展主要在界画中. 界画是专门描绘楼台、亭阁和工程的一种画法，也就是我们今天讲的建筑画. 界画属于绘画的一科，起于隋唐，兴盛于宋元. 元朝人汤厚在《画鉴·杂论》中曾说："世俗论画者，必曰有十三科，山水打头，界画打底，故人以界画为易事，不知方圆、曲直、高下、低昂、远近、凸凹、工拙、纤粗，梓人匠氏有不能尽其妙者. 况笔墨规尺，运思于缣楮之上，求其合法度准绳，此为至难……诸画或可杜撰瞒人，至界画未有不用工合法度者，此为知言也."①

椐刘道醇(宋朝开封人，生卒年不详)的《圣朝名画评》记载，宋朝初期的画家郭忠恕(字恕先，? —977)是个界画好手. 郭忠恕曾任作监之职，期间其大量吸收民间工匠建筑艺术，绘制了不少建筑设计图，其图"为屋木楼观，一时之绝也. 上拆下算，一去百随，咸取之砖木诸匠本法，略不相背". ②北宋李廌在《德隅斋画品·忠恕楼居仙图》中又说："屋木楼阁，恕先自为一家，最为精妙. 栋梁楹桷，望之中虚，若可蹑足. 阑楯牖户则可扪历而开阖之也……以毫记寸，以分记尺，以尺记丈. 倍而增之，以作大宇，皆中规度，曾无小差."③其绘图技术的高超由此可见一斑.

宋朝除了郭忠恕之外，还有李诫(字明仲). 李诫是河南郑州人，出身官宦家庭. 宋元佑七年(1092年)入将作监担任主簿，开始接触建筑营缮工作，以后累次升迁为监丞、少监、大监，全面负责皇室的营缮事务，大观四年(1110年)死于虢州. 前后十八年间，李诫主持过不少工程的设计和施工，包括王邸、宫殿、辟雍、府�、太庙等，积累了丰富的建筑技术知识和经验. 1100年他乘王安石变法之风，撰写了一部指导建筑工程的书《营造法式》. 此书

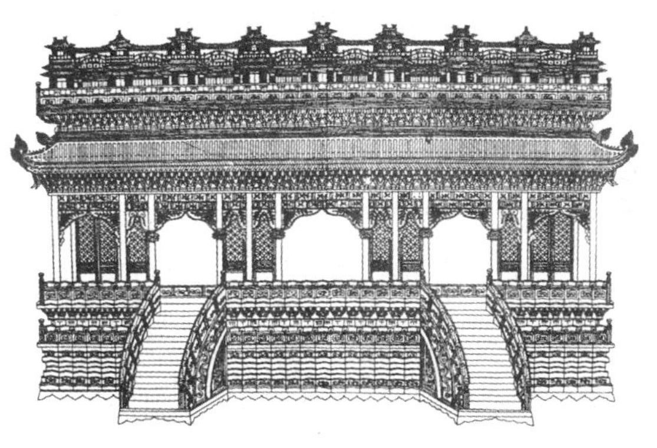

图1-26 《营造法式》中插图

① (元)汤厚. 画鉴[M]. 文渊阁四库全书本.

② (宋)刘道醇. 圣朝名画评[M]. 文渊阁四库全书本.

③ (宋)李廌. 德隅斋画品[M]. 文渊阁四库全书本.

1103年镂版印刷刊行，流传至今.《营造法式》全书36卷，分为六个部分，即释名、各作、制度、功限、料例和图样. 在此书中我们可以看到很多界画，如图1-26. 这些界画尽管不能严格地构成透视图，但画工已经很精细①. 在当时没有严格的画法几何知识基础上，画出此图实属不易②. 不过这些界画中最多的还是平行投影图，如图1-27和图1-28，这在我国历史上并不缺少.

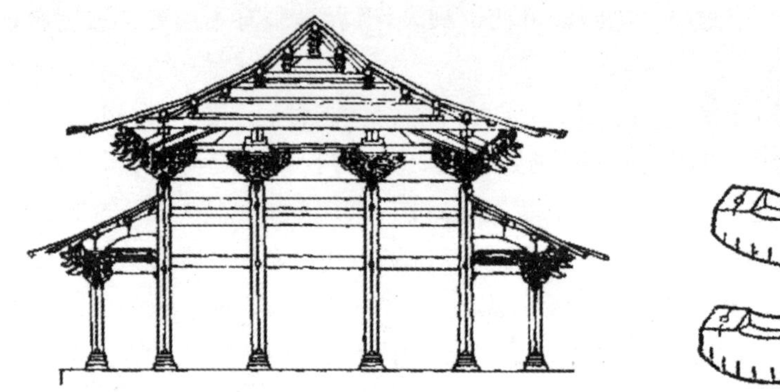

图1-27 殿堂举折图

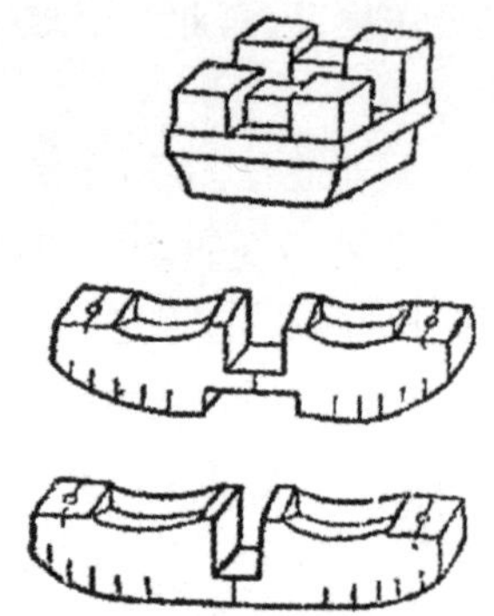

图1-28 斗拱

除上述两人之外，当时善于界画的应当还有李成. 据沈括的《梦溪笔谈》记载，"李成画山上亭馆及楼塔之类，皆仰画飞檐. 其说以谓自下望上，如人平地望塔檐间，见其榱桷"③. 由此可见其也曾尝试透视画法.

元代界画的佼佼者当属王振鹏(字朋梅). 据载，他善画界画，曾一度成为宫廷画家. 他的画"运笔和墨，毫分缕析，左右高下，俯仰曲折，方圆平直，曲尽其体，而神奇飞动，不为法拘"④，如图1-29. 即使这样，我们可以看出他的画还是有些问题的，如远大近小.

---

① (宋)李诫. 营造法式(第七册)[M]. 文渊阁四库全书本.
(宋)李诫. 营造法式[M]. 北京：方志出版社，2003.
② 陈明达. 中国古代木结构建筑艺术[M]. 北京：文物出版社，1987.
③ (宋)沈括. 梦溪笔谈[M]. 文渊阁四库全书本.
④ 王伯敏. 中国绘画史[M]. 上海：上海人民美术出版社，1982：403.

图 1-29　金明池龙舟竞渡图局部(王振鹏)

界画到了明代似乎已经被很多人所掌握.因为在明代的《园冶》、《长物志》、《鲁班经》、《梓人遗制》、《天工开物》等书中都出现了界画插图[①],其中很多几乎和现在的轴测投影相差无几,有的还适当地运用了阴影[②],由此可见当时透视思想的普及.尽管如此,由上我们看出,当时的透视终归没有应用数学知识:很多元素的绘制不成比例;没有明确的灭点;有的能看出灭点,但是多个,不能集中到一个点上,因此,没有发展成现代的画法几何.还有,绘画中除了点、线、面(平面和曲面)等元素的绘制遵循了画法几何原理外——它们分别被画成了点、线、面,很少有其他的画法几何知识.

我国古代也非常重视地图的绘制,可是由于一直是"天圆地方"的观念,所以在地图绘制中没有使用中心透视投影——其实其他投影也没有使用过[③].

1.2.2　我国古代星图的绘制

星图是古代另外一种图形,它一开始就是要求写实的,所以历代天文学家对其极为用心,特别是浑天说在我国出现之后.浑天说认为天空是一个巨大的

① 刘克明.中国工程图学史[M].武汉:华中科技大学出版社,2003:198—258.
② 孙大章.中国古代建筑史话[M].北京:中国建筑出版社,1987:95—105.
③ 曹婉如.中国古代地图绘制的理论和方法初探.自然科学史研究,1983(3).
曹婉如.近四十年来中国地图史研究的回顾.自然科学史研究,1990(3).

球，地球在其中间，太阳、月亮和众多恒星都在天球上运动. 这样，若要在平面上把它完全绘制出来——还要准确，当然要精心了. 可即使是这样，我国古代也没有发展起来现代画法几何.

我国古代浑天星图主要有两种，一种是圆形的，一种是矩形的. 圆形图一般是由三个同心圆、一个偏心圆和众多表示恒星的原点或小圆圈构成. 以苏州石刻天文图为例，三个同心圆从外到内分别表示天文恒隐圈、赤道和恒显圈，如图 1-30 所示. 偏心圆一般表示黄道. 恒隐圈在天球南纬 55°附近偏南，恒显圈在天球北纬 55°附近偏北. 也许正是因为这个原因，才有人认为其中使用了中心投影①，其实不然.

图 1-30　苏州石刻天文图

苏州石刻天文图为南宋黄裳所画，刻于南宋淳佑七年(1247 年)，描述的是当时开封附近的星空，也就是北纬 35°上方的天空. 黄裳虽然不是天文学家，但他当时参考了大量的有关资料，特别是当时的天文观测数据，所以他的作品具有一般性②. 我们以此来分析.

此图四个圆均为正圆，从里到外三个同心圆的直径分别是：19. 9 cm、52. 5 cm和 85 cm③. 偏心圆的圆心即黄极在北极的左上方约 6. 8 cm 处，直径也是 52. 5 cm. 只看偏心圆，我们也能看出它不是天球平行正投影，如果此图使用了正投影，那么黄道应当是在赤道投影中的一个椭圆.

---

① 车一雄，王德昌. 常熟石刻天文图[G]//《中国天文学史文集》编辑组. 中国天文学史文集(第一集). 北京：科学出版社，1978：178.

王立兴. 从星图画法上看浑天说两次建成的先后[G]//《中国天文学史文集》编辑组. 中国天文学史文集(第五集). 北京：科学出版社，1989：182.

陈遵妫. 中国天文学史[M]. 上海：上海人民出版社，1982：446.

② 陈遵妫. 中国天文学史[M]. 上海：上海人民出版社，1982：468.

③ 北京天文馆. 中国古代天文学成就[M]. 北京：北京科学技术出版社，1987：70.

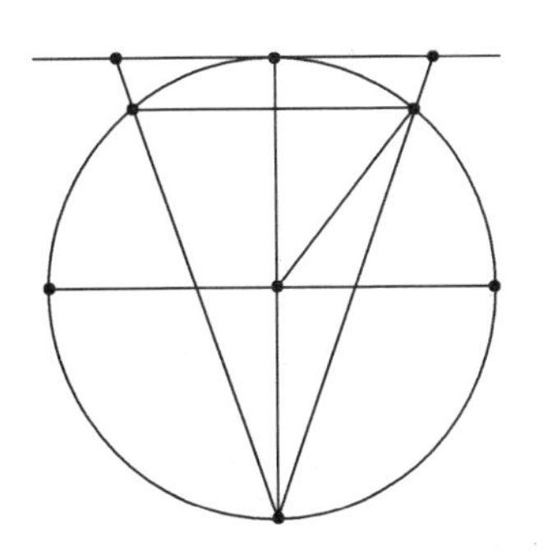

图 1-31　投影平面切北极点

假设此图是球形投影图，且投影点在南极，投影平面在北极，与天球相切于北极点，如图 1-31 所示. 那么，由于南极到北极的距离等于赤道直径即 52.5 cm，恒显圈在天球的北纬 55°左右，恒隐圈在天球的南纬 55°左右，因此，小圆、中圆和大圆的半径应该约为：

$$2\times52.5\times\tan\frac{90^\circ-55^\circ}{2}=33.11\ \text{cm};$$

$$2\times52.5\times\tan\frac{90^\circ}{2}=105\ \text{cm};$$

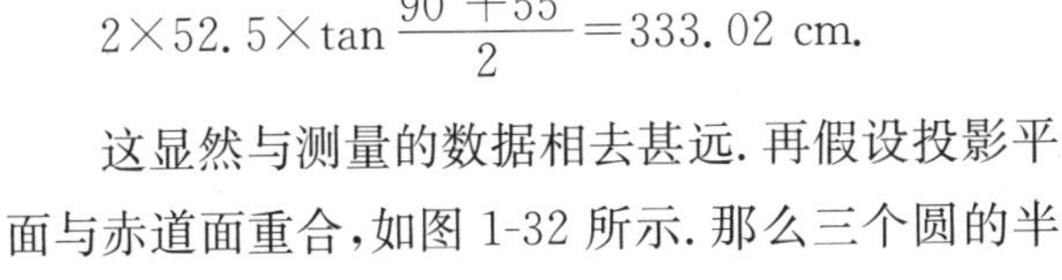

$$2\times52.5\times\tan\frac{90^\circ+55^\circ}{2}=333.02\ \text{cm}.$$

这显然与测量的数据相去甚远. 再假设投影平面与赤道面重合，如图 1-32 所示. 那么三个圆的半径应该分别约为：

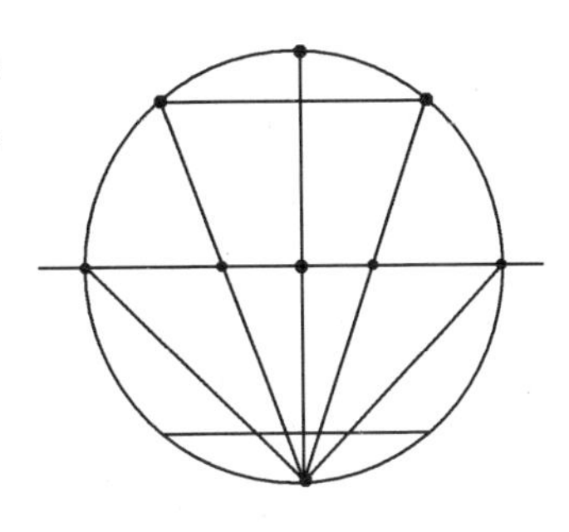

图 1-32　投影平面与赤道面重合

$$2\times26.25\times\tan\frac{90^\circ-55^\circ}{2}=16.55\ \text{cm};$$

$$2\times26.25\times\tan\frac{90^\circ}{2}=52.5\ \text{cm};$$

$$2\times26.25\times\tan\frac{90^\circ+55^\circ}{2}=166.51\ \text{cm}.$$

这次，中圆的直径相符合了，但大圆和小圆的直径还是差别很大.

球形投影下各种纬线圈的直径长度实际上符合下面的函数：

$$f(m,\alpha)=2m\tan\alpha\text{，其中 }0<m\leqslant52.5,0<\alpha<\frac{\pi}{2}.$$

对于这个函数进行考察，我们会发现即使两个自变量取遍定义域中所有的值，也不能同时得出上述测量的三个结果. 这个过程中，即使对恒显圈和恒隐圈的纬度数做大幅度的调整也是徒劳的. 因此，无论投影点和投影平面在天球轴线上如何滑动，都找不到合适的位置，恰好投影出现有的星图.

当然，西方球形投影还有其他情况，比如投影点不在两极的情况，投影平面和天球斜切斜割的情况等，这些情况都拿来计算，也都不满足现有的投影条件和结果. 所以，可以肯定地说，此星图不可能是在球形投影原理指导下绘制的，不是几何投影图.

中国古代保留下来的比较清晰的没有受到域外天文学影响的圆形图，除此之外还有北京隆福寺天文图(三个圆的直径分别为:31.6 cm,95 cm,161 cm)和常熟天文图(18.4 cm,45 cm,70.8 cm)两幅. 对于这两幅，我们可以计算，它们也都不符合球形投影原理.

浑天说提出之后，圆形星图是如何制作的呢?《新唐书·天文志》记载了一行的方法和过程：

“盖天之说，李淳风以为天地中高而四颓，日月相隐弊，以为昼夜. 绕北极常见者谓之上规，南极常隐者谓之下规，赤道横络者谓之中规. 及一行考月行出入黄道，为图三十六，究九道之增损，而盖天之状见矣.

“削蔑为度(尺)，径一分，其厚半之，长与图等，穴其正中. 植针为枢，令可环远. 自中枢之外，均刻百四十七度. 全度(尺)之末，旋为外规(常隐圈). 规外太半度，再旋为重视. 以均赋周天度分. 又距极枢九十一度少半，旋为赤道带天之纮. 距极三十五度旋为内规(常见圈).

“乃步冬至日躔所在，以正辰次之中，以立宿距. 按浑仪所测，甘、石、巫咸众星明者，皆以蔑横考‘入宿距’，从(纵)考‘去极度’，而后图之. 其赤道外众星疏密之状，与仰视小殊者，由浑仪去南极渐近，其度益狭，而盖图(去北极)渐远，其度益广使然. 若考其‘去极、入宿’度数，移之浑天，则一也.”①

由此也可看出，我国古代的圆形星图不是平行投影或中心投影等几何投影图，在制作的过程中也没有使用几何投影方法作指导. ②

我国古代除了盖图之外还有一种矩形图，称为横图. 这种星图的特点是:天球赤道、恒显圈和恒隐圈的投影在其上面是都是横向的直线，黄道的投影是一条曲线，二十八宿每宿的距星和北极的连线都是纵向的平行直线. 由此，也有人

---

① 欧阳修. 新唐书[M]. 北京:中华书局,1975:575.

② 有人说是等距投影，这是对的，但是等距投影不是一种几何投影，是一种解析投影. 参见:宫岛一彦. 日本の古星稠と东アジアの天文学[J],人文学报(京都大学研究所),1999(82).

李汝昌，王祖英. 地图投影[M]. 武汉:中国地质大学出版社,1991:44.

认为这里使用了圆柱投影，其实不然①.

横图在我国历史上出现的也比较早，《画史》就曾有记载. 横图估计比较多，但迄今保留下来的只有唐敦煌星图和宋苏颂星图. 这两者之中又以宋苏颂星图最为清晰准确，下边我们就以它为例来分析其原理.

宋苏颂星图是宋元佑三年(1088 年)由当时的天文学家苏颂绘制的，共有五幅：一幅紫微垣星图，两幅南北极星图，两幅浑天中外官星图. 前三幅是圆形图，后两幅是矩形图，如图 1-33 所示②. 尽管此图是作为《新仪象法要》的插图出现的，后世传抄的时候，难免有些出入，但其总体结构和长宽比例应当是不变的，即使有变化也不大，所以并不影响我们对它进行整体数据分析.

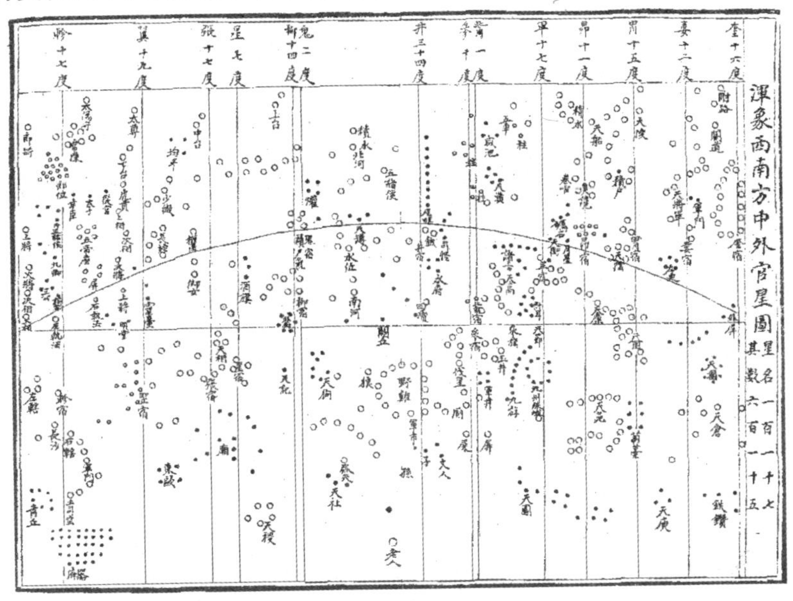

图 1-33　宋苏颂星图(半幅)

此图有多个抄本，我们对《四库全书》中的抄本进行了测量，其中描述东北方向星官的一幅的长宽比例为 20.56∶14.53，以赤道为分点，上宽与下宽之比为 7.11∶7.42. ③这样，假想天球的半径为：$20.56 \div 3.14 = 6.55$.

① 李约瑟. 中国科学技术史(天文卷)[M]. 北京：科学出版社，1975：242.
陈遵妫. 中国天文学史[M]. 上海：上海人民出版社，1982：446.

② 北京天文馆. 中国古代天文学成就[M]. 北京：北京科学技术出版社，1987：72.

③ 苏颂. 新仪象法要[M]. 文渊阁四库全书本.

假设此图是经过墨卡托投影得出的，那么恒显圈与恒隐圈的投影线到赤道的距离应几乎相同，并且与天球半径的比值等于 tan 55°，如图 1-34 所示.

可是实际计算结果是：

7.11÷6.55=1.085 5≈tan 47.35°≠tan 55°=1.428 1；

7.42÷6.55=1.132 8≈tan 48.56°≠tan 55°=1.428 1.

从这个结果看，相差还是比较大的. 所以，此图不可能是墨卡托投影图①.

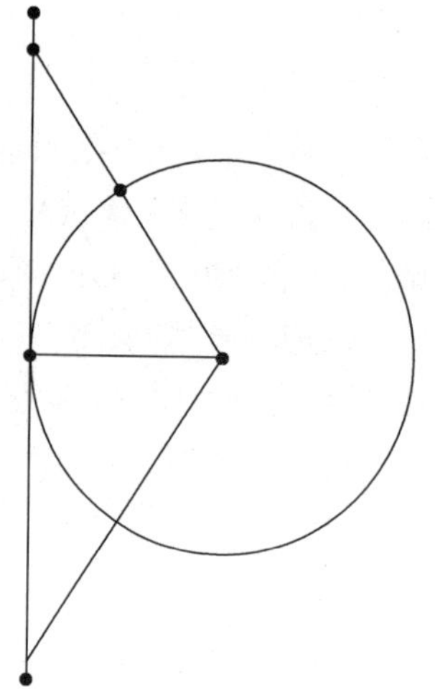
图 1-34　墨卡托投影

据记载，唐代一行也曾作过横图，他的指导思想是："求赤道分至之中，均刻为七十二限. 据每黄道差数，以蔑度之，量而识之；然后规为黄道，则周天咸得其正矣."②由此看出，这种星图的作法还是利用了传统的坐标体系，通过标记去极度和入宿度来画的，只是在画的时候，某星的去极度换算成了"去赤道度"，然后，根据"去赤道度"直接绘制的. 由此，我国古代的天文学家在制作矩形星图的时候也没有使用几何投影.

其实，我国古代的星图在 17 世纪之前本来是有机会改变的. 据记载，元朝时期曾有多位伊斯兰天文学家来到东方，并且有的还参与了我国天文学的测量和研究工作，如札马鲁丁(Jamal al-Din，? —1290). 札马鲁丁 1267 年在参与我国天文测量和建设的过程中，曾进献过当时流行于伊斯兰和欧洲的星盘——"兀速都儿剌"③. 他的工作也影响到了我国天文学家，如郭守敬. 郭守敬在此基础上制成了多个欧洲样式的天文仪器. 可是由于种种原因，他们的做法最终没有流传开来. 对照元朝的绘画、界画和星图等，可以看到当年郭守敬使用过的球极投影画法等，没有影响到后来绘画的改革和发展.

---

① 也可以对此星图中的太尊(去极度为 135)、中台(去极度为 133)、上台(去极度为 139)、北河(去极度为 123)、天陵(去极度为 135)和附路(去极度为 143)等星进行计算，结果同样显示其不可能使用了墨卡托投影.

② 欧阳修. 新唐书[M]. 北京：中华书局，1975：574.

③ 江晓原，钮卫星. 天文西学东渐集[M]. 上海：上海书店出版社. 2001：253.《元史》中说"兀速都儿剌不定，汉言昼夜时刻之器也". 据德国学者哈特纳的研究，当时阿拉伯世界有一种天文仪器，名叫 al-Usturlab，即后来在欧洲也风行过很长时间的星盘.

1.2.3 我国古代平行投影

我国历史上除了不严格的透视图外，还有很多平行投影图. 前面已提及，这些平行投影图又多数是平行正投影图，轴测投影图较少. 按照现代画法几何的规定，它们是符合要求的. 我国古代的平行投影图有关于方体的、圆柱的、圆锥的和人物的，等等，这在我国古代科技图书和一般绘画中俯拾皆是，故不赘述.

目前能查到的我国唯一一处使用平行正投影来描述天球的地方是《明史》"历志"，在这里，作者给出了五个天球平行正投影图，如图 1-35、1-36、1-37、1-38、1-39 所示①. 对于第二幅和第三幅，刘钝指出，它们是同一个天球的不同方位平行正投影，还是两个正确的蒙日二视图②. 在这里，作者称其为"郭太史本法"，意思为郭守敬创造和使用的方法.

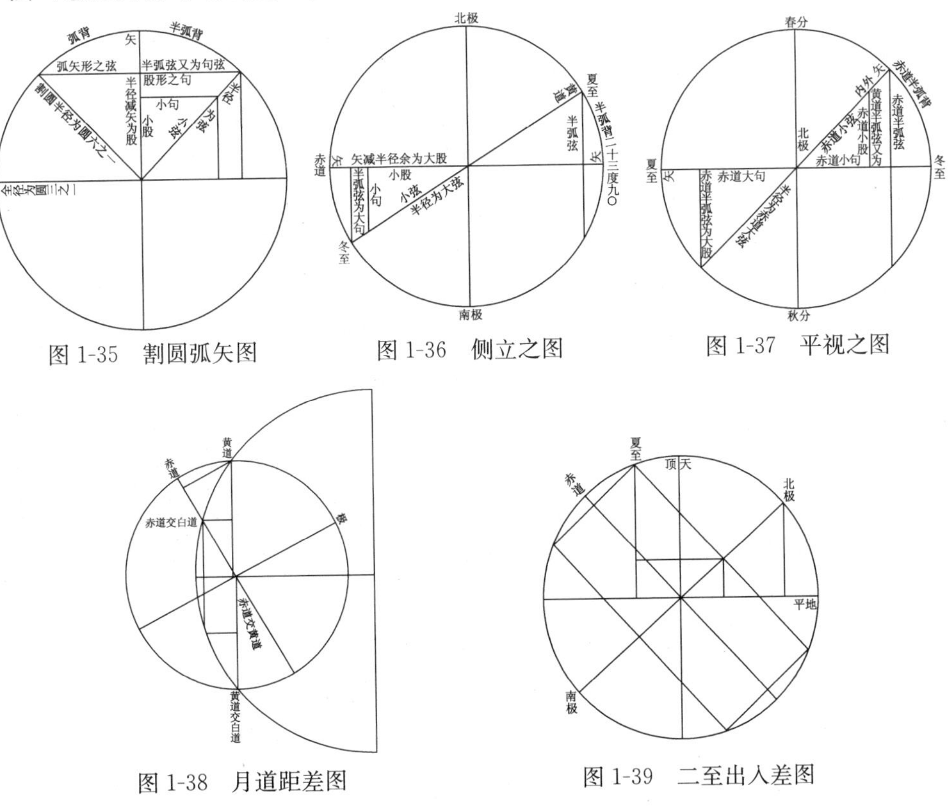

图 1-35 割圆弧矢图　　图 1-36 侧立之图　　图 1-37 平视之图

图 1-38 月道距差图　　图 1-39 二至出入差图

---

① 张廷玉. 明史(三)[M]. 北京：中华书局，1974：570—572，584，623.

② 刘钝. 郭守敬的《授时历草》和天球投影二视图[J]. 自然科学史研究，1982(4).

§1.3 小 结

综上,画法几何这个概念虽然到了18世纪才出现,但是关于画法几何的内容早在公元前1世纪左右就出现了.公元前1世纪左右,古希腊的数学家和科学家为了解决生产实际中的问题和方便科学研究等,发明了多种投影,提出和使用了多项画法几何知识.公元1世纪之后,由于科学研究和生产实际的需要等,画法几何一直在发展,其内容也不断丰富.截至17世纪,无论是东方还是西方,都早已经积累起了许多画法几何的知识,特别是在西方.在西方,不仅有一般物体的平行投影,而且还有天球和地球的平行投影;不仅有平行投影,而且还有中心投影;关于中心投影,不仅有球极投影,而且还有球心投影,如圆锥投影和圆柱投影等;不仅有天球和地球的中心投影,而且还有一般物体的中心投影——透视法;不仅有投影画法,而且还有相应的概念,如灭点、离点、截景和水平线等.这些内容直接导致了17世纪射影几何的产生和18世纪画法几何概念的提出.相比西方,我国画法几何发展也很早,但是,翻看我国古典科学文献以及绘画等会发现,我国古代更多的是使用平行投影.平行投影也多是关于现实世界物体的平行投影,极少有天球和地球的平行投影.我国古代很早就有了透视的观念,南北朝时期还曾经出现过比较深入的理论,但是由于种种原因此后并没有发展成几何投影,就是在天文学的天球研究中也没有.我国古代星图的绘制,表面上看似乎是使用了中心投影,但仔细计算,我们会发现其并不符合现代画法几何的要求,没有使用现代画法几何的方法.元朝时期确定有西方球极投影传入了我国,但最终没有传播开来.也许正是由于此,明末清初时期西方关于天球和地球中心投影的一些画法几何知识才得以传入我国.

第二章　利玛窦与西方早期画法几何知识之东来

明朝末年，西方传教士不断地来到我国. 传教士来到我国当然是为了传教，但为了吸引国人，使国人相信并深信他们的教义，他们也常给国人介绍一些西方先进的科技知识. 西方早期画法几何知识就是这样逐渐来到我们国家的. 这期间，最早进入中国内陆的意大利传教士利玛窦和后来参与编写《崇祯历书》的德国传教士汤若望等人起了重要的作用，因为他们传入的内容不仅多而且也很关键. 关于他们的工作目前鲜有人研究，因此，本章和下一章拟通过考察他们的工作来探讨此时西方早期画法几何知识的东来. 同时，那个时候我国也有不少知名人士和传教士交往比较密切，从而较早地接触到了西方几何投影和早期画法几何知识，比如李之藻、徐光启等人. 他们的工作目前也无人探讨，后一章也拟通过探讨他们的工作来分析当时画法几何知识在我国的传播.

§2.1　利玛窦最早传入我国画法几何知识

利玛窦(Matteo Ricci，1552—1610)，字西泰，号清泰、西江和大西域山人等，意大利人. 其于1552年10月6日生于意大利马切拉塔(Macerata)城的一个有名的医生家庭. 利玛窦年少时即异常聪慧，记忆力超强，能过目成诵，后来拜当时著名的学者孟尼阁(Nicolo Benivegni)为师. 1561年，其以优异的成绩考入马切拉塔耶稣学校(Jesuit College). 1568年，其父亲又把他送到了罗马，学习更加深奥的知识. 这期间由于对宗教痴迷，其不久就加入了圣母会(The Sodality of the Blessed Virgin)，1581年8月15日正式加入耶稣会，翌年9月17日进罗马学院(Co11egio Romano). 大学生活五年，其学习了天文学、数学、透视学、音乐和地理学等学科，接受了当时最先进的教育. 当时他的数学老师是欧洲著名的数学家克拉维乌斯(Christoph Clavius，1538—1612)神父. 他在克拉维乌斯神父的指导下，学习了欧氏几何、应用数学和天文学等，还学会了制作天文仪器和钟表等. 1576年12月其报名到东方传教，并获准，于是在第二年的5月18日就离开罗马，踏上了来中国的旅程.[①]利玛窦于1582年8月到达澳门，于1583年9月初进入中国内地.此后其一直在我国传教，直至去世.这期间，为了方便传教，利玛窦传入了许多西方科学知识，比如数学、天文学和地理学等.关于数学，其传入了欧氏几何.其实在利玛窦于中国传教活动28年间，其也传入了很多欧氏几何之外的几何知识，比如画法几何知识等.利玛窦是明清之际传入我国西方画法几何知识的第一人.这个问题目前尚无人阐述，下面拟阐述之.

据载，利玛窦于1583年9月5日到达广东肇庆，并很快得到了肇庆知府王泮的支持，许可他在肇庆西面建立仙花寺，进行传教.可是此一事顺利，彼一事却不一定.仙花寺建立之后，有了传教的道场，利玛窦准备按计划开始传教，但他却发现当地的老百姓并不买他的账.不仅如此，老百姓还非常讨厌他.于是，利玛窦开始思索办法，曲线传教.首先，其开放其住所中的藏书室，让当地老百姓参观和欣赏其随身带来的西方稀罕之物.然后给人们讲解西方科学知识等.

利玛窦的这些措施的确赢得了人们的好感，吸引了当时不少的知识分子来向他学习，由此，利玛窦的声名逐渐传播开来[②].1591年，正是在这种盛名之下，利玛窦迎来了他在中国学习西方科学技术的第一个学生——瞿太素.瞿太素(1549—1612)，字汝夔，姑苏人，明末礼部尚书瞿景淳之子.但其从小离经叛道、忤逆孔孟、不学无术.父亲死后，其用卑劣的手段赶走了家兄，独霸了家产，然后却将其全投入到了炼金术上.最后熊熊炼金烈火烧光了所有家财，其只好靠父亲故友的施舍度日.1589年他到肇庆找总督刘继文和岭西道黄时雨——前者是他的朋友，后者是他的同乡——的时候，听说利玛窦具有神奇的技艺，能变出金子来.于是其追到韶州，登门拜访，立志要跟利玛窦学习.[③]

可是等入了门之后，瞿太素才知道外面的传言是错误的，利玛窦并不会什么炼金术，他只会西方科技，怎么办？当时瞿太素没有就此退出，而是在利玛窦的指导下学起西方科学技术来.据利玛窦的《中国札记》记载："在结识之初，瞿太素并不泄露他的主要兴趣是搞炼金术.有关神父们是用这种方法变出银子来的谣言和信念仍在流传着，但他们每天交往的结果倒使他放弃了这种邪术，而

---

① 费赖之.在华耶稣会士列传与书目[M].冯承钧，译.北京：中华书局，1995：31—33.林金水.利玛窦与中国[M].北京：中国社会科学出版社，1996：1—14.

② 当时有王泮等多位知识分子.见：林金水.利玛窦与中国[M].北京：中国社会科学出版社，1996：14—19.

③ 沈定平.瞿太素的家事、信仰及其在文化交流中的作用[J].中国史研究，1997(1).

把他的天才用于严肃的和高尚的科学研究."[1]瞿太素在《大西域利公交友论序》中说到:"万历己丑,不住南游罗浮,因访司马节斋刘公,与利公遇于端州,目击之顷,已洒然异之矣.及司马公被公于韶,予适过曹路,又与公遇,于是从公讲象数之学,凡两年而别."[2]

这两年,瞿太素学习哪些知识呢?利玛窦记载:"他从研究算学开始,欧洲人的算学要比中国的更简单和更有条理……他接着从事研习丁先生的地球仪和欧几里得的原理,即欧氏的第一书.然后他学习绘制各种日晷图案,准确地表示时辰,并用几何法则测量物体的高度.我们已经说过,他很有知识并长于写作.他运用所学到的知识写出一系列精细的注释,当他把这些注释呈献给他的有学识的官员朋友们时,他和他所归功的老师都赢得普遍的、令人艳羡的声誉.他所学到的新鲜东西使中国人大惑不解,他们认为他不能靠自己的研究获得它.他日以继夜地从事工作,用图表来装点他的手稿,那些图表可以与最佳的欧洲工艺相媲美.他还为自己制作科学仪器,诸如天球仪、星盘、象限仪、罗盘、日晷及其他这类器械,制作精巧,装饰美观.他制造用的材料,正如他的手艺一样,各不相同.他不满足于用木和铜,而是用银来创作一些仪器.经验证明,神父们在这个人身上没有白费时间."[3]

星盘在前面提过了,它的数学基础是几何投影——准确地说是球极投影,它的制作需要了解天球上各种元素的画法几何知识.星盘所使用的数学内容属于现代画法几何的范畴[4].利玛窦教会了瞿太素制作星盘,这样,我们就知道了利玛窦一定将西方画法几何知识带到了中国,并且一开始就传授给了国人.[5]

此时是1591年到1593年之间,这个时候虽然也有另外几位传教士来到了中国,如范礼安(Alexandre Valignani,1538—1606)、罗明坚(Michel Ruggieri,1543—1607)等人,但回顾他们的工作,在那个时候他们都没有传入画法几何知

① 利玛窦.利玛窦中国札记[M].北京:中华书局,1983:246.

② 瞿太素.交友论序言[G]//李之藻.天学初函.台北:台湾学生书局,1965:501.

③ 利玛窦.利玛窦中国札记[M].北京:中华书局,1983:246—247.

④ Otto Neugebauer E. A history of ancient mathematical astronomy[M]. New York: Springer-Verlag,1975:860.

⑤ 只是利玛窦传授给了瞿太素多少这方面的知识并不知道,在此后的文献中未见瞿太素和利玛窦等人再次提起.

识,甚至他们在华的科技活动都很少.[①]所以,利玛窦是明朝末年最早传入西方早期画法几何知识的传教士.

利玛窦传授给瞿太素的球极投影知识来源于哪里呢?应当来源于他的老师克拉维乌斯神父的教学.克拉维乌斯神父是当时著名的数学家和天文学家,非常熟悉星盘的制作.并且,其于利玛窦在罗马学院学习时期任利玛窦的数学和天文学老师.他非常欣赏利玛窦的勤奋好学,曾教给了利玛窦很多数学和天文学知识,有一些还是一般课堂上学不到的,比如圆锥曲线知识、阿基米德关于圆的知识、地理学的知识,等等.[②]由此,当时利玛窦的星盘制作知识必定来源于克拉维乌斯神父.这个问题也可以从其他方面验证.利玛窦东来之时曾随身携带一副星盘,沿途曾多次使用以测量不同地点的经纬度,这副星盘的样式经裴化行考证,正是克拉维乌斯神父设计的那种.[③]

§2.2 利玛窦传入了西方透视法知识

利玛窦除了上面提及的球极投影外,还传入了哪些西方画法几何知识呢?1986年刘钝曾撰文《托勒密的"曷捺楞马"与梅文鼎的"三极通机"》,指出"曷捺楞马"是一种天球平行正投影,而"曷捺楞马"是利玛窦带来的,由此,明确指出利玛窦带来了西方天球平行正投影.那利玛窦有没有再传入其他的画法几何知识呢?有.下面笔者将证明利玛窦还传入了我国西方透视法.

利玛窦自1583年9月来到我国内陆之后,为了传教,多次给国人展示其从西方带来的物品,如西方书籍和天文仪器等.也偶尔将其中的物品送给国人.在利玛窦展示给国人和赠送给国人的物品中,多次出现西方绘画.如1599年其晋京面圣路过山东济宁的时候曾送给山东漕运总督刘东星一幅圣母像.[④]再如

---

① 费赖之.在华耶稣会士列传及其书目(上)[M].冯承钧,译.北京:中华书局,1995:1—31.

② Bernard Henri. Matteo Ricci's scientific contribution to China[M]. Peiping: Henri Vetch,1935:22—36.

③ Bernard Henri. Matteo Ricci's scientific contribution to China[M]. Peiping: Henri Vetch,1935:46.

④ 王庆余.利玛窦携物考[G]//中外关系史学会.中外关系史论丛(第一辑).北京:世界知识出版社,1985.

1606 年 1 月，当时的学者程大约会见利玛窦的时候，利玛窦曾将四幅宗教画赠送给了程大约. 利玛窦赠给程大约的画，前两幅如图 2-1、图 2-2 所示. ①

图 2-1　信而步海　疑而即沉

图 2-2　二徒闻实　即舍空虚

利玛窦的绘画，有的是其从西方带来的，或者是别人从西方送来的，也有利玛窦在我国时自己绘制的. 据载，1602 年利玛窦曾奉中国皇帝的命令，耗时两三天绘制成一幅《西方宫廷生活图》②，还有利玛窦晚年曾绘制过一幅《野墅平林图》③. 利玛窦采用什么方法画这些画呢？虽没有文字记录，但可以从其他地方找到证据.

图 2-3　野墅平林图

① 利玛窦. 利玛窦宝像图[M]. 中国科学院自然科学研究所藏本. 此二图均出自纳达尔神父的画册.

② 裴化行. 利玛窦评传[M]. 北京：商务印书馆，1993：337.

③ 伊拉里奥. 画家利玛窦与《野墅平林图》[G]//辽宁省博物馆藏宝录编纂委员会. 辽宁省博物馆藏宝录. 上海：上海文艺出版社，1994：152—153.

从现存于辽宁省博物馆的《野墅平林图》——如图 2-3 所示——中我们可以看出,其不是中国式的写意画法——虽然人画内容是山水. 其远近分明,明暗比例协调,灭点固定,视野开阔,显然是采用了西方透视画法.

还有,利玛窦在 1601 年将其从西方带来的宗教画献给万历皇帝之前,曾给很多人展示过. [①]在展示的时候,还对比中国画进行了讲解,他曾说:"中国画但画阳不画阴,故看之人面躯正平,无凹凸相,吾国之画兼阴与阳写之,故面有高下,而手臂皆轮圆耳. 凡人之面正迎阳,则明而白,若则立,则向明一边者白,其不向明一边者眼耳鼻口凹处,皆有暗相. 吾国之写像者,解此法用之,故能使画像与生人亡异也. "[②]

再有,在《译几何原本》时他又曾说:"察目视势,以远近正邪高下之差,照物状可画立圜、立方之度数于平版之上,可远测物度及真形. 画小,使目视大,画近,使目视远,画圜,使目视球,画像,有坳凸,画室,有明暗也. "[③]

还有,晚年他在自己的札记中又说:"中国人广泛地使用图画,甚至于在工艺品上;但是在制造这些东西时,特别是制造塑像和铸像时,他们一点也没有掌握欧洲人的技巧. 他们在他们堂皇的拱门上装饰人像和兽像,庙里供奉神像和铜钟. 如果我的推论正确,那么据我看,中国人在其他方面确实是很聪明,在天赋上一点也不低于世界上任何别的民族;但在上述这些工艺的利用方面却是非常原始的,因为他们从不曾与他们国境之外的国家有过密切的接触. 而这类交往毫无疑问会极有助于使他们在这方面取得进步的. 他们对油画艺术以及在画上利用透视的原理一无所知,结果他们的作品更像是死的,而不像是活的. 看起来他们创造塑像方面也并不很成功,他们塑像仅仅遵循由眼睛所确定的对称规则. 这当然常常造成错觉,使他们比例较大的作品出现明显的缺点. 但是这并没有妨碍他们用大理石和黄铜和粘土制造巨大丑恶的怪物. "[④]

还有,在利玛窦学习过的罗马学院的课程表中明确标有:透视学,学习三个

---

① 利玛窦曾将图 2-1 图 2-2 等四幅图赠于程大约. 见:陈垣. 陈垣学术论文集[M]. 北京:中华书局,1980:132.

② 顾起元. 客座赘语卷六,光绪三十年刊本.

③ 徐光启. 译几何原本引[G]//徐宗泽. 明清间耶稣会士译著提要. 北京:中华书局,1989:258.

④ 利玛窦. 利玛窦中国札记[M]. 北京:中华书局,1983:22—23.

月.[1]由此,利玛窦懂得当时在欧洲兴起的透视画法,了解其中的数学投影原理,并在绘画的时候采用了透视法.

再有,据载利玛窦在中国还收了一名专门学习西方绘画的学生叫游文辉.游文辉,字含朴,澳门人,1575年生人,1593到1598年到日本接受基督教训练,之后回国追随利玛窦.因为他酷爱绘画并曾在日本初步学习过,所以其主要是跟利玛窦学习绘画和从事绘画活动.[2]游文辉作为一个西画的初学者留下来的作品并不多[3],目前最常见的是1610年利玛窦去世之后他绘制的利玛窦画像[4],如图2-4所示.对于这幅画,现代绘画专家多评价:"这是一幅标准的西方肖像画,构图既饱满又简练,显示出相当的艺术概括能力.……该画对明暗的处理也很有特色,光线从画面左上方射去,在眼眶、鼻梁、面颊的暗面投下了丰富的阴影,尤其在白色衣领上的投影可以明显感受到强烈的光源.……17世纪的中国人能将油画肖像绘至这样的水平,的确是件非常不容易的事情."[5]

图2-4 利玛窦像

从此可看出,利玛窦给国人讲述了西方透视法,并将西方透视法传入了我国.

§2.3 利玛窦翻译了大量的球极投影和相关曲线的画法知识

前面提及利玛窦刚来到我国大陆时曾给瞿太素讲授过球极投影知识,其实利玛窦后来讲授的更多,从而传入我国的画法几何知识也更多.这个问题也尚无人探及,下面论述之.

1607年,利玛窦的学生李之藻出版了一本新书《浑盖通宪图说》,这本书是

---

① Bernard Henri. Times New Roman [M]. Peiping: Henri Vetch, 1935:30.

② 费赖之.在华耶稣会士列传及书目[M].北京:中国书局,1995:105.

③ 根据利玛窦札记记载和游文辉行迹推测,利玛窦北上时送给刘东星的那幅圣母像为游文辉的一幅作品.

④ 莫小也.游文辉与油画《利玛窦像》[J].世界美术,1997(3).

⑤ 莫小也.十七—十八世纪传教士与西画东渐[M].北京:中国美术学院出版社,2002:90—92.

在利玛窦的帮助下写成的. 因为在《浑盖通宪图说》出版之后，利玛窦曾给罗马的耶稣会长写信说:“同我交往已五年的一位学者叫李之藻，曾刻印我的《世界地图》，……跟我学习数学已经很久了，今年再印刷《浑盖通宪图说》，是我恩师克拉维乌斯神父《论星盘》的节译本，由我口授而他笔录. 分两卷印行，兹呈上一本，虽然你看不懂其中的内容，文体的优美，及他如何盛夸我们的科学等，但至少可以看出图案印刷的精确. ”①在《浑盖通宪图说》序中李之藻也说:“昔从京师识利先生，欧逻巴人也. 示我平仪，其制约浑，为之刻画重固，上天下地，周罗星程，背结规筒貌则盖天，而其度仍从浑出. 取中央为北权，合《素问》中北外南之观；列三规为岁候，邃义和侯星寅日之旨，得未曾有，耳受手书，颇亦镜其大凡. 旋奉使闽之命，往返万里，测验无爽，不揣为之图说，间亦出其鄙谢，会通一二，以革中历. ”②

这本书是怎样的一本书呢? 其共两卷③. 根据目前我们最常看到的版本——《四库全书》版本，其主要结构如下表所示——其共有四个版本. 这几个版本除了序言稍有差异外，主要内容完全相同. ④

卷　上	卷　下
卷首:浑象图说	经星位置图说第十三
总图说第一	岁周对度图说第十四
周天分度图说第二	六时晷影图说第十五
按度分时图说第三	勾股弦度图说第十六
地盘长短平规图说第四	定时尺分度图说第十七
定天顶图说第五	用例图说第十八

① 利玛窦. 利玛窦全集(四)[M]. 台北:光启出版社，1986:388.

② 李之藻. 浑盖通宪图说序[G]//徐宗泽. 明清间耶稣会士译著提要. 北京:中华书局，1989:263—264.

③ 法国人费赖之称该书为邓玉函和李之藻翻译的，应不正确. 如果是邓玉函翻译的话，在出版时间和序言内容上都相互矛盾. 见:[法]费赖之. 在华耶稣会士列传及书目[M]. 北京:中国书局，1995:162.

④ 安大玉. 明末平仪在中国的传播[J]. 自然科学史研究，2002(4).

续表

卷　上	卷　下
定地平图说第六	勾股测望图说第十九
渐升度图说第七	附录
定方位图说第八	
昼夜箭漏图说第九	
分十二宫图说第十	
朦胧影图说第十一	
天盘黄道图说第十二	

在卷首“浑象图说”中作者主要介绍了一些基本概念，有浑象、地平规、赤道规、黄道规、子午规、昼长昼短规和天球南极北极等，以备后面的讨论使用. 在提到星盘和浑仪之间的区别时，李之藻说：“浑仪如塑像，而通宪平仪（即星盘）如绘像，兼俯印转侧而肖之者也. 塑则浑圜，绘则平圜，全圜则浑天，割圜则盖天.”在提及地平受子午规时说：“浑天极圜，今割去黄道短规以南一小弧为平仪所不用者，此内大弧自午中冬至度，逾北极际迄夜半冬至度，共径二百二十七度，平仪截用为盖天形，而置北极于中央云.”在这里李之藻给出的浑象图如图 2-5 所示，割圈图如图 2-6 所示.

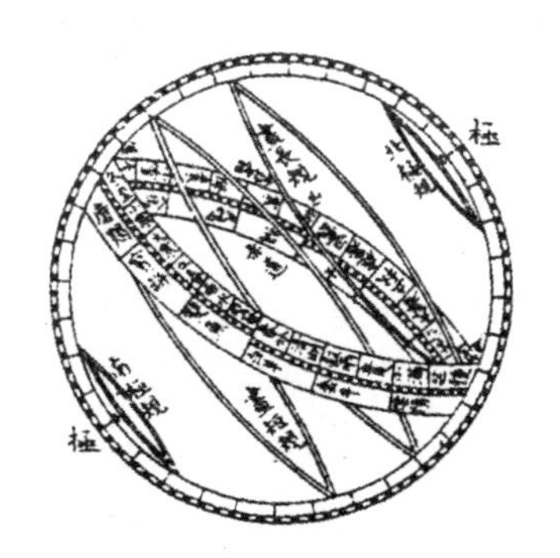

图 2-5　浑象图

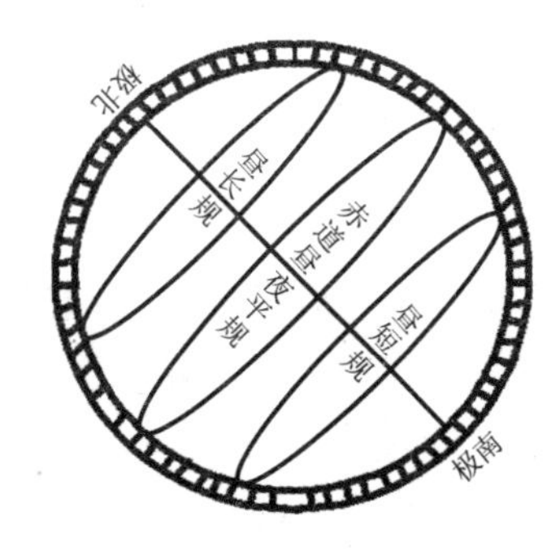

图 2-6　割圈图

“总图说第一”主要介绍了星盘的结构和样式，描述了星盘的制作观念. 在这里李之藻说：“浑盖旧论纷纭，推步匪异. 爰有通宪，范铜为质. 平测浑天，截出下规，遥远之星所用. 固仅依盖是为浑度. 盖模通而为一面，为俯视图象.”“仪之阳有数层，上为天盘，其下皆为地盘，各其三规. 中规为赤道，内外二规为南至北至之限. 而黄道络于内外规之间.”这里也提到星盘上的子午线，作者说：“其过顶一曲线，结于赤道卯酉之交者则为正东西界，其余方向皆有曲线定之，近北窄而近南宽，盖若置身天外斜望者.”

“周天分度图说第二”和“按度分时图说第三”主要介绍了分周天三百六十度的方法和按度分时辰的方法.“周天分度图说第二”有子午线和卯酉线投影的画法，说：“于仪之中作一句线为卯酉线，一股线为子午线.”

“地盘长短平规图说第四”是重要的一部分，在这里作者解释了投影原理：“故有昼短规，有昼夜平规，有昼长规，而短规最大，平规次之，长规最小.盖平仪系极中央，中央之极，实该南北二极.试设八尺浑仪于此，人目自南极之外以望北极，昼短之规最近，定觉最大，昼夜平规次近，则觉次大，昼长之规最远，则亦觉其最小，平仪立法于此.而中国在赤道以北，故置昼长规于赤道内，昼短规于赤道外.凡昼短规以内，其星稠.而在望近短规以外，其星有不可望者矣，夫是以略也.”然后给出了赤道和昼长规的画法：“分规之法，先以昼短规分周天度.就子午线之中右寻二十三度半为界，从此斜画一线，贯子午而右到酉中而止.取其与午线过处，从枢心旋一圜是为昼夜平规，即赤道规.又于赤道规分周天度，从午中右行数二十三度半，斜画一线到酉中，取其过午线之处为界，从心画以圜是为昼长规.”此处给出的三规图如图 2-7 所示.

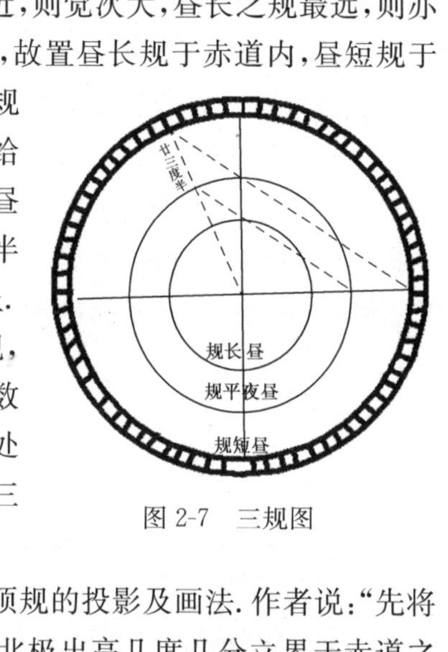

图 2-7　三规图

“定天顶图说第五”主要讨论了天顶和天顶规的投影及画法.作者说：“先将赤道规分周天度，乃于卯线北行起算，依地方北极出高几度几分立界于赤道之规，而画弦以贯盘心.北左界为北极，南右界为南极.此名南北极轴.又于午线之东亦寻北极度分为界.此界正当二极之中赤道之位，亦贯盘心画弦为之赤道轴.自此赤道南轴斜望酉中，经过午线再画一弦，取其交午线处即为所求天顶.”对于这种画法，作者在这里还给出了解释：“原所以取赤道卯酉中为准者，盖赤道纮天地之中.卯酉又分赤道之中，借卯酉以为地心，因望地心以求天顶.仪体虽平，其用则圜.而其经纬纵横之妙全在赤道一规.平视之而分子午卯酉；侧视之而寄南北二极.二极结子午之正，寄二极于赤道者，借赤道之规为子午规者也.”

这里提到的天顶规的画法是：“既得天顶，则自天顶以对地心有一规，总为天顶规.此规上下过天地之中，东西交赤道卯酉之中.辩方正位，于是乎取其法自赤道规.西中起数地方赤道出地度,或自子中起数北极出地之度,其法皆同,但数一处刻界.自西中按界作弦长出,求其交子中线处,即是地下对顶中际.从此上望天顶,折半求中以是为枢,旋而规之则成天顶规.此规即立地面以上方."

"又法:自赤道西中为枢,作大半规,以包昼短规于内,而循枢画一直线,于子午并垂以为半规之限.将半规分周天全度.从卯酉横线中分为二停,又分为四停.每停刻九十度.而即借南北二停中之弦线为子午线,以近百八十度为周天西半之度,缘赤道分度界线衡易从难,故变通其法以求确当理则一也.法自半规之中,卯酉横线而上寻赤道出地之度,望西中虚画一弦,取其过午线处为天顶界.又自半规下循直线左行亦数赤道出地之度,望西中虚画一弦,取其过子线处以为地下对顶之界.两界折中为枢,旋规即得天顶.……另又有不必地际径取中枢之法二.一法自赤道规西线起左行寻赤道之数.数外又加一倍刻之为界.自西线按此画弦斜射子午.其子线所得之界即是顶规之枢.一法即从半规求之,即得半规上赤道出地之数,乃于数上再加一倍,上望西中作弦,其于子午交处亦得顶规之枢."此处给出的画法图如图 2-8 所示,半圆规画法如图 2-9、2-10 所示.

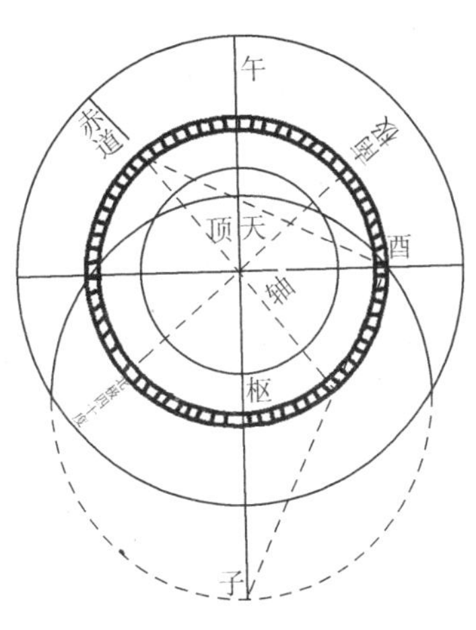

图 2-8 绘天顶规图

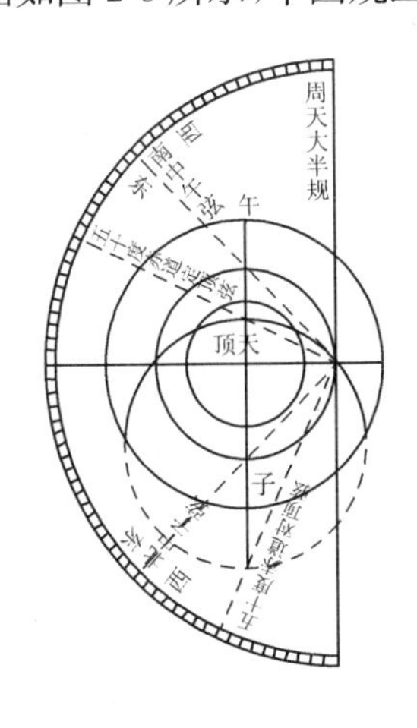

图 2-9 半圆规画天顶规(a)

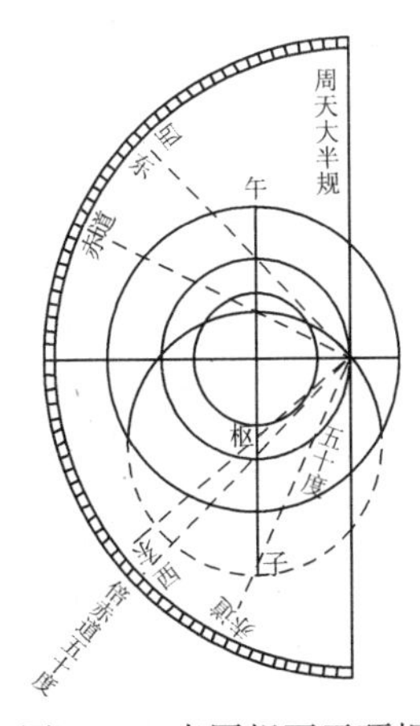

图 2-10 半圆规画天顶规(b)

"定地平图说第六"主要讨论了地平规的投影及画法:"凡求地平之法,先自赤道规卯中起.量北极出地几度几分,至其度分界之.从所界过子线对酉中作弦,取其过子线处为最北地平之界.此界之上为地上,此界之下为地下.凡划度而望日星之晷,望其在地平以上者也,又将此北极之界贯心作轴,而自酉中望南极之界,斜弦以达午线.取午线所交之界为最南地平之界.此界直出盘外,大抵以北极出地之高下为远近.其南北两界之半定为中枢.旋器成规是为地平规.……又法:亦自酉中作枢,旋大半规于子午线并行作直线以为规限,将半规分周天全度,又从横线中分为二,又分为四,如求天顶之法而以北极之度为据.假如北极出地四十度,即自直线之上右行寻四十度之际,望酉中作一弦,以过午线处为南方地平之际.又自卯线以下右行寻四十度之际,亦望酉中作一弦,以过子线处为北方地平之际.两际折中旋规之,即得地平曲线.又有不必折半即得中心二法.其一即以赤道所得之度再加一倍,如出地四十度即寻八十度之类得此.加倍之界,因自酉中透弦取午线,所当即为中心.其一即于半规之上再加一倍寻其所到度数,亦望酉中画弦,取其午线所当亦是中心.”此处给出的画法图如图 2-11 所示.半圆规画法如图 2-12、2-13 所示.

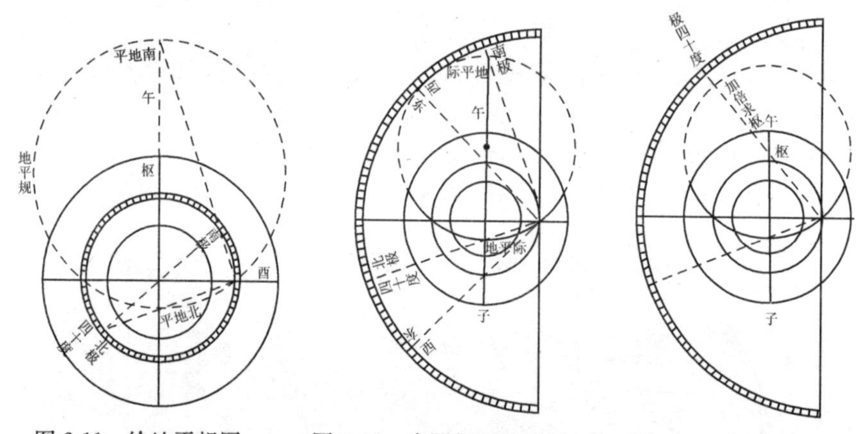

图 2-11 绘地平规图　　图 2-12 半圆规画地平规(a)　图 2-13 半圆规画地平规(b)

“渐升度图说第七”主要介绍了地平规向上与地平规平行的球面小圆的画法:“凡求渐升度,以前图南北极轴线为界,去界北不用,自界而南,以半规均分百八十度或兼二度,则分作九十兼五度,则分作三十六中定赤道轴线以求天顶,次自北极左行第一度望酉中画一弦,又自南极右行第一度望酉中画一弦.二弦皆过盘中子午线,而取子午线上所得之界,上下折半为枢,旋规是为渐升第一规,当为出地之第一度.余自二度至九十度亦如之.……又法:即用前大半规,假如北极出地四十度,则就卯酉横线起右行寻四十度处为北极,又自直线上际右行寻四十度处为南极.南北各对酉中画弦,以取子午之交定地平规,如前法.而即自南北极度之中各离九十度处,仍望酉中作天顶线,而以天顶左右至南北极界百八十度为用.假如欲寻地平以上第一规,则寻南北极以内第一度,而各对酉中作一弦.以其过子午线上者为南北之际,因而规之如作地平规法,是为第一规.次自第二规以上至八十九规而止,莫不皆然.”此处给出的画法图如图 2-14 所示,半圆规画法如图 2-15 所示.

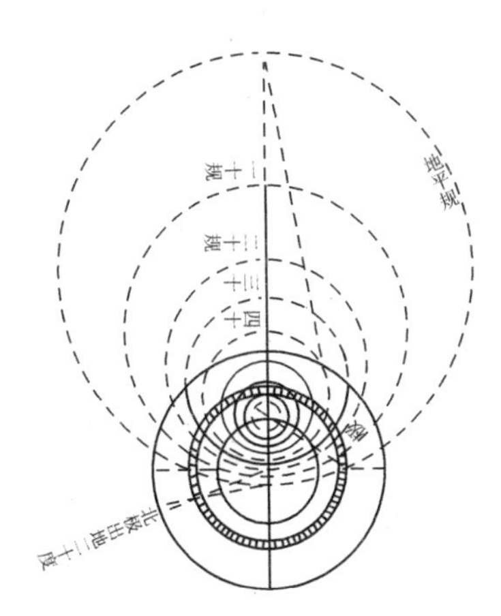

图 2-14　绘地平渐升度图

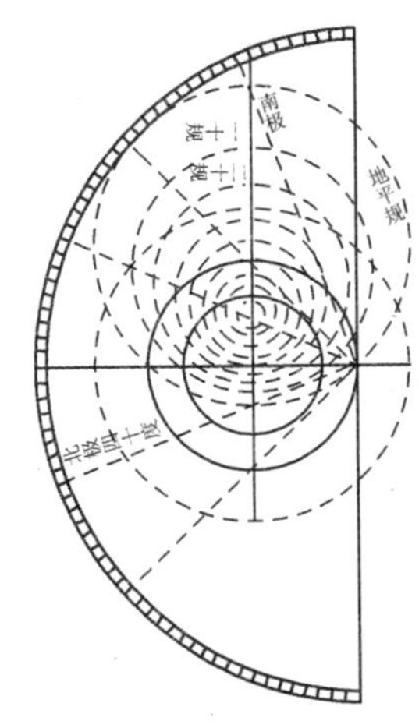

图 2-15　半圆规画地平渐升度

“定方位图说第八”、“昼夜箭漏图说第九”和“分十二宫图说第十”,依次分别讨论了分周天大圆的做法、六分之地平规之下部分的方法和黄道经线的画法.分天周天为十二时辰之规投影的做法是:“俱以天顶大规为主,就此规心.再横一线,与子午线为十字形,左右长出.此线横截地中,即借之为地平线.凡分方各规之枢皆不离此.次取大规从子午均分八分或十二分廿四分三十六分,各望天顶为枢.用尺按其所分为界,画弦斜出.寻其到横线上者,点记为心,然后每位皆依此心旋而规之,每规俱取过顶,即为地上各方位.……又法:以天顶规最上一半分界,求心画线未确,别立简易半规以当周天全度.从天顶横一线与卯酉横线平行,以为半规之限.次就天顶为枢,望下旋半规如仰月形.以半规分八分或十二分廿四分三十六分,而以尺按界自顶画弦,仍以卯酉大规横线为际.一一记其交处为枢,而各望顶中旋规,则亦与前法相同.右以横线立枢旋规,虽各规大小不同,但上过天顶中则其下亦过地中.若自地中为枢向上画成半规如偃月形,照前分其度位,按界画弦,记于大规横线法不异.”黄道经线的画法是:“既有赤道规,又知地平曲线,乃以赤道规均分十二界,两两过心相对加,以地平曲线之过子午线处为一点，成三点，照前三点合圜之法，画成十二宫，盖每宫皆以地平子午之交为心，而以赤道上相对二点定之.”

“朦胧影图说第十一”讨论的是朦胧影的画法. 作者说：“其法自赤道卯中右行数本地北极出地之数，又外加十八度为界，次于午中左行取本地赤道出地之数，亦外加十八度为界. 两界相望，而自酉中望北界画弦，取其与子线过处以为朦胧景之北尽界. 自酉中望南界，亦画一弦，贯午中长出界外，如求地平. 南界之法取其交午线处以为盘外朦景之南尽界. 南北两界折中为枢，作规即得盘内朦景曲线. ……又法：就前北极出地之数望南极联弦为轴，又就前两十八度加出之界亦联一弦为朦影轴. 而设赤道轴线，令之长出与朦影轴线相遇，作直角形，乃取直角之中为用. 望酉中画一长弦，北过子线轴界为率，又自轴界左旋加一倍量至尽处解之. 按此复自酉中用尺画弦斜出得其交于午线者，便为朦景曲线之枢. ……又法：即以地平曲线完成一规，规心横一线作十字形. 规上分周天度. 乃从地平北际子中右旋取十八度为界. 又于南际午中左旋取十八度为界，而上下相对虚一线. 以虚线与横线交处为准，而自酉中望此画弦，斜上得其交于午处，即是朦胧曲线中心.”此处给出的画法图如图 2-16、2-17、2-18 所示.

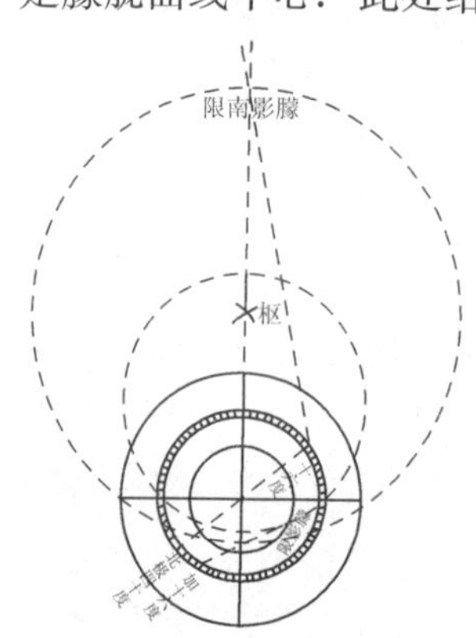

图 2-16　绘朦胧影图(a)

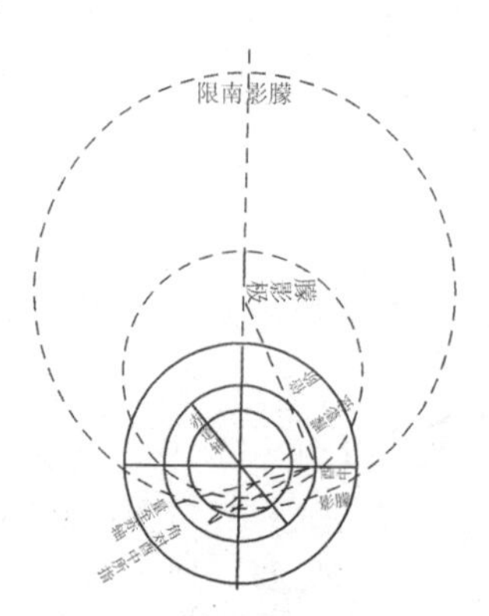

图 2-17　绘朦胧影图(b)

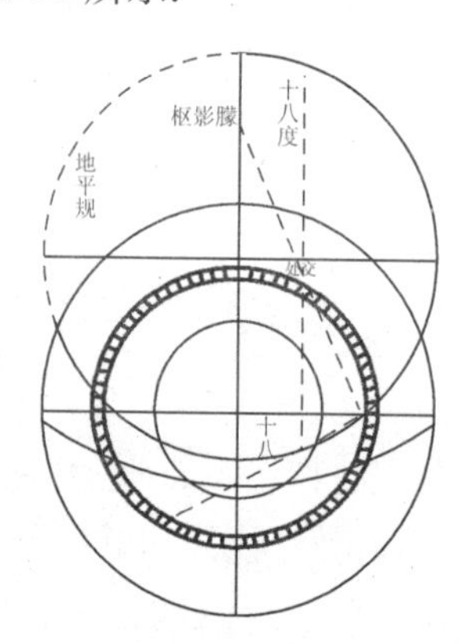

图 2-18　绘朦胧影图(c)

“天盘黄道图说第十二”中讨论的内容比较多，作者在这里给出的黄道圆心、黄道北极和黄道南极的画法是：“不必对检赤道，但寻黄道斜转之极. 在天黄道极原去北极廿三度半，其错行赤道内外，亦只去廿三度半. 故其法先从赤道一规酉中右上数廿三度半为界. 望对宫卯中黄赤之交，过午作弦取其交为用，以为黄道之极. 如再增加廿三度半，即是前图黄道规枢，规中与极中只差廿三度半也. ……法于天秤角(黄赤相交右角)，左行寻日离赤道尽处亦二十三度半为界.

而用尺自交对界，望下斜画长弦至与子线相交而止，此为黄道南极.”

给出的求黄道上十二个分宫点的画法是：“既得此极（黄极），因将赤道规均分十二宫，以分处一一贯于极心，按尺斜出，点记黄道规上. 于是乃以盘心为心望黄道所点记者而画界焉……又法：……规（黄道全体规）中再横一线，即地心线，直长贯出规外. 次以此规分为十二宫界，仍自黄道北极为枢，逐一对界画线，旁引直贯刻记地心横线，因以所刻为心，旋规以分黄道诸宫. ……又法：分黄道度者，但均分赤道，作三百六十度，以所分之度逐一南北相对作虚直线，以识于卯酉横线之上，而依前法以求黄道之极，并南极. 因取其大规之枢心以为用，自此处上望横线所识界，用尺逐一作弦，透画于黄道之规. 凡一弦即可分上下二度，在横线以上之百八十度，则宽在横线以下之百八十度，则窄合之共三百六十度. ……又法：且将黄道虚分三百六十均度，而借虚度以取实度. 上下相对，贯黄道之极以取之. 欲分在南之百八十度，则用在北虚分之度. 欲分在北之百八十度，则用在南虚分之度，皆以黄道极为总辖. ……又法：亦以三百六十均分黄道，且将黄道极画一横线，次于赤道寻廿三度半为界，画长弦求黄道之南极如前法. 乃自南极为枢，用尺一一拟上虚度作弦，而以极上横线界之上下互取，借虚度以刻实度.”

给出的黄道投影和一条正向南极的黄经的投影的画法是：“天盘黄道即以地盘长短规为准，从昼短规之南到昼长规之北为二际，折中为枢，旋规，此规必与赤道规及卯酉平线三合方准是为黄道规. 其枢当就赤道数卯中以上四十七度，望对面酉中画弦而取其过午线者以为规枢. ……自此（黄道南极）望上盘内黄道北极，折半为心，仅两极之界旋为大规，此为黄道全体之规.”

“经星位置图说第十三”介绍了天球表面经星的投影画法，是“先稽此星在何宫何度，于黄规所当之度为界，对盘心作一虚弦为经度线. 已知此星只在此线之上矣. 次论星位在南在北，凡星在北方者，去极为近，法自赤道午中顺天左旋数至本星所离赤道之数为界，望黄赤相交酉中作一虚弦，名为纬度线，而专取其与子午线交处为准，自此回量取其至于盘心长短几何，以此转置黄道经线，用规自盘心起视其所当何地即是安星正位. 若星在南方者，去极

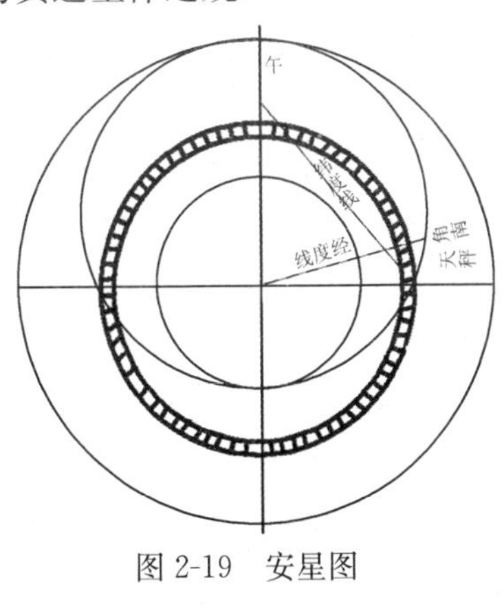

图 2-19　安星图

为远，则于午中逆天右转数起至其离赤道度，亦对酉中作弦，取其子午交处，量至盘心，移归经线，此法经线则一而纬线有左右之殊远者，取度于右过子午，于赤道外近者取度，于左遇子午于赤道内.……右法先定各宿之度，以检各星入宿所在，自星度对盘心画经线，其纬度自盘心起算，自一度至九十度皆在赤道规内.视前法则为倒除.其九十一度以外者皆出赤道之南.……（另有利用黄道经纬度安星之法三种略）”此处给出的图形如图2-19所示.

自此之后部分分别论述了三百六十五又四分之一度对应太阳黄道度、白天六时辰的划分、盘背面勾股图形的制作、指示尺的制作、星盘的用法和勾股图的用法等.

由上可见，此书明确介绍了球极投影——尽管不是在一个地方讲述的，也不是按照严格的逻辑进行的，但综合起来我们还是能知道其方法，也能明确清楚地看到其部分性质.

此书中除了球极投影的性质之外，更多的是给出了球面各种圆圈的画法.这些画法是否正确呢？书中未有证明，但如果根据球极投影原则来验证，可知其完全正确.

如三规的画法.此书给出的三规画法是：先画一个圆为昼短规的投影，并将其均分为360份.然后从其于子午线相交的午中向右数23份半，以此为界向酉中连一线段，从此线段与子午线相交的地方到圆心的距离为半径画圆，则得赤道投影.再然后，将赤道分360份，并重复上述步骤，则得到昼长规的投影.如图2-20所示.

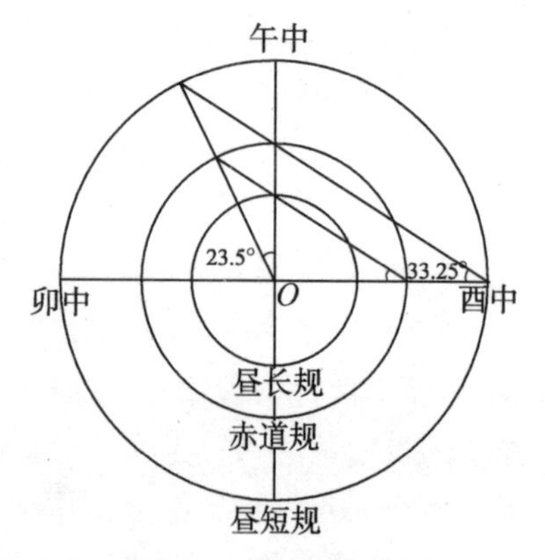

图 2-20　三规画法图

由此看出，此处把南回归线、赤道和北回归线的投影都画成了圆，并且还是同心圆.它们三个的半径之比为：$R_{短规}:R_{赤道}:R_{长规}=1:\tan 33.25^\circ:(\tan 33.25^\circ)^2$.

而这些结果与将投影点置于天球南极，将投影平面置于赤道大圆位置——采用球极投影得到的结果是完全一样的.

采用球极投影，由其保圆性可知，凡是球面上的圆均被投影成圆形.同时，南回归线、赤道和北回归线是平行于赤道平面的三个球面圆，它们的圆心都在南北两极的连线上，这样，它们圆心的投影点是同一个点，所以，这三个球面圆的投影是同心圆. 至于它们的半径比,由图 2-21 我们可看出,因为 $AN:AL=\tan 33.25^\circ$,$AP:AN=\tan 33.25^\circ$,所以也有:

$$AL:AB:AP=1:\tan 33.25^\circ:(\tan 33.25)^2.$$

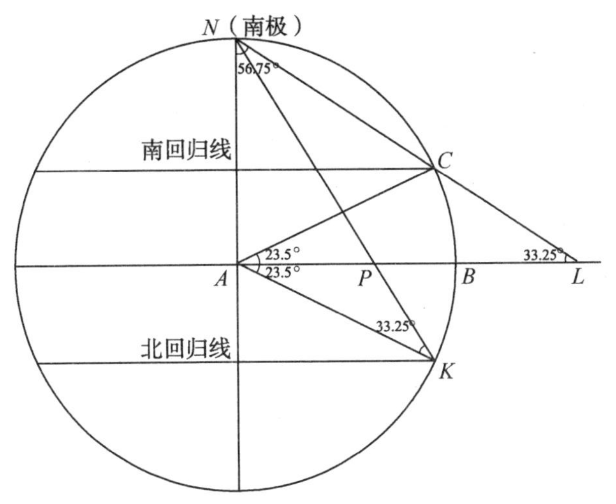

图 2-21　三规画法侧视图

再如天顶和天顶规的画法. 在"定天顶图说第五"中李之藻给出的天顶的画法和天顶规的画法是:将赤道规分为 360 份,然后从卯点向下按照当地的纬度数找到一点,以此点为北极点,如图 2-22 所示. 然后过北极点和圆心作一直线,交赤道规的另一点,当做南极点. 作与此线段垂直的一条线段 AB,当做赤道轴. 连接结 A 点和西中,交子午线于 C 点,此点就是当地之天顶. 然后再连接西中和 B 点,并延长使之交子午延长线于 D 点. 之后,以 CD 为直径作圆,即可得到天顶规的投影.

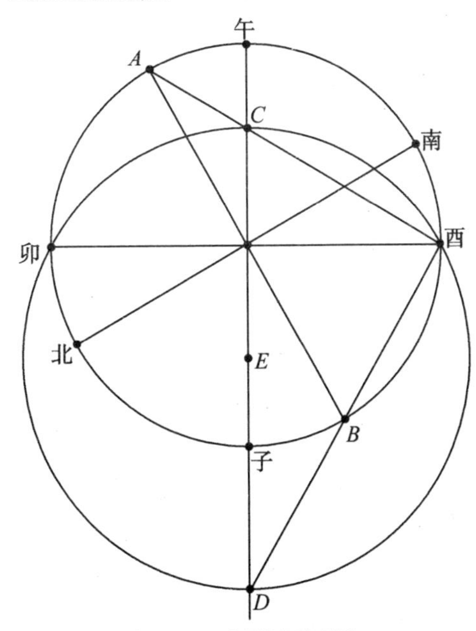

图 2-22　天顶规画法图

由画法我们可知,假设当地的纬度是 α,赤道半径为 r,天顶 C 点到圆心的

距离为h,则有:

$$h=r\times\tan\left(\frac{180^\circ-90^\circ-\alpha}{2}\right)=r\times\tan\left(\frac{90^\circ-\alpha}{2}\right).$$

假设圆心到D点的距离为l,则有:

$$l=r\times\tan\left(\frac{180^\circ-90^\circ+\alpha}{2}\right)=r\times\tan\left(\frac{90^\circ+\alpha}{2}\right).$$

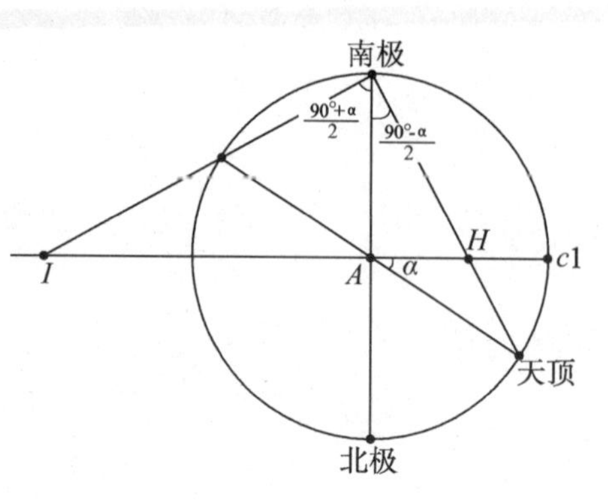

图 2-23 天顶规画法侧视图

由此,天顶规投影圆的直径长即为:

$$r\times\left[\tan\left(\frac{90^\circ-\alpha}{2}\right)+\tan\left(\frac{90^\circ+\alpha}{2}\right)\right].$$

如上结果,同样我们可证明其与利用球极投影得到的结果相同.

天顶是人所在地正上方的天空,它随地球纬度的不同而不同.假设当地的纬度数(北纬)是α,如图 2-23 所示,再假设天球半径为r,由球极投影可知,天顶在赤道平面上的投影到赤道圆心的距离:

$$AH=r\times\tan\left(\frac{90^\circ-\alpha}{2}\right).$$

天顶规是过天顶和地心的一个天球大圆,所以其投影是个圆.并且由图 2-23 可知,其直径:

$$IA+AH=r\times\tan\left(\frac{90^\circ+\alpha}{2}\right)+r\times\tan\left(\frac{90^\circ-\alpha}{2}\right)$$
$$=r\times\left[\tan\left(\frac{90^\circ-\alpha}{2}\right)+\tan\left(\frac{90^\circ+\alpha}{2}\right)\right].$$

所以,天顶和天顶规的画法是正确的.

对于天顶和天顶规的画法,书中还给出另外一种方法,即是:以酉中为圆心作一个大半圆弧,这个大半圆弧包含昼短规的投影在内,并且以过酉中垂直于卯酉线的直线为界,如图 2-24 所示.然后将这个半圆弧平分为 360 份.在卯酉线与半圆弧的交点E往上数该地的赤道出地度数,也就是 90 度减去该地的纬

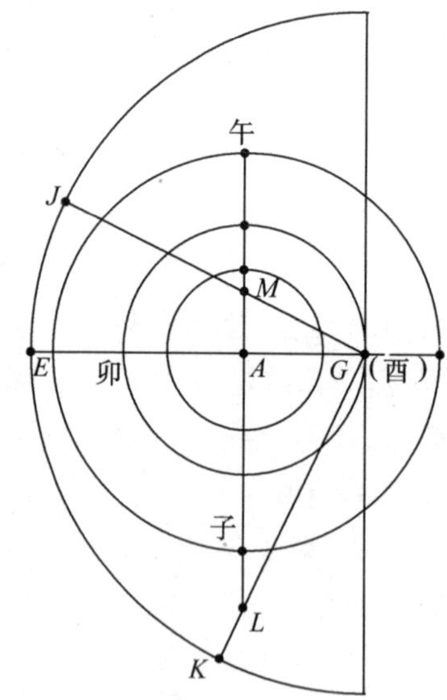

图 2-24 半圆规天顶规画法图

度数，得到一点 J. 然后连接 J 点和酉中点，交子午线于一点 M，此点即是天顶的投影. 再在半圆弧的下端右行数赤道出地度数，得到一点 K. 连接 K 点和酉中，交子午线延长线于 L 点. 以 ML 为直径画圆，则得天顶规的投影圆.

这种做法其实也是正确的. 假设一地纬度数为 α，则该地赤道出地数为 $90°-\alpha$. 这样，$\angle AGM=\frac{90°-\alpha}{2}$，$\angle AGL=\frac{90°+\alpha}{2}$，于是，假设赤道投影圆圆半径为 r，则有：

$$AM=r\times\tan\left(\frac{90°-\alpha}{2}\right),AL=r\times\tan\left(\frac{90°+\alpha}{2}\right).$$

天顶规的半径长度同前所算，所以这种画法也是正确的.

该书给出的所有画法都可以如上法验证，均是正确的.

所以，此书介绍的画法符合投影原理.

此书给出了大量的画法几何的内容，特别是卷上. 其不仅有球面大圆的画法，如赤道、黄道、地平规等，而且还有球面小圆的画法，如和地平规平行的小圆的画法. 不仅有球面曲线的画法，而且还有球面上点如天顶和经星的画法等，此书完全可以看作是一部关于画法几何的书籍.

由此书的序言可知，李之藻撰写此书的根本目的在于改革我国历法. 那么利玛窦为什么要介绍这些内容呢？分析利玛窦在我国的活动，我们认为可能主要有三个原因：一、在 1596 年 11 月间，其收到了克拉维乌斯神父的新书《论星盘》. 这本书是克拉维乌斯神父研究星盘多年的心得. 在书的前言里面，克拉维乌斯神父高度赞扬了星盘的价值. [①]然后严格按照《几何原本》的规范给星盘建立起来一套严密的逻辑体系. 包括最基本的作图、计算、证明、设计、合成，等等. 因此，相对于前段时间利玛窦凭其在罗马学院时的学习来制作星盘来讲，这次有了丰富的理论为依靠. 二、或许因为此书是本很实用的书，或许因为其里面有托勒玫的天文知识，或许因为它是他的恩师克拉维乌斯神父的大作，也或许是克拉维乌斯专门送给他的原因——封面有送给利玛窦的字样，见图 2-25，利玛窦见到此书之后，珍爱有加，传教之余认真学习. 不仅如此，其还常常给他的学

---

① 前言部分已翻译成英文. 见 Bernard Henri. Matteo Ricci's scientific contribution to China[M]. Peiping: Henri Vetch, 1935: 52.

生展示和讲解①,从而引起了很多人的学习欲望,特别是一些热爱数理的知识分子. 三、1601 年,利玛窦到了北京之后,遇到了如李之藻、徐光启等一些极为聪明且酷爱数理的人,这些人很快就熟知了利玛窦的地图等以前的知识②. 这样,利玛窦就不得不再拿出一些新的东西来吸引国人,保持国人对其的持续关注,从而进一步方便宣传基督教义.

图 2-25 《论星盘》封面

还有一个问题,即是克拉维乌斯神父的《论星盘》是部内容非常丰富的书籍,前面的引理和说明占 45 页,后面的正文有 759 页,这样整部书近 800 页足有 60 多万字(词). 而李之藻的《浑盖通宪图说》仅是 105 页,约 3 万多字左右. 这么巨大的差异,肯定没有将原书内容全部翻译过来,那李之藻是翻译的哪些部分呢? 也可以说李之藻书中的内容具体来自哪里呢? 笔者将两书进行了对照,发现李之藻主要翻译了原书的第二部分,对于第三部分主要翻译了其中的安星之法,第一部分没有翻译.

原书第二部分从 269 页直到 562 页,主要阐述了星盘的盘面结构、性质和制作,共包括 20 个命题③,如下所示:

Theor. 1:Circulus quilibet sphaerae per polum australem ductus proiicitur cum omnibus punctis, & lineis in eo ductis in Astrolabiu per lineam rectam infinitam, quae communis sectio est ipsius circuli, & plani Astrolabij, Aequatorisue. (即:任何一个过南极点的球面大圆,连同它上面的点和线均被投

① Bernard Henri. Matteo Ricci's scientific contribution to China[M]. Peiping: Henri Vetch, 1935:52.

② 从李之藻编写的《圜容较义》中我们可以看到李之藻学习了《几何原本》绝大部分内容. 在《圜容较义》里面其多次应用了《几何原本》后面的命题. 还有,在此书中李之藻还引用了阿基米德《圆书》中的若干命题,由此看见李之藻智慧之高和学习西方科技之深.

③ Clavius C. Astrolabium[M]. Romae: Ex Typogrphia Gabiana, 1593:269—562.

影在一条无限延长的直线上，这条直线和赤道圆的投影相交.）

Theor. 2：Aequator，omnesque eius parallelin in Astrolabium proiiciuntur in formas circulares，& arcus eorum in arcus similes，atque adeo aequales in aequales；& paralleli quidem australes in circulos Aequatore maiores，boreales vero in minores proiiciuntur. Omnes tamen unum & idem centrum cum Astrolabio habent.（即：与赤道平行的纬度圈在星盘上被投影成相似的圆，弧也相似，长度相等的投影也相等. 但是靠近南极的投影圆会比较大，靠近北极的投影圆会比较小，不过它们都有相同的圆心.）

Theor. 3：Circulus quilibet sphaere ad Aequatore obliquus，vel etiam rectus non maximus，in Astrolabiu proiicitur in circularem figuram；sed arcus eius a certo quodam puncto inchoati in arcus dissimiles，atq；adeo aequales in inaequales proiiciuntur：centrum denique eius in Astrolabio a centro Astrolabij diuersu est.（即：与赤道不平行的圆在星盘上的投影圆没有最大，当然其弧也不相似，相等的弧线投影也不相等：其中心会有所偏离.）

Theor. 4：Aequatorem，& quemlibet eius parallelum，cuius datus sit arcus declinationis，in planum Astrolabij proiicere，atque in gradus distribuere.（赤道和与其平行的圆的投影在星盘平面上成等级分布.）

Theor. 5：Horizontem quemlibet obliquum，Verticalem eius primarium，Eclipticam，& quemcunque alium circulum maximum obliquum，qui ad Meridianum tamen rectus sit，inclination emque ad Aequatorem habeat notam，in astrolabio describere，atque in gradus，hoc est in partes in aequales，quae eorum gradibus in sphere aequalibus respondent，distribuere.（即：任意的倾斜的地平圈和它相对应的天顶规、黄道以及其他相对子午圈倾斜的球面大圆，在星盘平面上的投影相对赤道投影圆是偏斜的. 在星盘上成等级分布，且相等的部分，对应在球面上的部分也相等.）

Theor. 6：Horizontis cuiuslibet obliqui，Verticalis eius primarij，Eclipticae，& cuiuseunque alcerius circuli maximi obliqui，sive is ad Meridianum rectus sit，inclimation emque ad Aequatorem habeat notam，sive non rectus，in Astrolabio tamen descriptus，Parallelos in Astrolabio describere，atque ingradus，hoc est，in partes inaequales，quae eorum gradibus in sphera aequalibus respondent，distribuere.（即：任意倾斜的地平圈和它相对

应的天顶规、黄道以及其他倾斜的球面大圆，这些大圆或与子午规垂直，偏离赤道和赤道有交点，或不垂直. 它们在星盘上的投影平行，成等级分布. 且不相等的部分，对应在球面上的部分有可能相等.）

……

对比李之藻的《浑盖通宪图说》，我们发现李之藻并没有翻译这 20 个命题. 我们对原书中上述命题之后的文字进行了研究，发现李之藻的内容主要来自于这些命题后的证明或说明. 比如李之藻书中的三规画法主要翻译于上述命题 4 后面的 Scholium（讨论）. 这里讲：

Sit igitur tropicus ♑, datus ABCD, pro magnundine tabula Astrolabij, cuius centrum E; linea Meridiana reserens Meridianum circulum BD, quam ad angulos rectos secet AC. Sumpta igitur maxima declinatione Solis BF, ducatur recta AF, secans EB, in G, puncto, per quod ex E, circulus describatur GI: in quo sunpta quoque Solis maxima declinatione GH, ducatur recta IH, sectus EB, in K, puncto, per quod ex E, circulus quoque describatur KL. Dico GI, esse Aequatorem, ♉ KL, tropicum ♋, si ABCD, est tropicus ♑. Ductus cum rectis AB, GI, qua parallela sunt, cum latra EA, EB, secta sint proportionaliter in I, G, quipped cum ex aqualibus aqualia ablata sunt. Igitur altorai anguli BAF, IGO aquales sunt... ①

这段话的中文意思是：南回归线画为 $ABCD$，它是星盘上最大的圆，其中心为 E. 直线 BD 为子午规的投影，它和 AC 垂直相交. 太阳最大的偏角为 BF. 画直线 AF，相交 EB 于 G 点. 过 G 点以 E 为圆心作一个圆 GI：在这个圆上，太阳最大的偏离角度为 GH，连接直线 IH，交 EB 于 K 点. 过 K 点以 E 为心作圆 KL. 如果 $ABCD$ 是南回归线的投影，则圆 GI 是赤道的投影，KL 圆是北回归线的投影. 直线 AB 平行于 GI，它们与 EA、EB 相交于 I、G 点，因此，

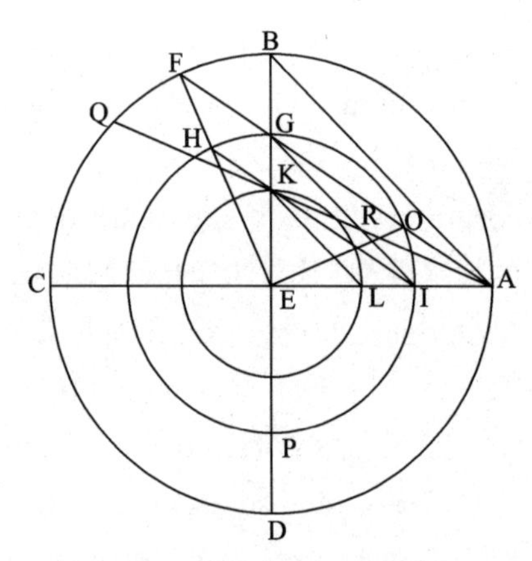

图 2-26 《论星盘》中三规画法

① Clavius C. Astrolabium[M]. Romae: Ex Typogrphia Gabiana, 1593:295.

角 BAF 和角 IGO 相等……

这里给出的图形如图 2-26 所示.

再比如,地平规和天顶规的画法主要翻译于命题 5 的证明:

Vt quoniam diameter visa Horizontis est nm, in Analemmate, transferemus partem eius maiorem En, in Astrolabium ex E, centro vsque ad F; & partem minorem Em, vsque ad G, rectaque FG, diuisa bisariam in H, describemus ex H, ad interuallum HF, vel HG, Horizontem AGCF. Sic etiam diametri apparentes vel visae Verticalis SX, parcem mnorem ES, transferemus ex Analemmate in Astrolabium ex E, vsque ad I, & maiorem partem EX, vsque ad K, diuisaque recta IK, bisariam in L, describemus ex L, per I, & K, Verticalem primarium AICK, Rursus ex Analemmate apparentis diametri Eclipticae ML, maiorem partem EM, transferemus in Astrolabium ex E, vsque ad M, & minorem partem EL, vsque ad N, sectaque diametro MN, bisariam in O, describemus ex O, per M, & N, Eclipticam AMCN, quae tropicum ♋, tangent in N, & tropicum ♑, in M...①

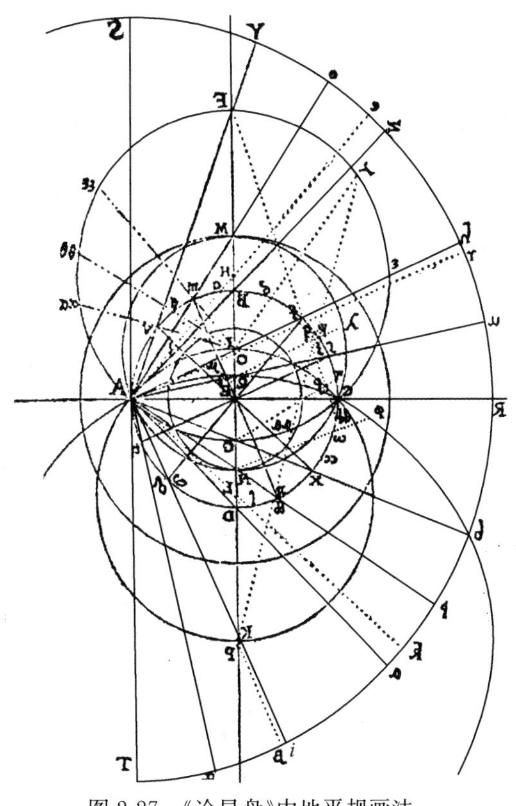

图 2-27 《论星盘》中地平规画法

这段话的意思是:鉴于地平规的直径为 nm,在"曷捺愣马"中它的最大部分相应的是 En,在星盘中,是 EF;较小的部分 Em,对应从 E 向 G 的部分. 直线 FG 的中点为 H. 以 H 为中心,以 HF, HG 为半径画圆,则 $AGCF$ 为地

① Clavius C. Astrolabium[M]. Romae: Ex Typogrphia Gabiana, 1593:294.

平规.这样,在“曷捺愣马”中,天顶规的直径为 SX,其较小的部分为 ES,在星盘上其相应的部分为 EI.较大的部分对应从 E 到 K 点的部分.直线 IK 的中点为 L,以其为圆心画圆,通过 I 和 K 点,即可得到天顶规的投影 $AICK$.在“曷捺愣马”中,黄道的直径为 ML,较大的部分为 EM,其在星盘上的对应是从 E 点到 M 点的线段.较小的部分为 EL,对应星盘上从 E 到 N 点的部分.直线 MN 的中点为 O,以 O 点为心穿过 M、N 点画圆,圆 $AMCN$ 为黄道.对于这个圆,北回归线的投影和它相切于 N 点,南回归线切于 M 点.

命题 5 给出的图形如 2-27 所示.

由前面提到的三规的画法、天顶规和地平规的画法可以看出,李之藻和利玛窦并非是对原书的直接翻译,而是对其中有用的部分进行了意译.

此书初刻于 1607 年,但内容的翻译决不是那两年.由李之藻的序言可知,翻译这些知识是过去的事情了.那是多久以前呢?查李之藻的年谱可知:李之藻 1602 年 11 月刻印了《坤舆万国全图》.1603 年与利玛窦讨论西方科学和基督教义,利玛窦写成《天主实义》.1604 年派往福建主持举人考试.1605 年回来,1606 年和 1607 年在山东治水.[①]这样看来,此书是李之藻在 1602 年到 1605 年间翻译的,是李之藻在和利玛窦经常讨论西方科技的过程中逐渐翻译而成的,并不像后来翻译《几何原本》前六卷那样是集中完成的.

§2.4 利玛窦世界地图中的投影分析

1584 年 6 月,利玛窦给人们展示了一张其在西方带来的用椭圆投影(Oval Projection)绘制的非常精美的世界地图[②].当时的肇庆知府王泮看后大吃一惊,非常喜欢,遂命令利玛窦立即重印一版.利玛窦不敢违命,照做了.重印工作于当年的 11 月就完成了,这就是《山海舆地全图》.《山海舆地全图》受到了当时很多人的喜欢,由此,1600 年当利玛窦到北京时也把它带到了北京.在北京,利玛窦遇到了一个地理学方面的知音——李之藻.

李之藻(1565—1630),字振之,号我存、凉庵、存园寄叟等,浙江杭州人,明

① 方豪.李我存研究[M].杭州:我存杂志社,1937.

② Snyder John P. Flattening the earth: Two thousand years of map projections[M]. Chicago: The University of Chicago Press, 1993: 38.

朝末年著名学者和乐律专家. 其于1598年中进士，之后先在南京任职，后到北京. 据载，李之藻从小就聪慧异常，有“江南才子”之称，徐光启和他交往后说他是“卓荦通人”[①]. 利玛窦也曾说：“自吾抵上国，所见聪明了达，唯李振之、徐子先二人耳. ”[②]李之藻年轻的时候就酷爱数理，特别是地理. 据说，他二十岁的时候曾搜集资料亲自绘制过一幅包括全国十五省的地图. 1600年，利玛窦到达北京，李之藻因听说他能绘制地图，于是去拜访，他们就是这个时候认识的. [③]

李之藻认识利玛窦之后，立刻就对利玛窦的地图痴迷起来，开始跟利玛窦研讨地理学和地图的绘制等. 在《职方外纪》的序言中，李之藻回忆他和利玛窦的初识时曾说：“万历辛丑，利氏来宾，余从僚友数辈访之. 其壁间悬有大地全图，画线分度甚悉，利氏曰‘此我西来路程也. ’因为余说以小圆处天大圆中，度数相应，具作三百六十度. 余依法测验良然，乃悟唐人画方分里，其术尚疏，遂为译以华文，刻为万国图屏风. ”[④]

李之藻绘制的地图刊印于1602年，就是著名的《坤舆万国全图》. 如图2-28所示. 这幅地图和原来的相比，有几个地方不同：一是面积比原来的大了，二是在主图的旁边增加了若干小图.

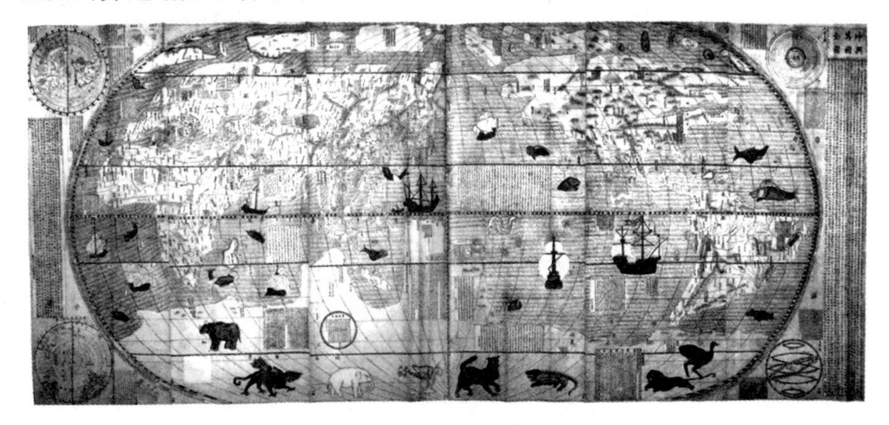

图2-28　坤舆万国全图

① 徐光启. 刻同文算指序[G]//李之藻. 天学初函. 台北：台湾学生书局，1965：2772.
② 杨廷筠. 同文算指序[G]//李之藻. 天学初函. 台北：台湾学生书局，1965：2784.
③ 方豪. 中国天主教人物传(上册)[M]. 北京：中华书局出版社，1988：112—124.
④ 李之藻. 职方外纪序言[G]//李之藻. 天学初函. 台北：台湾学生书局，1965：1003.

在左上角和左下角，有两个圆形的小图，如图 2-29、2-30 所示. 根据上面的名称可知道，这两个分别是赤道北地半球之图（Hemisphere Septentrional Arctique）和赤道南地半球之图（Hemisphere Meridional Arctique）. 对于这两个图形，当时实属首见. 李之藻在《坤舆万国全图》的序言中说："别有南北半球之图，横割赤道，盖以北极星所当为中，而以东西上下为边，附刻左方，其式亦所创见."[①]为此利玛窦也进行了解释，他说："但地形本圆形，今图为平面，其理难于一览而悟，则又仿敝邑之法，再作半球图者二焉. 一载赤道以北，一载赤道以南，其二极则具二圈当中，以肖地之本形，便于互见."[②]

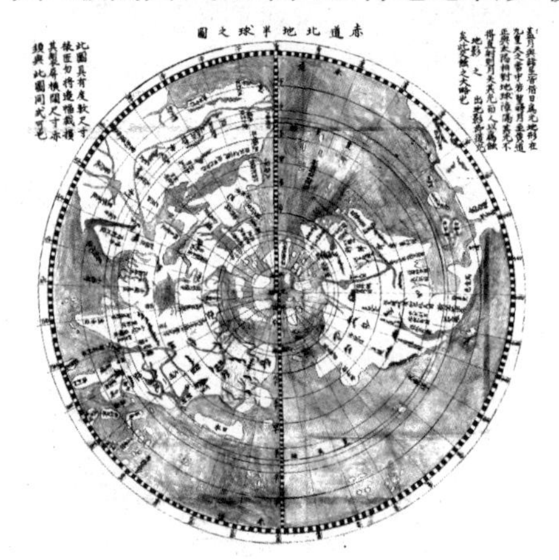

图 2-29　北半球图　　　　图 2-30　南半球图

"敝邑之法"是什么方法呢？不清楚. 有人说是方位投影法.[③]我们进行了测量和分析，并不正确. 因为此图上的纬度圈是等距的，这利用方位投影法是做不出来的. 还有人说它们是两个平行正投影图，这也很容易验证是不正确的.

1983 年，台湾东海大学历史系林东阳教授撰文《利玛窦的世界地图及其对明末士人社会的影响》指出："利玛窦所说的'敝邑之法'无疑是指圆锥投影（projection conique）而言."而且还是比较原始的圆锥投影. 林东阳使用的依据是：利玛窦的这两个半球图（包括大图中的很多资料）来自于荷兰人普兰息阿斯

---

① 李之藻. 李之藻序[G]//朱维铮. 利玛窦中文著译集. 上海：复旦大学出版社，2001：179，180.

② 利玛窦. 利玛窦跋[G]//朱维铮. 利玛窦中文著译集. 上海：复旦大学出版社，2001：182.

③ 黄时鉴，龚缨晏. 利玛窦世界地图研究[M]. 上海：上海古籍出版社，2004：13.

(Peter Plancius,1552—1622)于1592年出版的世界地图集(*Nova et Exacta Terrarum Orbis Tabule Geographica ac Hydrographica*),而在普兰息阿斯的地图集里面,赤道南北地图的绘制使用的是托勒玫创造的圆锥投影.①

林东阳的这一结论很令人鼓舞,因为如果合理,则利玛窦在当时除了传入上述投影外还给我国带来了另外一种属于画法几何的知识——圆锥投影.可是他的结论合理吗?值得商榷.

由前面的内容可知,圆锥投影是一种中心透视投影.利用这种投影获得的图形是个扇形(将圆锥面沿某一条母线剪开),如图2-31所示.

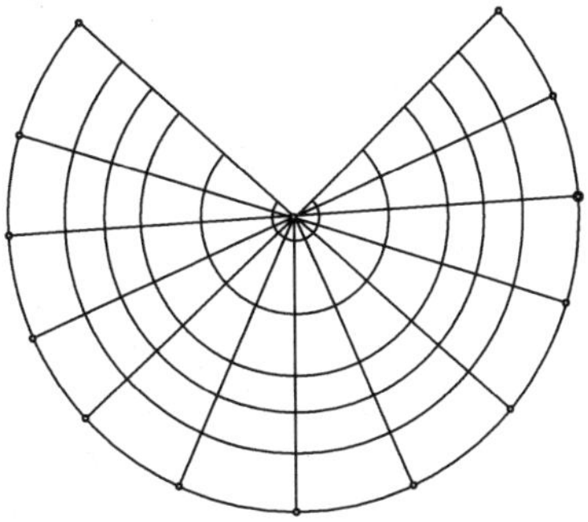

图2-31　圆锥投影图

这种投影图的特点是:②

1. 是一个扇形;

2. 纬线圈为同心圆弧,但一定是中间密集,圆心部分和外边相对疏散;

3. 经线圈投影为直线,这些直线分布均匀,相交于极点.

可是《坤舆万国全图》中的两个半球图都不是扇形图,而是圆形,一个标准的圆形.这是利用圆锥投影做不出来的.

另外,在上述两图中,虽然纬度圈都投影成了同心圆,但很明显等距离的纬度圈的投影是等距离的——每两个之间相距10个单位.而这些纬度圈从外向里分别是10°圈、20°圈、30°圈、40°圈、50°圈、60°圈、70°圈和80°圈,它们没有中间密集两边疏散的特点.我们可计算,像这样分布均匀的纬度投影利用圆锥透视投影也是绘制不出来的.

另外,利玛窦和李之藻刻《坤舆万国全图》的时间是1602年,其实在这之前利玛窦也介绍过上述两小图.1584年11月,利玛窦《山海舆地全图》印制成功后,当时的知府王泮印制了很多张馈送亲朋好友.这样,利玛窦是绘制地图高手的声名不久就传播到了很远的地方.1595年,当利玛窦到江西南昌的时候,有不

---

① 林东阳.利玛窦的世界地图及其对明末士人社会的影响[G]//中西文化交流国际学术会.纪念利玛窦来华四百周年中西文化交流国际学术论文集.新北:辅仁大学出版社,1983.

② 李汝昌,王祖英.地图投影[M].武汉:中国地质大学出版社,1991:92—118.
胡毓钜,龚剑文.地图投影[M].北京:测绘出版社,1981:82—122.

少人来向利玛窦讨教,这其中有一个叫章潢的.[①]章潢(1527—1608),字本清,南昌人,时任庐山白鹿洞书院洞主和顺天府儒学训导.他以品行高洁,学富五车而出名,是当时著名的学者.章潢来到利玛窦处,和利玛窦交流过之后,不久就绘制了三幅地图,这三幅地图后来被收录到章潢编辑的《图书编》中.这三幅地图,一曰《舆地山海全图》;二曰《舆地图上》,如图2-32所示;三曰《舆地图下》,如图2-33所示.《舆地图上》是地球北半球图,《舆地图下》是地球南半球图.[②]这两幅图形和李之藻地图中的两个半球图如出一辙,在画法上实际上是一样的.[③]

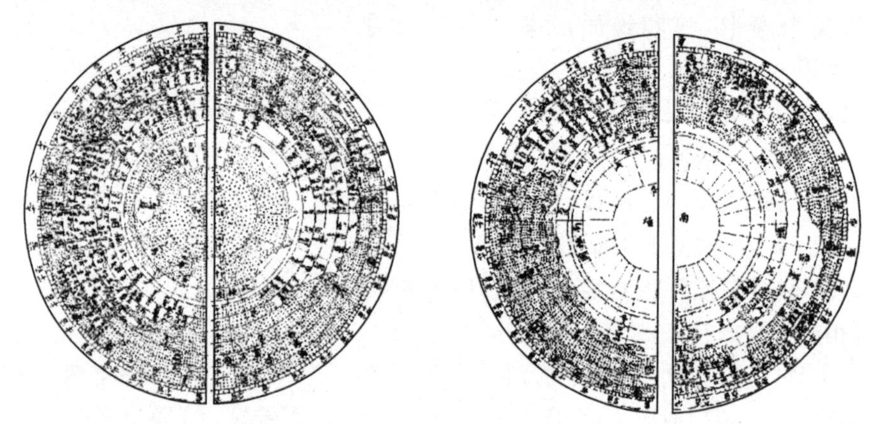

图2-32　舆地图上　　　图2-33　舆地图下

笔者分析了这两幅地图,也不符合圆锥透视投影的原则,也不是圆锥投影图.

1603年,利玛窦又帮助在中国北京入教的朝鲜籍人李应试(1559—1620)绘制了一幅比《坤舆万国全图》更大的世界地图——《两仪玄览图》.这幅地图共八张大,在第一张和第八张图的下面,利玛窦又一次画上了载于《坤舆万国全图》边上的南北半球地图,如图2-34所示.利玛窦说:“一载赤道以北,一载赤道以南.以赤道为圆周匝,以南北地极为画之心,如两半球焉.观斯,则愈见地形之

---

① 利玛窦.利玛窦书信集[M].台北:光启出版社,1986:1595年10月28日给高斯塔神父的信.

② 章潢.图书编卷二十八[M].文渊阁四库全书本.

③ 林东阳.利玛窦的世界地图及其对明末士人社会的影响[G]//中西文化交流国际学术会.纪念利玛窦来华四百周年中西文化交流国际学术论文集.新北:辅仁大学出版社,1983:312—378.

黄时鉴,龚缨晏.利玛窦世界地图研究[M].上海:上海古籍出版社,2004:13.

圆,而与全图和从印证,愈知理无所诬矣."①笔者对此图中的两小图也进行了分析,结论是其也不是圆锥透视投影绘制的.

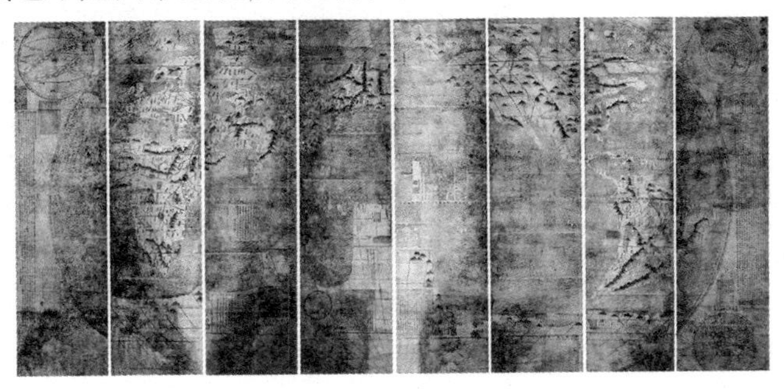

图 2-34　两仪玄览图

所以,利玛窦并未在地图的传播过程中传入属于画法几何的西方圆锥投影.

§2.5　平行正投影"曷捺愣马"的来源

前面提及刘钝先生已经指出,利玛窦借助"曷捺愣马"传入了天球平行正投影."曷捺愣马"其实就是《坤舆万国全图》大图左下角的一个小图,如图 2-35 所示(原图不清,故另画).在这个图形的旁边还附了一段文字:"右图乃黄赤二道错行中气之界限也.凡算太阳出入皆准此.其法以中横线为地平,直线天顶,中圈为地体,外大圈为周天.以周天分三百六十度.假如是图在京师地方,北极出地平线上四十度,则赤道离天顶南亦四十度矣.然后自赤道数起,南北各以二十三度半为界,最南为冬至,最北为夏至.凡太阳所行不出此界之外,既定冬、夏至界,即可求十二宫之中气.先从冬夏二至界相望画一线,次于线中十字处为心,尽边各作一小圈,名黄道圈.圈上匀分二十四分,两两相对作虚线,各识

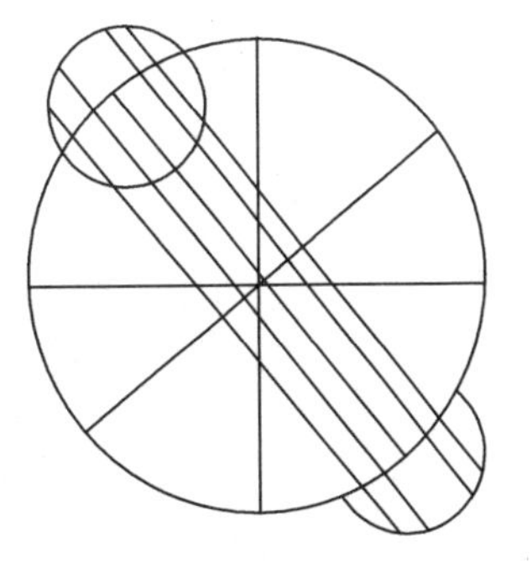

图 2-35　曷捺愣马图

① 林东阳.利玛窦的世界地图及其对明末士人社会的影响[G]//中西文化交流国际学术会.纪念利玛窦来华四百周年中西文化交流国际学术论文集.新北:辅仁大学出版社,1983:312—378.

于周天圈上.在赤道上者,即春秋分;次北曰谷雨、处暑,曰小满、大暑,曰夏至;次南曰霜降、雨水,曰小雪、大寒,曰冬至.因图小,止载中气,其余节气仿此.就中再匀分一倍,即得之矣.而其日影之射于地者,则取周天所识,上下相对,透地心斜画之.太阳所离赤道纬度,所以随节气分远近者,此可略见.凡作日晷带节气者,皆以此为提纲,欧罗巴人名为'曷捺楞马'云."

由这段文字叙述可看出,利玛窦在绘制地图的时候确实传入了球体平行正投影.不仅如此,在这个过程中他还说明了球面上平行于透射光线的圆(如地平圈)被透射成直线段,说明了和透射光线垂直的圆(如过南北极的经线圈)被透射成圆等性质.

利玛窦的"曷捺楞马"图从哪里来的呢?目前尚无人探讨.笔者对照利玛窦当时带来的书籍,认为其很可能来自克拉维乌斯神父的《晷表十书》(*Gnomonices Libri octo*)一书,或者《论星盘》(*Astrolabium*)一书①.因为在克拉维乌斯神父的《晷表图说》一书的第11页和《论星盘》一书的第54页都有上述图形,都有使用这个图形的命题,命题是相同的,图形如图2-36所示.命题如下:

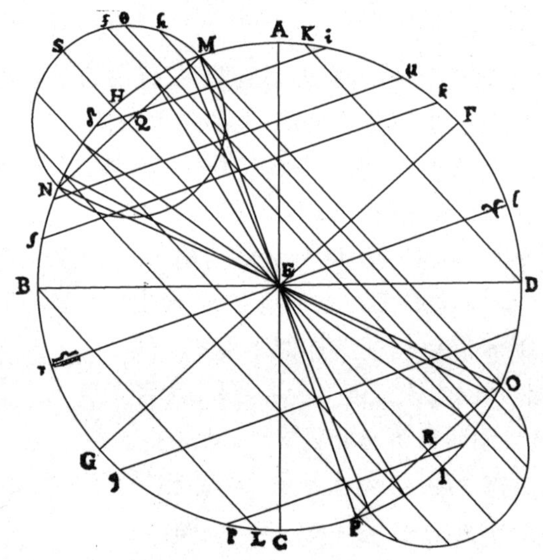

图2-36 《晷表十书》中插图

ANALEMMA: Analemma ad datam poli altitudinem quamcunque

① Clavius C. Gnomonices libri octo [M]. Romae: Apud Franciscum Zanettum, 1581: 11.

describere.

Est Analemma figura quaedam circularis, quae circa centrum mundi intel ligitur descripta in plano Meridiani, vel cuiusuis alterius circuli maximi per mundi polos ducti, continens communcs sectiones, quas plana aliorum circulorum sphaerae (Praecipue vero Aequatoris, eiusque parallelorum, Eclipticae, Horizontis, Verticalis, & Paralleli cuiusque eorum, & c.) in Meridiano, vel alio illo circulo maximo faciunt. Huius autem constructionem, quam in Gnomonica propof. I. lib. I. tradidimus, libenter hoc loco repetimus, ob insignem eius vtilitatem in circulis sphaerae in Astrolabio describendis: praesertim quod descriptionem parallelorum Aequatoris per Eclipticae punita ductoru longe faci lius hic ex praecedenti lemmate demonstrabimus, ea videlicet ratione, quam in scholio propof. I lib. I. Gnomonices insinuauimus. ①

这段话的意思是:Analemma 是用来描述天体高度的,它是一个圆,其中心为宇宙的中心,因此它是子午规的中心,或是其他通过天球极点的任何方向和子午规相交的大圆的中心(特别是赤道、黄道、地平规、天顶规等).它转述自第一卷晷针命题一,我很高兴在这里重述它,因为它对于在星盘上描述球面圆是有用的.特别是在描述赤道和黄道等大圆的时候,它优于命题证明,比起在第一书中繁杂的语言讨论它是一种更清晰的方法.

在这个命题之后,克拉维乌斯神父又给出了详细的说明:SIT ergo in plano Meridiani circulus ABCD, circa centrum mundi E, desciptus, culus & Horizontis secta BD.(假设子午规为 ABCD,中心为 E,地平规为 BD)……在这里克拉维乌斯神父明确提到了黄道十二宫的名字和在上面图形中的位置.

由此,利玛窦的"曷捺愣马"定是来自于上述两书,但相比较而言,更可能来自后者.这是因为根据后来的文献记载,利玛窦经常使用后者给国人讲课,而前者几乎没有提及;还有,根据笔者比较,后者在解释这个命题时更为详细②,其过程中连续给出了三个相同的图形.

此外,在利玛窦的日常活动中,也曾多次提到过日晷,如在肇庆他曾指导瞿太素制造日晷,在南京曾辅导张养默制造日晷等.日晷作为一种古老的利用太

① Clavius C. Astrolabium[M]. Romae: Ex Typogrphia Gabiana, 1593:54.

② Clavius C. Astrolabium[M]. Romae: Ex Typogrphia Gabiana, 1593:54—59.

阳来计时的仪器，东西方都有，但各有所长. 东方的多是赤道日晷，没有什么投影理论；而西方的多是地平日晷，其以西方古代天文学基本构架为基础，使用的方法正是“曷捺楞马”法. 而利玛窦当时带来的和在中国制作的日晷不同于中国式的，通过其描述我们考证也正是地平日晷①. 由此也可确认，利玛窦的确带来了西方平行正投影.

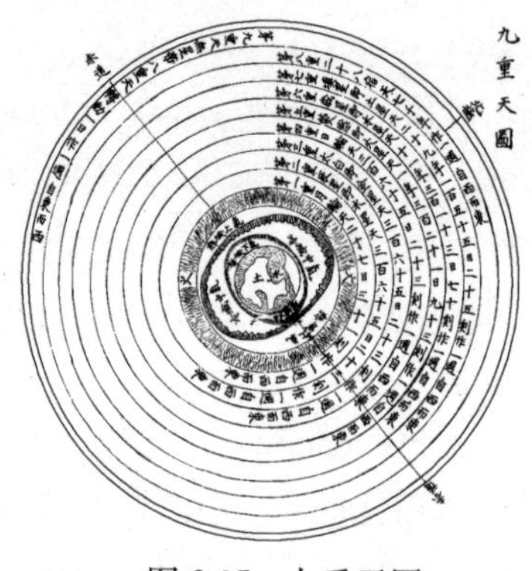

图 2-37　九重天图

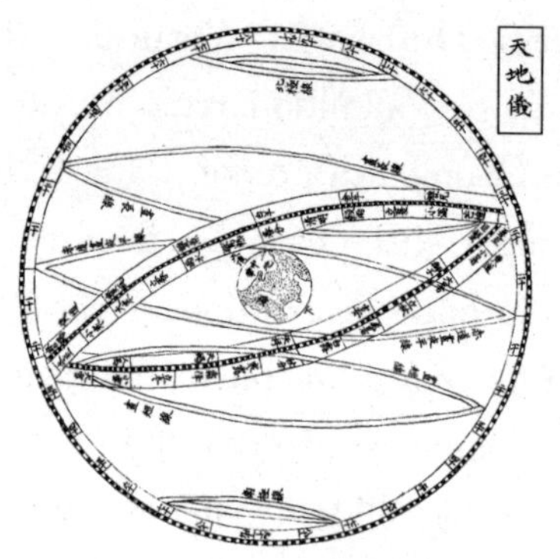

图 2-38　浑天图

还有，在《坤舆万国全图》的右边，上面是《九重天图》，如图 2-37 所示，下面是《浑天图》，如图 2-38 所示.《九重天图》来自于古希腊的水晶球理论：地球是宇宙的中心，固定不动，依次被月亮、水星、金星、太阳、火星、木星和土星所环绕着，看其图显然是个平行正投影图. 浑天图上有北极圈、北回归线、赤道、南回归线、黄道和南极圈六个圆圈，看图显然是轴测投影图，也是平行投影图.

§2.6　小　结

综上所述，利玛窦是明朝末年最早传入我国西方画法几何知识的人. 其于 1583 年登陆我国开始，直到 1610 年去世，通过教学、绘制地图、制造天文仪器等活动共传入了我国多项画法几何知识，除了前人已经提及的天球平行正投影外，还有透视法和球极投影等. 关于天球平行正投影，其主要是通过介绍西方制造日晷经常使用的“曷捺楞马”传入的；其原材料很可能直接来自于 1593 年利玛窦在南昌收到的，他在罗马学院时期的老师克拉维乌斯神父的新书《论星盘》. 关于透视法，利玛窦主要是通过展示西方宗教绘画和自己亲自绘制透视画

① 利玛窦，金尼阁. 利玛窦中国札记[M]. 北京：中华书局，1983：348—349，351—352，432—433.

来实现的，其将透视法直接传给了他的学生游文辉. 关于球极投影，利玛窦首先通过展示他从西方带来的星盘和通过指导他的学生制造星盘传入了一部分，之后又通过使用克拉维乌斯神父的新书《论星盘》讲课传入了大部分；利玛窦传入的球极投影知识是其传入的西方早期画法几何知识中最多的也是最为复杂的，其不仅有球面上各种大圆的投影，而且还有各种小圆的投影，其不仅有大圆规画法，还介绍了大半圆规的画法等；对这部分内容当时接受最好的是李之藻，李之藻将这些内容结合自己的实践和感受写成了《浑盖通宪图说》一书. 对书中的内容进行对比我们可以知道，其主要来自于《论星盘》的第二章，但其不是直译，而是领会贯通之后的意译. 关于《坤舆万国全图》的两个小图，有人讲是圆锥投影图，其实是不正确的，利玛窦并未在这里传入属于画法几何的圆锥投影.

第三章　熊三拔和汤若望对西方早期画法几何知识的阐述

利玛窦之后，随着西方传教士的不断东来，有不少传教士都在一些科技活动中有意无意间传入了一些西方画法几何知识，特别是毕方济、熊三拔、邓玉函、罗雅谷和汤若望等人.

毕方济(Francois Sambiais，1582—1649)，字今梁，意大利人.其于1613年来华，1629年作《画答》，介绍西方透视画法，1641年，在南京建天主教堂，并利用透视法绘图一幅.①

邓玉函(Jean Terrenz，1576—1630)，字涵璞，德国人，来中国前即以哲学、医学和数学闻名于欧洲，1621年来华.1629年徐光启请求开历局得准，其随即被邀请编写《崇祯历书》，不久便写成《测天约说》、《大测》和《黄赤道距度表》三本书.在前两本书中，为了更清楚地解释西方天文学，其绘制了多幅天球图形，这些图形均是平行投影图.②1627年其还和我国学者王征(1574—1644)一起写成《远西奇器图说》，里面也使用了平行投影图.③

罗雅谷(Jacques Rho，1593—1638)，字味韶，意大利人，其少年即喜爱数学，成绩优异.1614年加入耶稣会，1622年到达澳门，1624年进入内地并到山西传教.④如此五六年，1630年被调入北京编纂《崇祯历书》.其在编写《崇祯历书》期间写出了《日躔历指》、《日躔表》、《测量全义》、《比例规解》、《月离历指》和《交食历指》等近二十本书.翻阅其书，会发现其中有大量的天体图形和仪器图，都是平行投影图.特别是仪器图，其比例完全符合平行投影规则.所以，上述几位也都传入了西方早期画法几何知识.

但是，总的来说，上述几人传入的西方早期画法几何内容不是很多，也好理

① 费赖之，冯承钧.在华耶稣会士列传及书目[M].北京：中华书局，1995：142—147.

② 见《崇祯历书》中邓玉函撰写的《测天约说》、《大测》和《黄赤道距度表》.

③ 邓玉函.远西奇器图说[M].1644年刻本.

④ 费赖之，冯承钧.在华耶稣会士列传及书目[M].北京：中华书局，1995：192—195.

解，所以，本节不作过多讨论.下面主要讨论熊三拔和汤若望的贡献——关于他们的工作目前尚无人探讨.

§3.1 熊三拔的贡献

熊三拔(Sabbathin de Ursis，1575—1620)，字有纲，意大利人，生于意大利那不勒斯，名族之裔，罗马学校肄业.1606年熊三拔来华，曾在北京协助利玛窦神父工作五年——当时《几何原本》前六卷翻译时其始终在场，并参与了讨论.[①] 1610年利玛窦去世后，熊三拔便帮助徐光启改革历法.1617年，其因南京教案所累被押出境，1620年卒于澳门.[②]

熊三拔来华即到了北京，在北京时和利玛窦一起与中国知识分子如徐光启、李之藻等人经常探讨西方科技，特别是天文学.在这个过程中，其创造了一种新的仪器——简平仪.徐光启在1610年写成的《简平仪说》序言中曾说："若星历一事，究竟其学，必胜郭守敬数倍.其最小者是仪，为有纲熊先生手创，以呈利先生.利先生嘉钦，偶为余解其凡，因手受之，草次成章，未及详其所为故也."[③]那简平仪是什么?《简平仪说》中"名数"第一部分说："简平仪用二盘，下层方面，名为下盘，亦名天盘.上层图面半虚半实，名为上盘，亦名地盘.下盘安轴处为地心，其过心横线名为极线，极线之左界为北极，右界为南极，其过心直线与极线作十字交罗者，名为赤道线.盘周之最内一圈名为周天圈.赤道左右各六直线.渐次疏密者名为二十四节气线.即以赤道线为春分为秋分，次左一曰清明曰白露，次左二曰谷雨曰处暑，次左三曰立夏曰立秋，次左四曰小满曰大暑，次左五曰芒种曰小暑，次左六曰夏至.此为日行赤道北诸节气线也.次右一曰惊蛰曰寒露，次右二曰雨水曰霜降，次右三曰立春曰立冬，次右四曰大寒曰小雪，次右五曰小寒曰大雪，次右六曰冬至.此为日行赤道南诸节气线也.若仪体小者左右各三线，则一宫为一线.仪体大者左右各十八线，则一侯为一线也.从赤道线上取心，以冬夏二至线为界，上下各作半圈者名为黄道圈.用半圈周平分十二者，是黄道半周天度，十五度为一分.若仪体大者，分三十六，则五度为一分也.以上下盘共作一图，本名范天图为测验根本.别有备论.极线之上下并周天圈分

① 曹增友.传教士与中国科学[M].北京：宗教文化出版社，1999：112—114.

②《民国丛书》编辑委员会.天主教传行中国考[M].上海：上海书店出版社，1989：77.

③ 熊三拔，徐光启.简平仪说[M].文渊阁四库全书本.

各十二曲线，渐次疏密者名为十二时刻线，即以极线为卯正初刻酉正初刻. 次上一为卯正二为酉初二，每线二刻依时列之. 次上十二即周天圈分为午正初刻也，次下一为酉正二为卯初二，每线二刻依时列之，至次下十二，即周天圈. 分为子正初刻也. 若仪体小者，上下各六线，则以四刻为一线. 仪体大者，上下各刻二十四线，则以一刻为一线. 更大者上下各刻七十二线，则以五分为一线也. 周天圈以赤道线、极线分为四圈分，每圈分九十度，为周天象限，四象限共三百六十为周天度数.”

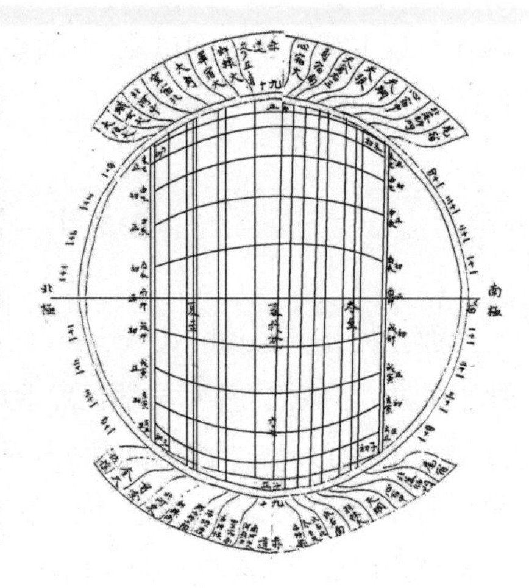

图 3-1　简平仪图面

汤若望在《恒星历指》第三卷中又说：“简平仪者，以圆平面当浑仪也，圆平面者，以极至交圈为界作过心平面也. 以面当球，与平浑仪同，意论球，则半在面前可见. 今以直线当弧，半在后面不可见，其直线当弧与前半同理.”①

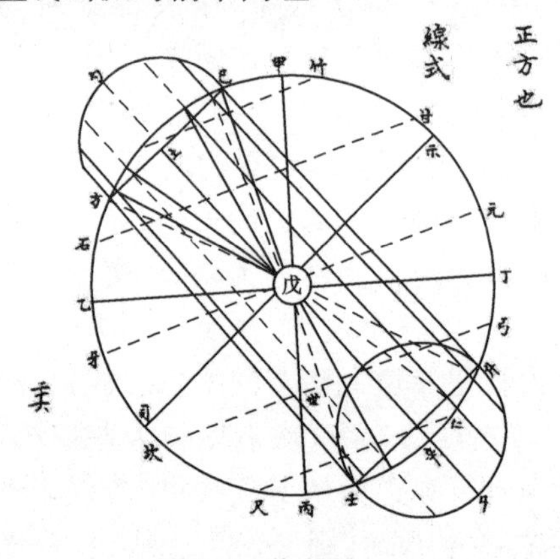

图 3-2　范天图

图 3-3　简平仪

万历年间上海人陆仲玉写成的《日月星晷式》中给出的简平仪图如图 3-1 所示，给出的范天图如图 3-2 所示. ②后人制成的简平仪实物如图 3-3 所示.

① 汤若望. 恒星历指[G]//永瑢，纪昀，等. 四库全书. 上海：上海古籍出版社，1978.

② 陆仲玉. 日月星晷式[G]//薄树人. 中国科学技术典籍通汇・天文卷(八). 郑州：河南教育出版社，1993.

还有，明末崇祯年间，刘侗、于弈正在《帝京景物略》中称利玛窦"其国俗工奇器"，并对南堂里的西洋器具作了如下描写："简平仪，仪有天盘，有地盘，有极线有赤道线，有黄道圈，本名范天图，为测验根本."①

由此看出，熊三拔的确也传入了西方画法几何知识，他传入的是天球平行正投影知识和相关的画法. 这些知识很显然和 Analemma 法有许多相同，由此，熊三拔很可能是从 Analemma 中截取来的天球投影和画法等.

§3.2 汤若望传入了天球平行正投影

汤若望(Jean Adam Schall Von Bell，1591—1666)，字道未，德国人. 据载他从小即聪慧异常，加之好学努力，其在学校一直是优等生. 1611 年 10 月，汤若望加入耶稣会，1622 年来华. 他先到北京，之后被分到西安管理教务，期间多次参与天文观测和历法推算活动，由此声名鹊起. ②1630 年，因邓玉函和李之藻去世需要补缺，其被徐光启调入北京编纂《崇祯历书》. ③

他到北京之后不到几年的时间就写出了多本书，数量仅次于罗雅谷④. 在其编著的多本书中，绘制了许多图形，也是用这种形式，汤若望传入了西方早期画法几何知识. 此外，他还在这个过程中专门讨论了西方球形投影知识，所以，他的贡献尤其大. 他的这方面工作未见有人深入探讨，下面试分析之.

汤若望来到北京不久——即 1631 年 8 月之前——就写出了《恒星历指》一书. 此书分三卷，主要阐述了恒星和行星(包括月亮)的观测、计算和记录等. 具体目录如下：

① 刘侗，于弈正. 帝京景物略[M]. 明崇祯八年刻本.

② 费赖之，冯承钧. 在华耶稣会士列传及书目[M]. 北京：中华书局，1995：167—168.

③ 徐光启. 修改历法请访用汤若望罗雅谷疏[G]//徐光启. 徐光启集(第七卷). 上海：上海古籍出版社，1984：343，344.

④ 江晓原. 汤若望与托勒密天文学在中国之传播[G]//江晓原. 江晓原自选集. 南宁：广西师范大学出版社，2001：304—320.

第一卷	第二卷	第三卷
恒星测法第一 独测恒星法第二 重测恒星法第三 以赤道之周度察恒星之经纬度第四 以恒星赤道经纬求其黄道经纬度第五 以恒星测恒星第六 测恒星之资第七 测恒星之器第八	恒星本行第一 岁差第二 恒星变易度第三 恒星黄道经纬度变易第四	以恒星之黄道经纬度求其赤道经纬度第一 以度数图星像第二(包含平浑仪、总星图义、斜圈图圆义共三章) 绘总星图第三 恒星有等无数第四

前面两卷虽然没有提及画法几何知识,但是作者在阐述相应的理论时,为方便和清晰,给了若干图形.这些图形均是严格的平行投影图,有的还相当精美,如图3-4、3-5、3-6、3-7所示.

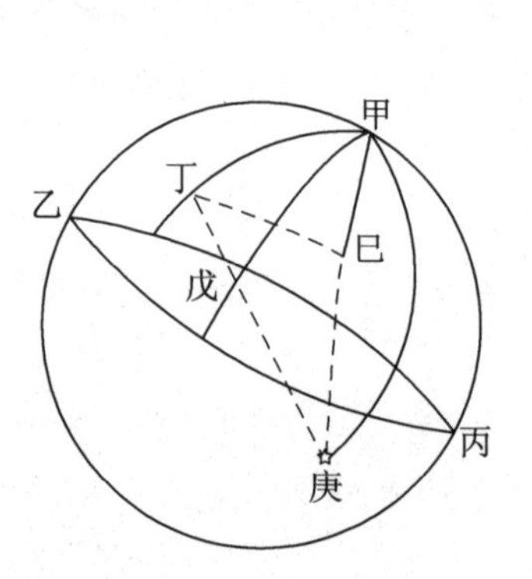

图3-4 天球侧视图

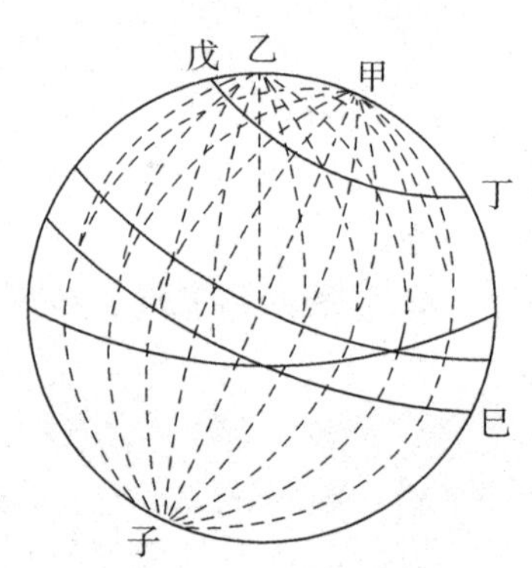

图3-5 天球经度圈侧视图

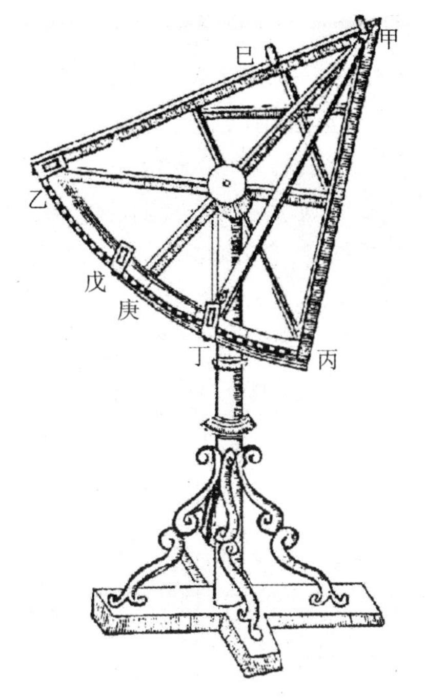

图 3-6　测恒星相距之器

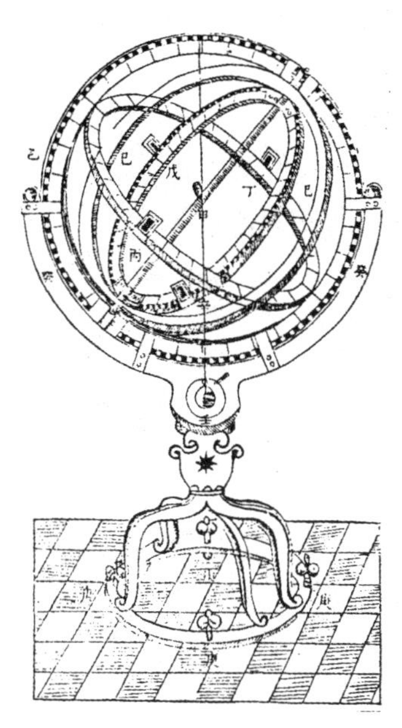

图 3-7　测恒星赤道经纬之器

第三卷主要阐述了以恒星黄道经纬度如何来求其赤道经纬度以及星图的画法等. 在“以恒星之黄道经纬度求其赤道经纬度第一”中汤若望给出了一种使用简平仪的方法,一是求恒星纬度,二是求恒星经度.

利用简平仪求恒星纬度法是:“量度者用规器,量度所有之见度分,即于分度等圈上,量取所求之隐度分也. 加减者亦于本仪取数,其算法即前法也. 量度则省算,然每星当作一图亦不能得细分秒,加减则一图能算多星,可省图,可得细分秒,特未免乘除之烦. 总之,先得各星之黄道经纬度,即从星作直线与黄道平行至外周,从线尾起算,至赤道为本星之赤道纬度弧. 可量亦可算也. 今并具二法择焉. 试先解仪上诸线. 如丙壬寅子大圈,为极至交圈. 壬丑线为赤道大圈. 辛寅线为黄道大圈. 春秋二分俱在癸. 若星距黄道北则辛为夏至,寅为冬至,星距黄道南,则寅为夏至,辛为冬至. 今所测星为乙,癸甲线为星之黄道纬度,对丙辛弧. 甲乙线为星之黄道经度,对辰卯弧. 丙乙子线为过星之距等小圈,与黄道平行,丙卯辰自即过星距等圈之半. 在仪上为立面,与仪面为直角. 在弧为丙卯辰子,在仪面为丙乙甲子. 自人视之,卯点即乙点,辰点即甲点也. 卯辰为星之黄道经度弧. 夫卯即乙,乙即星. 若有乙丁线与赤道平行,截极至交圈于午,即从午至赤道壬为所求本星之赤道纬度矣.今用规器量度,则先定黄道纬度之丙辛弧、经度之辰卯弧.从经纬线相交之乙星上出乙午线,则壬午弧必所指赤道距度也.以加减推算,则用直线三角形,先从丙出垂线至巳,半之得巳戊,从戊作线与丁乙平行,必至甲.又从子出子巳底线,偕丙巳垂线作丙巳子直角,即成三角形者.三而求丙丁弦以减丙庚正弦,存丁庚弦为星之赤道纬度.假如乙为句陈大星,……"汤若望给出的图形如图 3-8 所示(原图不清,故另画).

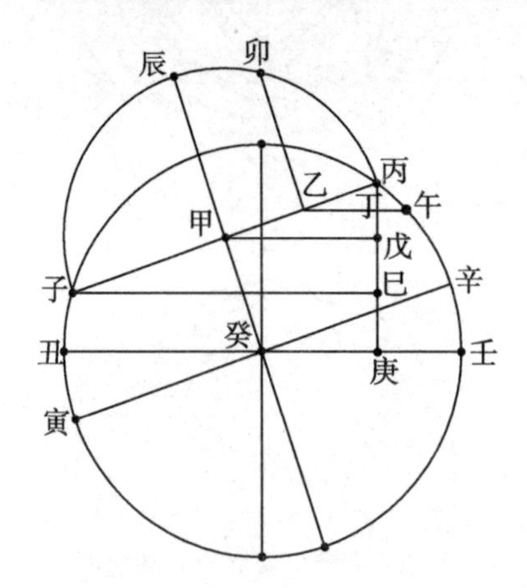

图 3-8　简平仪上点和线

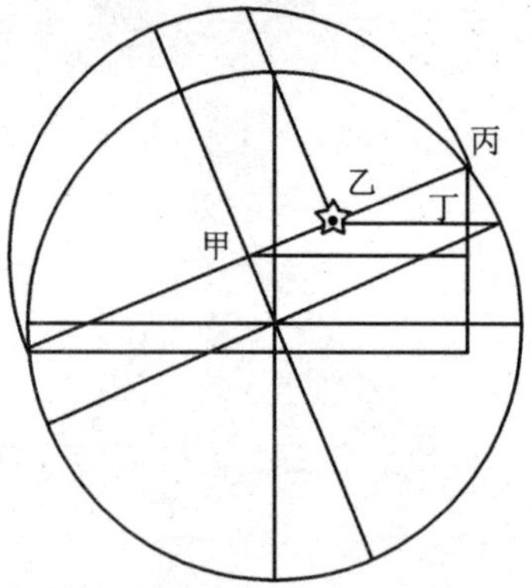

图 3-9　算黄道北恒星纬度图(a)

"算恒星赤道纬度以右法为例,若各星躔度不同,即加减法亦异.今为六图略率论次如左:凡星距黄道北,其纬度在二十三度三十一分三十秒以内,其黄道经度自春分起至秋分止.用第一图推算.或星距黄道南亦在二十三度三十一分三十秒以内,而经度过秋分至春分止者同."汤若望给出的第一图如图 3-9 所示.

"凡星距黄道北过二十三度三十一分三十秒,而不过六十六度二十八分三十秒,其黄道经度自春分至秋分用第二图推算.若星距黄道南过二十三度三十一分三十秒又不过六十六度二十八分三十秒,而过气氛至春分者同."汤若望给出的第二图如图 3-10 所示.

"凡星在黄道北,其纬度过六十六度二十八分三十秒,经度自春分至秋分用第三图推算.若在黄道南纬度同前而经度自秋分至春分亦用三图,为两至距赤度星距黄度并之.过九十度而丙庚正弦亦不在癸辛象限之内故."汤若望给出的第三图如图 3-11 所示.

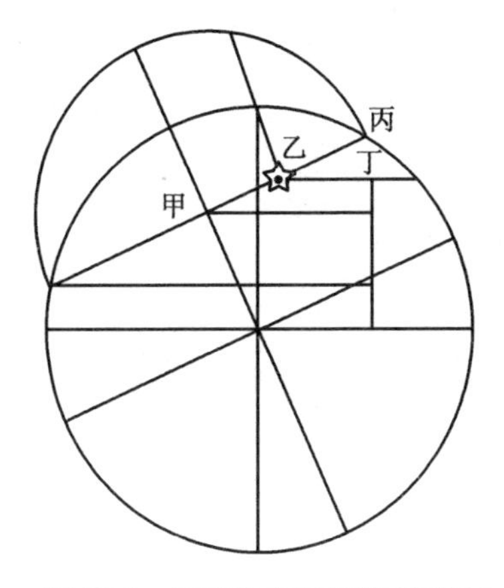

图 3-10　算黄道北恒星纬度图(b)

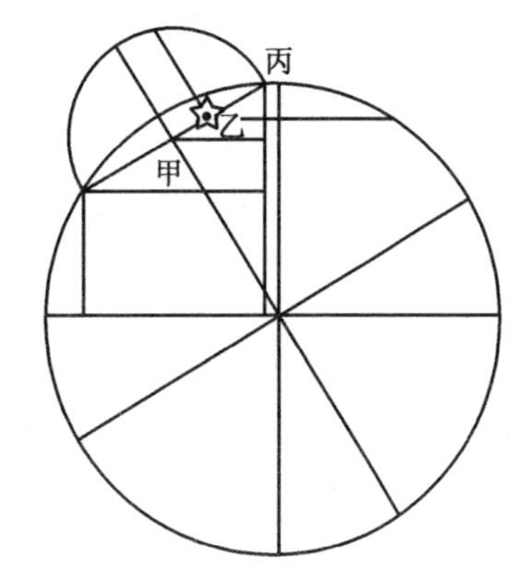

图 3-11　算黄道北恒星纬度图(c)

"凡星距黄道南二十三度三十一分三十秒以内,而经度自春分至秋分用第四图.若星距黄道北亦二十三度三十一分三十秒以内,而经度自秋分至春分者同."汤若望给出的第四图如图 3-12 所示.

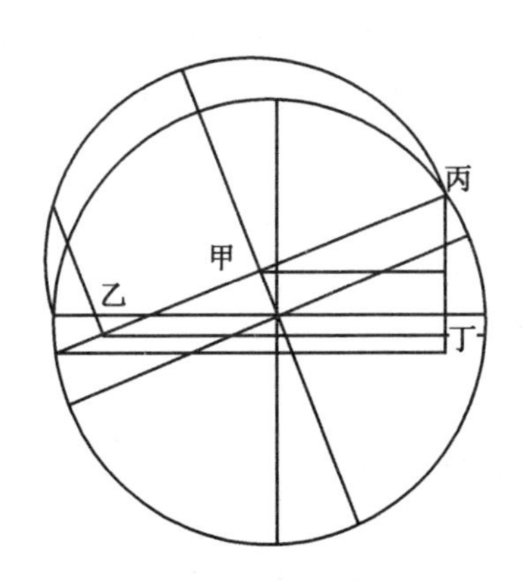

图 3-12　算黄道南恒星纬度图(a)

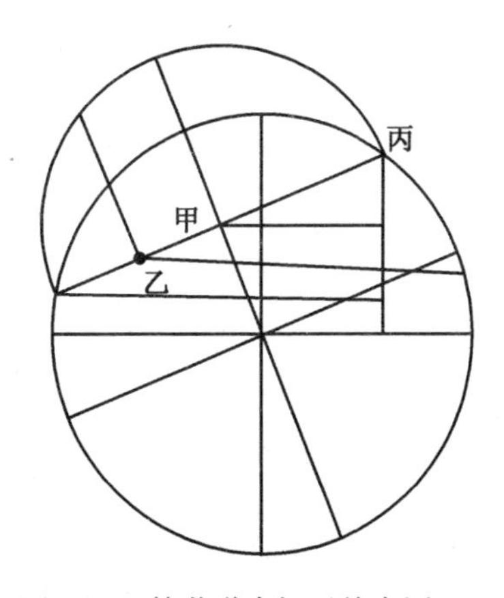

图 3-13　算黄道南恒星纬度图(b)

"凡星距黄道南过二十三度三十一分三十秒,而不过六十六度二十八分三十秒.其经度自春分至秋分用第五图.若星距黄道北纬度同上,而经度反过秋分至春分亦用第五图."汤若望给出的第五图如图 3-13 所示.

"凡星距黄道南过六十六度二十八分三十秒,其经度自春分至秋分用第六图.若星距黄道北纬度同前而经度自秋分至春分,即壬丙总弧过九十度亦用六图.总之,星距黄道之弧,任在南在北,其与黄赤距弧于图右推算,即相加于图左推算，即相减为恒法也.”汤若望给出的第六图如图 3-14 所示.

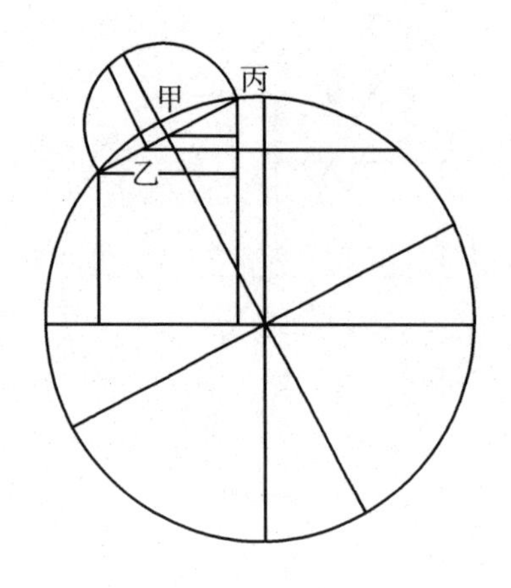

图 3-14　算黄道南恒星纬度图(c)

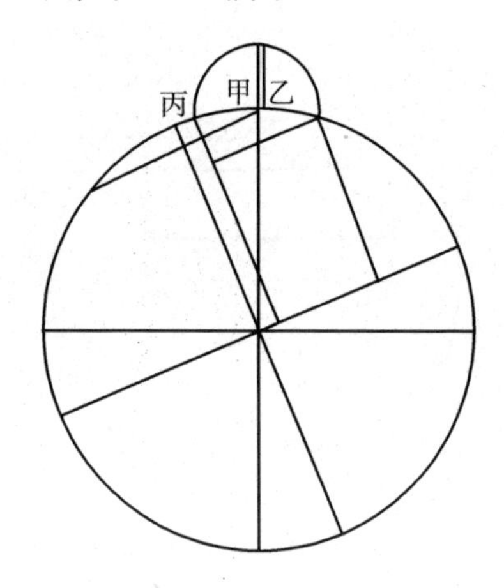

图 3-15　算恒星经度图

用简平仪来求星之赤道经度法是:“用简平仪与前求纬法同.今所求者为辰卯弧，而先得者赤道二纬度，故三角形之底线与黄道平行，星纬弧与两道距弧在图之左即相加，在图之右即相减.如图乙为勾陈大星，其黄道纬度六十六度二分.其先得之赤道纬甲癸八十七度一十九分.辛壬为黄赤距弧，以加赤道纬度弧壬丙得辛丙，总弧其通余弧丙寅之正弦，为丙庚也.又因星在图之右，应以星纬弧两道距弧相减得寅子弧，其正弦为子未或巳更，以减丙庚正弦余为丙巳，半之存为丙戊.今本星黄道纬弧为辛午，其弦为丁庚，以减丙庚正弦得丙丁.因以丙戊为第一率，丙甲全数为第二，并圩堤第三，得丙乙弦，去其首位存为甲乙弦所对辰卯弧，即本星之赤道经度.”汤若望给出的图如图 3-15 所示.

由此看出，汤若望在这里也给出了如前面利玛窦介绍过的球面平行正投影.但这里的说明明显比前面更为确切和清晰，内容也更多.它不仅说明了赤道大圈和黄道大圈的投影为直线段，而且还说明了距等小圈的投影也为直线段，还指出了球上圆弧的投影也为直线段等.

汤若望的球面平行正投影来源于哪里？不清楚.我们先从其使用的方法开始分析.在这里汤若望命名其为简平仪法，并且在题目后面紧接着给出了简平仪的描述.而简平仪是熊三拔到中国后创造的，名称也是那个时候熊三拔、利玛窦和徐光启等人才定的.由此，我们推测其一定受到了熊三拔和徐光启等人的启发.然后，其方法很可能是根据西方天文学中的利用 Analemma 法来求太阳高度的方法创造的.

但是，我们也不否认其有直接的西方来源，因为在西方天文活动中常有利用"曷捺愣马"法来进行天文计算的①. 在西方古代有，在西方中世纪更有. 我们翻阅克拉维乌斯神父的著作，在他的《晷针十书》中就有多处使用这种方法，比如在 145 页，他的用法是这样的：

Sint igitur eaedem figure, quae in praecedenti propos, ponaturq; Sol in puncto O, in suo parallelo, ducaturq; ex O, ad K, L, diam etrum paralleti perpendicularis OR, & per R, diametro Horizontis AC, parallela agatur secans KN, sinum altitulinis mecidimae in T. Erit OR, communis section paralleli Solis, & paralleli Horizontis, in quo existit tempore obseruationis. Quia enim vterqi parallelus ad Meridianum rectus est, erit quoq; communis eorum section ad eundem recta, & ob id per desin. 3. lib. II. Euclidis, ad rectam KL, perpendicularis, cum igitur tunc Sol in communis section dictorum parallelorum. Quare parallelus Horizontis per centrum Solis tunc ductus secabit Meridianam in R, ac proide parallela RT, communis section erit Meridiani & paralleli Horizontis. Meridianus enim in Horizonte & eius parallelo quo cunq; facit duas sectiones parallelas. Erit ergo TN, sinus rectus altitudinis Solis, hoc est, illius arcus,...

这段话意思是：用图形表示将优于命题叙述. 太阳在 O 点，以 KL 为直径过 O、K、L 三点画出恒星所在的距等圈. 在这个圆圈内作垂线 OR，垂足为 R. KN 垂直地平圈直径为 AC，太阳在 T 点. 因为 OR 在太阳所在的水平正交的截面上，通过 OR 可估计观测到的太阳的时刻. 过 R 点平行水平线作 RT 直线，这是平行水平圈和子午线之交的一个距等圈的直径. TN 为太阳的高度……

这里给出的图形如图 3-16、3-17 所示.（原图不清，故另画）②

① 见托勒玫、哥白尼和开普勒的天文书籍. 在他们的书中甚至还使用了类似简平仪的图形. 具体见 Hutchins Robert Maynard. Great books of the western world(V16)[M]. Chicago: Encyclopedia Britannica, Inc., 1980:531,624,636,658.

② Clavius C. Gnomonices libri octo[M]. Romae: Apud Franciscum Zannettum, 1581: 145—146. 原书图形不能复印，只好另绘.

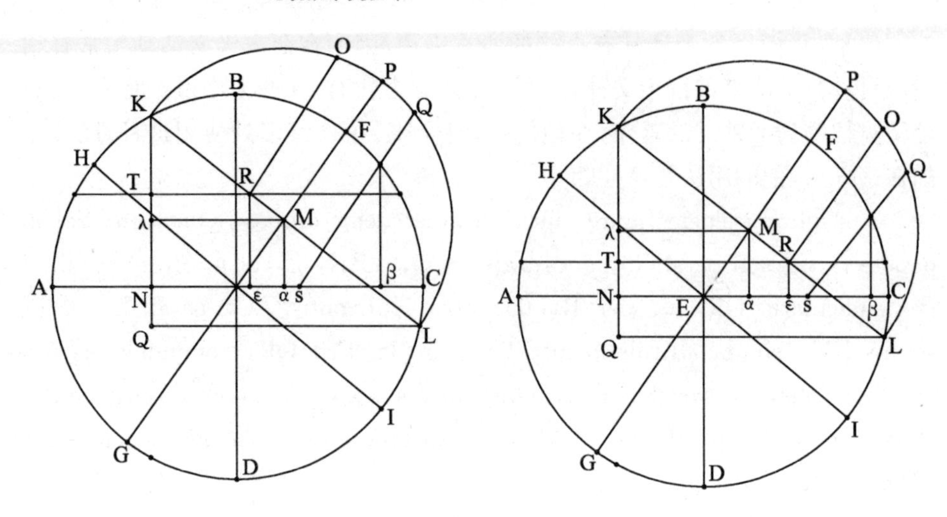

图 3-16　求恒星纬度(a)　　　　图 3-17　求恒星纬度(b)

在克拉维乌斯神父的《论星盘》中,作者给出了更为详细的说明和使用. 比如在 584 页,他给出的说明是:

Scholium: Ex Analemmate duobus modis declinationem cuiusuis puncti Ecliptica inuestigabimus. Priore sit. Ducta recta AB, describatur ex A, arcus circuli CD, quolibet interualio, in quo sumatur arcus maxime doclinationis CD, hoc est, constitutur anguius CAD, maxima declinationis. Demissa deinde ex D, ad AB, terpendiculari DE, describatur ex E, per D, quadrans circuli DB. Si igitur a puncti B, Numerentur vsque ad F, gradus, quibus datum Ecliptica punctum a proximo aquinoctij puncto abest, demittaiur que ad DE, perpendicularis FG, vel ipse BA, parallela, secan arcum CD, in H; erit CH, arcus declimationis dati puncti. Cum enim in Lemmate 18. demonstratum sit, sse sinum totum ad sinum maximi declinationis, vt est sinus arcus a proximo aquinoctij puncto nunicrati ad sinum declinationis puncti actum arcum terminantis, liquido consiat, arcum CH, metiri declinationem puncti, quod tano arcu Eclptica a prximo aquinoctio abest, quantus est arcus BF, rispectusm circuli. Nam cum sit, vt ED, sinus totus circuli BD, ad EG, sinus arcus EF, emsdem circuli, ita ED, sinus maxima declinationis circuli CD, ad EG, sinum arcus CH, eiusdem circuli : sit autem ex lemmate 5. vt ED, sinus totus ad EG, sinum arcus BF, ita sinus totus Ecliptica ad sinum arcus, Qui arcui BF, sinus est; erit quoque, vt sinus totus Ecliptica ad sinum arcus, quo datum punctum a proximo aquinoctio recedit, ita ED, sinus maxim declinationis ad EG, sinum declinationis CH;'Et permutando, vt sinus totus Ecliptica ad sinum maxim declinationis, ita sinus distantie puncti dati a proximo aquinoctio ad sinum EG. Ex quo colligitur, EG, esse sinum declinationis dati puncti, atque idcirci arcum CH, declinationem ipsem metiri. Hic porro modus a priore ratione, qua in Lemmate 19, parallelos Solis in Analemmate descripsimus, non differt, nisi quod hic integri circuli descripti non sint. Nam seder ACD, huius figura refert sectorem Analemmatis EHM, in Lemmate 19. & quadrans BD, quadrantem SM. Immo in eodem Lemmate 19. documus quoque ad sinem, quaratione ex Anlaemmate declinatio cuiusuis puncti Ecliptica inuestigani sit. Quare eo lectorem remittendum censeo, vt hac, que hoc locotra duntur, plenius intelligantur...

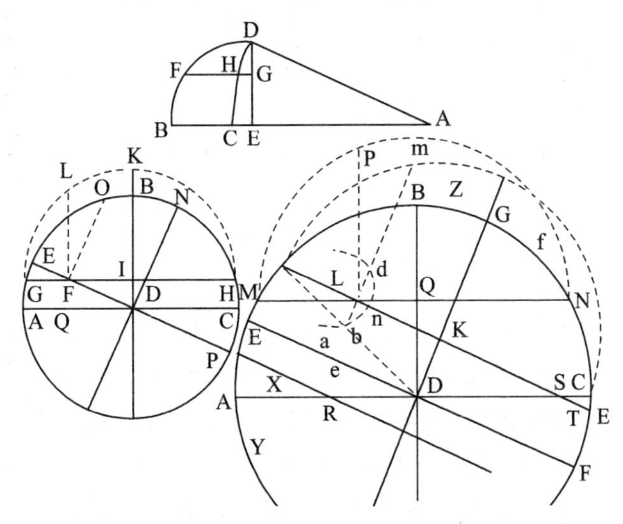

图 3-18 《论星盘》中插图

这里给出的图形如图 3-18 所示.①

还有在克拉维乌斯神父更早出版的一本书《论计时器》(*Horologiorum*)中也使用了这种方法,比如在 207 页:

① Clavius C. Astrolabium[M]. Romae: Ex Typogrphia Gabiana, 1593:584—585.

Problema XV: Altitudinem solis, quecumque bora supra datum circulum maximum, cognisa altitudine poli supra ipsum, supputare.

Sit Meridianus proprius plani propositi ABCD, cuius centrum E; communis eius cum Meridiano section BD; Verticalis eiusdem primarij cum Meridiano section AC; altitudo poli sputa ipsum per problema 4. inuenta DK, axis mundi KL, Aequatoris diameier FG, paralleli cuiuscunque diameter HI, siue borealis is sit, siue australis; circa quam eius semicirculus deseriptus sit HMI; Distantia horae cuiusuis a proptio Meridiano HN, siue hora haec numeretur a mervel med. noc. siue ab or. Vel occ. Agatur per H, ipsi AC, parallela HQ, & IQ, ipsi BD, eritq; HV, sinus altitudinis meridianae; & QV, sinus depressionis meridianae; rota aute HQ, aggregatum dabit ex sinu altitudinis meridianae, & sinu meridianae depressionis. Ducta quoque recta RS, ipsi IQ, parallela, cum sit, vt HR, ad RI, aequalem, ita HS, ad SQ, erunt HS, SQ, semisses aggregati HQ. Ex hora N, demittatur ad HI, peerpendicularis ad NO, & per O, ipsi BD, parallela agatur OP, pro diametro paralleli Horizontis, vel plani propositi, per Solem in hora N, existentem tranteuntis; ita vt PV, sit sinus; altit udinis Solis, quem essiciemus cognitum hac ratione, vt etiam lib. I. Gnomon. propos. 36. ante inuentionem altitudinis Solis per triangular sphaerica docuimus.

这段话的意思是:子午线为 $ABCD$,其中心为 E. 地平线和子午线交于 BD,天定规和子午线交于 AC. 天球轴为 KL,赤道直径为 FG,其距等圈直径为 HI,这个距等圈或在赤道南面或在北面. 这个距等圈半圆为 HMI,时刻高度为 HN. 过 H 点平行 AC 作 HQ,同样平行 BD 作 IQ. HV 为地平线上面的高度,QV 为下面的高度,HQ 为整个高度. 作 RS 平行 IQ,使得 HR 等于 RI,HS 等于 SQ,即中截 HQ. 从时刻点 N 在正交半圆内向 HI 作垂线 NO,垂足为 O. 过 O 点作 BD 的平行线 OP,PV 为太阳的高度.

这里作者给出的图形如图 3-19 所示. ①

① Clavius C. Horologiorvm: nova descriptio[M]. Romae: Apud Aloysium Zannettum, 1599:207—208.

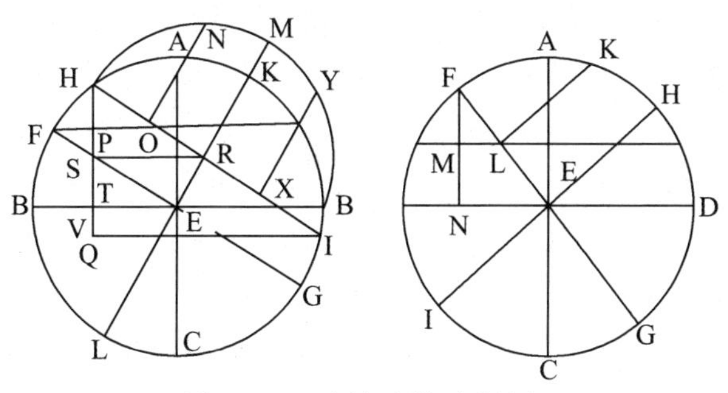

图 3-19 《论计时器》中插图

由此看来,简平仪法在西方文艺复兴时期已经是一种在天文学研究中常用的方法.这样,汤若望从西方文献中直接借鉴这种方法到他的书中也很有可能.比较汤若望和克拉维乌斯神父书中的图形和应用,它们非常相似,这样汤若望在撰写《恒星历指》时直接参考了克拉维乌斯神父的书籍也是很有可能的,毕竟当时传入中国的西方天文学书籍并不十分丰富.而汤若望作为当时在北京地位最高的西方传教士之一,能看到利玛窦留下来的克拉维乌斯神父的书又是很容易的.

§3.3 汤若望传入的中心投影

《恒星历指》第三卷的第二部分是"以度数图星像第二",其中包含"平浑仪义"、"总星图义"、"斜圈图圆义"共三章.在"平浑仪义"里面汤若望说:"古之作者,造浑天仪以准天体以拟天行,其来尚矣.后世增修遁进,乃有凭作图为平浑仪者.形体不甚合而数理甚合.为其地平圈地平距等圈及过天顶横截之弧,与天,夫黄赤二道黄赤距等圈,及过两极横截之弧.皆确应天象,故以此言天.特为著明,能毕显诸星之经纬度数也.历家称为至公至便超绝众器,今详其应用多端,不后于浑仪.其要约简易,则胜浑仪,且浑仪所用大环,欲其丝毫不爽,势不可得,未若平面之直线当一环,圆界当一环.直者必直,圆者必圆,无可以疑也.然论其本原.即又从浑仪出.何者?凡于平面图物体,若依体之一面绘之,定不合于全体,必依视学.以物影图物体或圆或方,或长或短,各用其远近明暗斜直之比例,则像在平面.俨然物之元体矣.但光体变迁,出光之处无数,则所做影亦无数.而受影之半面有正有偏,则影之变态又无数.故视学家分为二品.一为有法物像,一为无法物像(以可用为有法,不则无法).今论浑仪之影能生平仪,义本于此.必求平面之上,能为实用,可显诸曜之度数以资推算者则为有法.而于诸无法像中,择其有法者特有三:一、设光于最远处,照浑仪,正对春分或秋分,则极至交圈为平面之圆界,以面受影,即显赤道及其距等圈皆如直线.而各过极经圈皆为曲线之弧,此有法之第一仪也.次设光切南极,则赤道为平面之圆界,诸赤道距等圈皆作平面上圆形.而极至交圈,又如直线,此为有法之第二仪也.又次设光切春分或秋分,在极分圈与赤道之交,则亦以极至交圈为平面圆界,以面受影,即赤道与极分交圈为直线,而其余皆为曲线之弧,此有法之第三仪也.今绘星图惟用第二仪,次则第三,以其正对恒星之度.其第一仪不用也,为是平浑所须,并论之."

由此看出,汤若望在这里讨论了研究天体使用几何投影点的作用和必要性,论述了几何投影的分类,从而阐明了研究天文学使用几何投影的意义以及几何投影的原理.为后面具体几何投影的介绍和相应画法几何的讨论打下了基础.

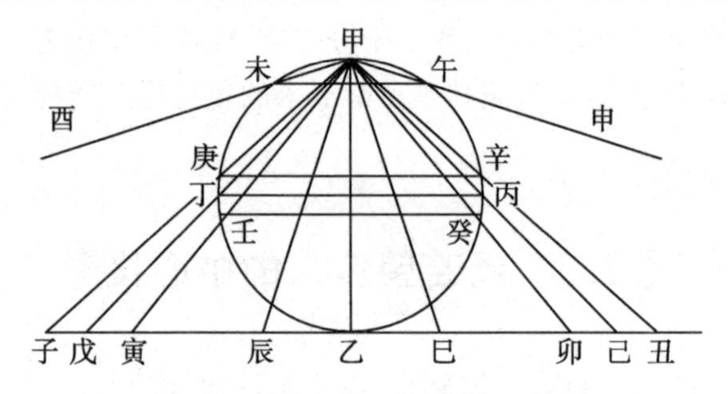

图 3-20 球极方位投影图(a)

"平浑仪义"后面是"总星图义",在这里作者说:"设浑仪,以北极抵立平面,其轴线为平面之垂线,有光或目,切南极正之.仪上设点,其影或像必径射于平面,即北极居中,设点去北极渐远者,其在平面之两距亦渐远,乃至南极,则为无穷影,终不及于平面矣.又平面之上,北极所居点,为过两极轴线之影,为浑仪众圈之心.平面上诸赤道距等圈,离此愈远,即其影愈宽大.至近南极者则平面无可容之地也.假有浑仪为甲丙乙丁(如图 3-20 所示,原图不清,故另画),甲为南极乙为北极.以乙极抵丑乙子平面,有光或目在甲极.先照近北极之圈辰巳.即其影自巳迄辰为本圈之全径.因以乙为心,巳辰为界,即平面作圈,准浑仪之实环也.又照夏至圈癸壬之圆界,其影至卯寅,即以卯寅为径.次照赤道圈内丙丁之圆,影至巳戊.以己戊为径.各如前作圈,各得准其本环.次有冬至圈辛庚,虽近甲南极小于赤道之丙丁圈,而影在平面为丑子,反大于赤道影巳戊.盖乙甲丑角大于乙甲己角故也.若至午未南极圈,其影在平面更远,而终竟可至.惟甲南极为左右直影与子丑平行,终不至于平面也.今作星图不用两至两极圈,独用赤道之左右度分.度分近乙北极,即平面上影相距亦愈近,远亦愈远.经度既尔,纬度依然.盖经度从心向外出线,其左右各侣线,愈远心相距亦愈广.纬度从心向外作圈,其内外各侣圈愈远心,相距亦愈宽也.问经度远心即愈广易见矣,何以知星之纬度在平仪上愈远心相距愈宽乎?曰以几何证之.设有甲乙丙丁圈(如图 3-21 所示,原图不清,故另画),以全径甲丙抵戊己平面为垂线.若平分圈界如一十二,从甲出直线各过所分圈界,至戊巳庚辛平面上各点.得戊庚宽于庚辛面,庚辛又宽于辛壬,余线尽然.盖从甲出各侣线至平面,以各底线连之,其各腰与各底为比例,则甲庚与庚辛,若甲壬与壬辛也.今甲庚大于甲壬,则庚辛必大于辛壬.试以丙为心,作壬辛庚三侣圈,其在仪各所分圈界,则为距等.而壬辛之相距与辛庚之相距,广狭大异矣.依次作图,则去心远者,各所限经纬度,渐展渐大,于近心者不等.而经纬度之比例恒等.即所绘星之体势与天象恒等.不然者,经度渐展纬度平分,依经纬即失体势,依体势即失经纬.乖违甚也."

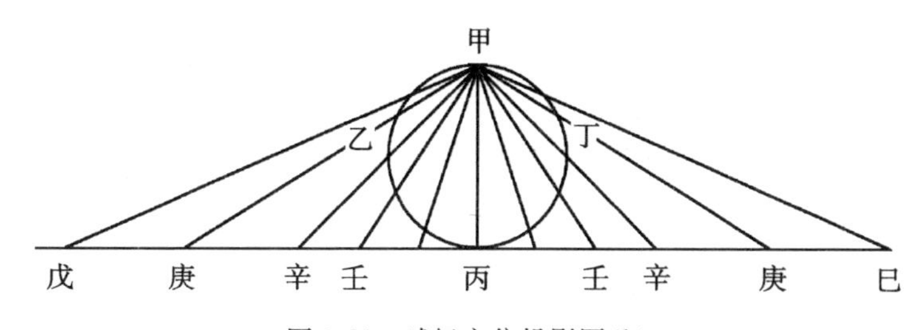

图 3-21 球极方位投影图(b)

由此看出,汤若望在这里清楚地说明了球极方位投影的建立和构成,介绍了球极方位投影的特点和性质——其投影出的图形近投影点密远者疏,但其比例是一致的,在比例上和实际情况符合.并且对于上述性质给出了严格的证明.这是画法几何的基础,唯有证明了投影的性质才能建立起逻辑的画法几何知识系统.

这一章第三部分是"斜圈圆面义".在这里作者说:"浑仪诸圈,有正有斜.正者如赤道圈赤道距等圈及诸过极经圈也.斜者如黄道圈、地平圈及其各距等圈也.以视法作为平面图,设照本在南极.则正受照之圈影至平面,必成圈形,或直线,如前说矣.若斜受照之圈,其影在平面当作何形像乎?此当用角体之理明之.按量体法中论角体有正角,有斜角,两者皆以平面为底,皆以平圆面为底,皆以从顶至底心之直线为轴线,其为正与斜,则以垂线分之,若自角下垂线至底与轴线为一,如第一图(如图 3-22 所示,原图不清,故另画),甲乙垂线即甲乙丙丁戊角形之轴线,则甲丙乙丁戊为正角体.若两线相离,如第二图(如图 3-23 所示,原图不清,故另画),甲巳为轴线,甲乙为出线,则甲丙戊庚丁为斜角体也.更以斜角体上下反截(两三角形相似)之,为甲辛壬小角体.依斜角体之本理,则小体之底与大体之底相似,不得不成圆形.今欲推黄道等斜圈,不能正受照本之光,则于平仪面所显何像,法依第二图斜角体图,以甲当南极照本之点,壬辛为浑仪上斜圈.丙戊庚为平面上斜圈之影,次用三图证为圆形焉."

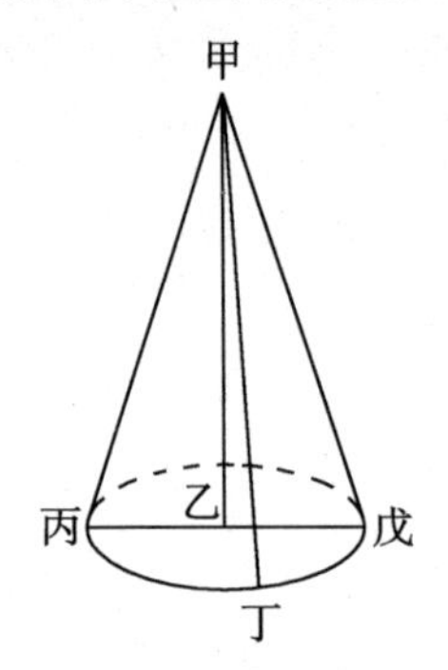

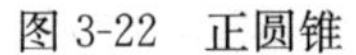
图 3-22 正圆锥

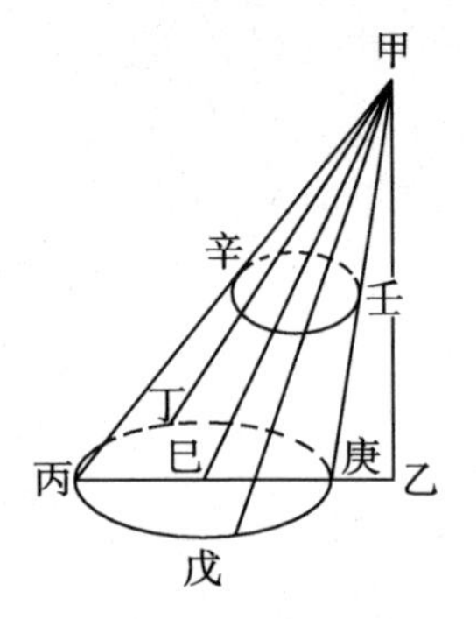

图 3-23 斜圆锥

"假如甲乙丙为极至交圈(如图 3-24 所示).甲当南极为照本之点.斜受光之圈为乙丁.从甲照之,过乙丁边直射至巳戊平面,为甲巳、甲戊两线,即得甲巳戊及甲乙丁,皆直线三角形,此为浑仪平面形之体势.以角体法论之,巳戊为乙丁圆圈之影,即甲巳戊为全角体,而甲乙丁其反截之小角体矣.又甲丙垂线非甲庚线,即甲巳戊为斜角体,而巳戊其底自与甲乙丁小角体,其底乙丁各相似也."

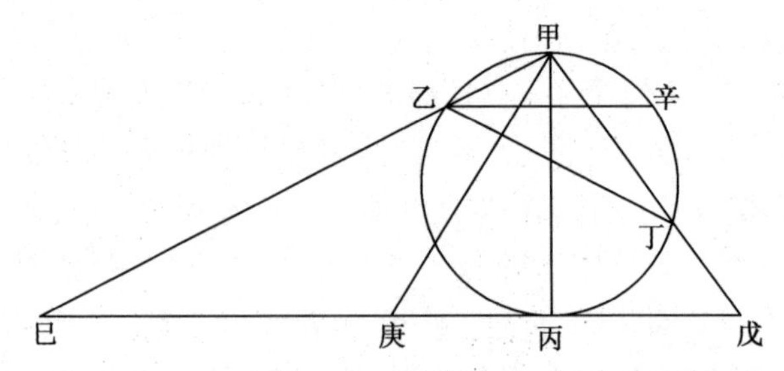

图 3-24 斜圆投影图

"问反截之角体与平面所得三角形何云两相似乎?凡相似三角形必三角各相等,三边各比例各相等,此有诸乎?曰:'有之'.甲为共角,从乙作直线至辛,与巳戊平行,即甲丙之垂线,而甲乙辛角与甲巳戊角俱在平行线上必等.又甲乙辛、甲丁乙俱在界乘圈之角，而所乘之甲乙、甲辛两弧等. 即两角必等. 而甲乙丁与甲巳戊两角亦等. 其余角甲乙丁及甲巳戊亦等. 则乙丁小角体之底与其所照平面上之巳戊必相似也. 凡斜圈之弧，近于照本，其影必长，距远则短. 如从南极照黄道斜圈，其半弧乙在赤道南，近甲（如图 3-25 所示）. 即甲巳必长于甲戊. 然分较之，虽南影长于北影. 合较之，则平面上圆形不失黄道之圆形矣.”

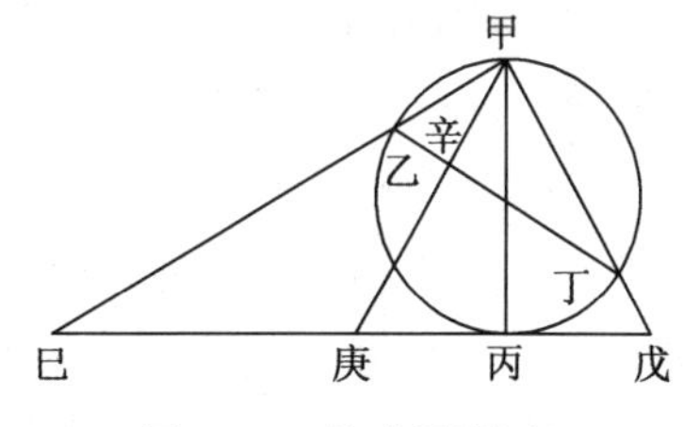

图 3-25　黄道投影图

“问以视法图黄道即为圆形，从何知其心乎？曰从照本之点出直线，为斜圈径之垂线，引至平面，则黄道之心也. 盖本图大小三角形即相似，而甲丙与甲庚两线又相离，即各分为两三角形，各相似. 其甲丙戊与甲丙巳一偶也. 甲辛乙与甲辛丁，一偶也. 是以甲巳庚角与巳甲庚角等. 而甲庚线与庚巳线亦等. 又甲戊庚角与戊甲庚角等. 何者？因前图得巳角与丁角亦等. 此图得丁角与乙甲辛角等，即巳角与乙甲辛角亦等，因得乙戊两角等. 又得乙角与庚甲戊角等，即戊角与庚甲戊角亦等，而戊庚与甲庚两线亦等，因得戊庚与庚巳两线等，而庚为巳戊径之心.”

由上可知，汤若望在这里主要阐述了球面上各种圆在球极方位投影下的形状，指出了和赤道平行的圆的投影都是圆形，过两极的经线圈的投影都是直线，而球面上不与赤道平行的也不是经线圈的圆也就是斜圆的投影也都是圆形. 对于球面上的斜圆为什么在球极投影下依然保持本性，这里作者给出了详细的说明. 其从阿波罗尼奥斯已证明的后来大家都熟悉的一个圆锥曲线的性质说起①，采用分析法一步步推出，不仅合乎逻辑，而且叙述方法清晰明了. 最后其还通过证明指出了球面斜圆投影的圆心在哪里. 这样再加上前面其指出的斜圆投影的界限如何寻找，就为准确地绘制斜圆的投影确定了方向，为更好地理解天球投影也打下了基础，所以这一步很重要. 还有汤若望这里明确使用了投影点和投影平面，只是在这里投影点叫做“照本”.

《恒星历指》第三卷第三章是“绘总星图第三”. 在此部分开头作者说：“古法绘制星图以恒见圈为紫微垣，以恒隐界为总星图之界，过此南偏之星不复有图

① Appollonius. Conics[G]//Hutchins R M. Great books of the western world(V11). Chicago: Encyclopedia Britannica, Inc., 1980:607,608.

矣.西历因恒见圈南北随地不同,又渐次不同,故以两极为心,以赤道为界,平分为南北二图以全括浑天可见之星.此两法所繇异也.”然后给出了三种星图.

“赤道平分南北二总星图:以规器作赤道圈,即本图之外界也,纵横作十字二径,平分为四象限,限各九十.又三分之,分各三十.又五分之,分各六.又六分之,分各一.此为全周天三百六十度矣.次从心至界上,依度数引直线为各经度.其作纬度有二法.一用几何,则依界上经度,于横径之左定尺,于横径之右,上下游移之,每得一界限度,即与直径上作识.则直径上下所得度与界限度各相应.而疏密不等.经纬相称矣.用数则依切线.求界限度之相当数,以规器取之.若表中求十一度,即径上下得二十度,表中求二十,径上下得四十,所得比所求恒多一倍也.”

“假如欲依界限度以分径,如第一图(如图 3-26 所示,原图不清,故另画),甲乙丙丁为赤道.所分径为甲丙.于乙上定尺,从右径末丁,向上移尺,至一十二等限,于甲丙径上作戊巳等一十二诸识.各识愈离心,其侣距愈远矣.若以数分之,依第二图(如图 3-27 所示,原图不清,故另画).如求四十度癸庚,则表中查二十度之切线相当数,为三十六.用规器向庚辛直线取庚子三十六,移至甲乙径上,自中心乙至巳,为三十六,即得四十度矣.盖以丁为心,作乙丙象弧.其半弧乙壬之切线为平面之半径甲乙,即乙巳为二十度弧乙戊之切线.若引丁戊割线至庚,则癸庚得四十度,与前法合也.”

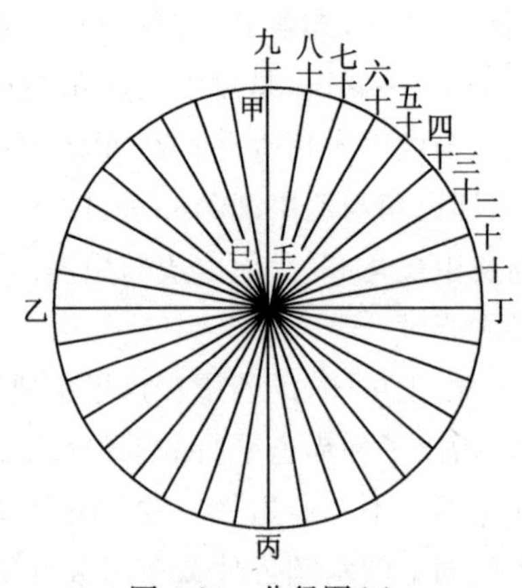

图 3-26 分径图(a)

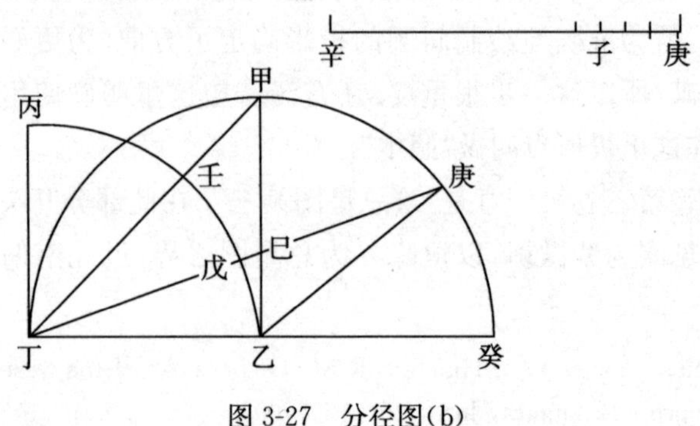

图 3-27 分径图(b)

“见界总星图：见界总星图者，以北极为心，以恒隐圈为界，此巫咸甘石以来相传旧法也. 然两极出入地平随地各异，而旧图恒见恒隐各三十六度. 三十六度者嵩高之地北极出地度耳. 自是而南江淮间可见之星本图无有也. 更南闽粤黔滇可见之星，本图更无有也. 则此为嵩高见界总图，而非各省直之见界总图也. 又赤道为天之大圆，其左右距等侣圈以渐加小，至两极各一点耳. 于平面作图而平分纬度，自极至于赤道纬度恒平分. 而经度渐广，广袤不合，即与天象不合. 向所谓得之经纬失之形式，得之形式失之经纬也. 况过赤道以南，其距等纬圈宜小而愈大，其经度宜翕而愈张. 若复平分纬度，即不称愈甚. 其相失亦愈甚矣.”

“今依次作图，宜用滇南北极出地二十度为恒隐圈之半径，以其圈为隐见之界，则各省直所得见之星无不俱载. 可名为总星图矣. 又依前法为不等纬距度，向往渐宽，则经纬度广袤相称，而星形度数两不相失矣. 但前以赤道为界，设照本在南极，所求者止九十纬度，则所用切线半之，止四十五度至赤道止矣. 用为平图之半径，经纬度犹为甚广，足可相配. 若此图则否，其半径过赤道外尚七十度，并得一百六十度. 半之八十度. 从南极点出直线必割圆八十度，乃合于百六十度之切线也. 此其长比赤道内之半径，不啻五倍. 经纬皆愈出愈宽，以北近北极之度分. 大小殊绝矣. 如图(图 3-28)，甲为平图之心，乙为南极，甲丙为半径，亦即为四十五度甲戊弧之切线. 若从乙出直线割八十度之弧甲丁，然后与甲丙引长百六十度之线过于巳，其长于甲丙几及六倍也. 如是而依本法作图，若图幅少狭，即北度难分. 若北度加宽，即图广难用矣. 今改立一法. 设照本稍出南极之外，去极二十度，起一直线，以代乙巳，其与甲丙之引线不交于巳，而稍近丙. 以钦所求之度. 定平图之半径，则广狭大小皆适中矣. 但照本所居宜有定处. 去极远，则切线太促，不能分七十度之限. 太近，则半径过长，略同前说也. 今法如图(图 3-29)，甲为平圆之心. 欲其外界出丙巳壬赤道之外，远至七十度. 先求照本，随所照光图之. 作甲丙直线，去赤道径甲癸七十度正，次作乙丙垂线，为二十度之正弦. 次左丙丁线为二十度之切线. 令丁点在南极之外为照本. 则甲丙与乙丙，若丙丁与乙丁. 何者？甲乙丙、乙丙丁两三角

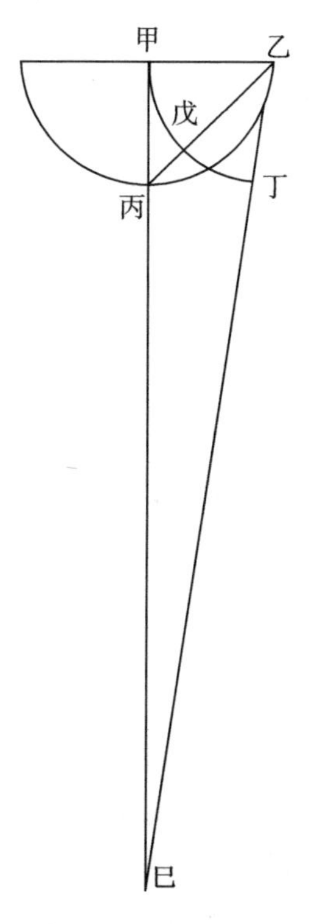

图 3-28　投影示意图

形相似故也.次引丁丙切线与甲癸之引长线过于辛.则辛点定百六十度之限,为平图之半径矣.次以纬度分甲辛线,恒令丁戊与戊巳,若丁甲与甲庚,则赤道内庚,分向北之纬度.赤道外庚分向南之纬度也.欲得各丁戊线,以加减取之,向南距度之正弦,以减甲丁割线得小丁戊,因得大甲庚.向北距度之正弦,以加甲丁割线得大丁戊,因得小甲庚也.盖正弦虽在癸巳左右,因甲戊其平行线,即与正弦等故.”

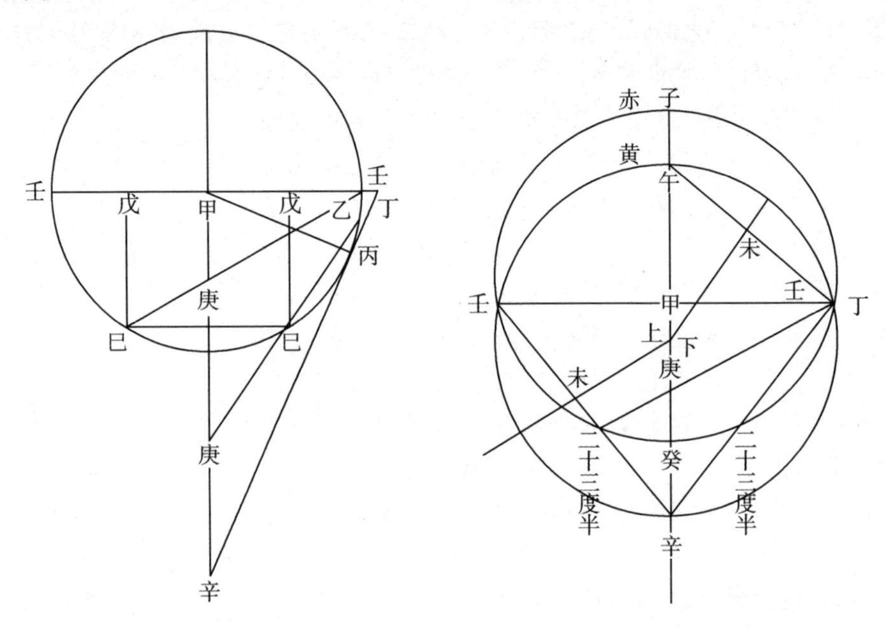

图 3-29　特殊中心投影　　　　图 3-30　特殊投影下黄道图

“问赤道纬度其内外广狭,既而不齐,则欲作黄道圈,用何法乎?曰:此因照本不切南极,以照黄道斜圈之边,不能为直角即不能为轴边之心,而有二心.故其影不能为正圆,而微成椭圆,与前南北平分总星图稍异法也.当于甲辛径上,从赤道向内数黄赤距二十三度三十一分十〇秒,若所得为子午,即作午壬直线,平分之于未,从未出垂线,向甲辛径上,得黄道向北半圈之心,为下庚.而其边依纬度之狭则小,次于赤道外自癸至辛,数得二道距度如前,求得黄道向南半圈之心为上庚,其边因纬度之宽则大也.”作者给出的图形,如图 3-30 所示.

“绘总星图第三”中第三小部分是“极至交圈平分左右二总星图”.在这里作者说:“前分有法物像三仪其第一照本在最远者,星图所不用.其用者第二第三也.第二照本在南极,以赤道圈为平面界.则前说赤道平分二图是巳.第三照本在二分，以极至交圈为平面界，今解之. 设照本切春分，即用所照平面之心准秋分. 以极至交圈为界，赤道圈、极分交圈则为直线(如图 3-31 所示). 诸赤道距等圈、诸过极经圈则为曲线之弧(如图 3-32 所示). 以此定经纬度及半天恒星之方位也. 又设照本切秋分，则以春分为心. 其余圈影皆同上，可定其余半天恒星之方位矣. 图法，先作极至交圈为图界. 假设甲乙丙丁圈为赤道，平分三百六十度，借丙点为赤道与极分圈之交. 从丙向巳庚等边界引直线过乙丁径，作辛乙等识，即各过极圈之径度限也. 次即用甲乙丙丁圈为极至交圈. 甲辛丙、甲壬丙等过极径圈之弧，可定恒星之赤道经度矣. 次欲作赤道距等圈. 先假设甲乙丙丁为极分交圈. 借乙点为赤道与极分圈之交. 从乙向巳庚等边界引直线过甲丙径上，作辛壬等识. 即各赤道距等圈之纬度限也. 次即用甲乙丙丁为极至交圈，则巳辛、庚壬等皆赤道距等之弧. 而丁戊乙为赤道. 可定恒星之赤道纬度也. 若欲以黄道为心，作图，则以乙丁线当黄道. 甲丙为黄道之两极，而乙丁上下距等圈之弧，皆可定恒星之黄道纬度. 平面界圈亦为黄道极之经度圈. 如前所作赤道平分二图，皆改赤道极为黄道极，赤道面为黄道面，皆可定恒星之黄道经纬度也."

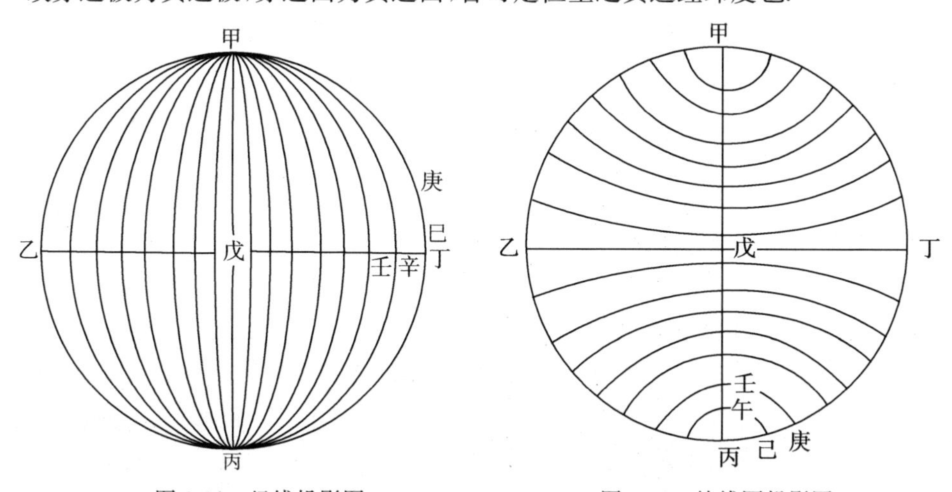

图 3-31　经线投影图　　　　图 3-32　纬线圈投影图

由上看出，汤若望在第三章里主要介绍了三种星图:《赤道平分南北二总星图》、《见界总星图》和《极至交圈平分左右二总星图》. 不仅介绍了它们的应用，而且还详细地阐述了其各自的绘制方法，并给出了详细的步骤. 比如在绘制赤道南北总星图的时候要先用圆规绘制出赤道大圆，然后平分三百六十份，然后绘制经度线，再然后绘制纬度线，确定星等. 绘图方法非常清晰和合乎逻辑.

对于绘制《赤道南北二总星图》，汤若望给出的经度画法明白无误. 对于纬度画法——共两种,后面一种也容易看出是正确的,前一种是否也是正确的?这里汤若望阐述的不是很明白.其实答案是肯定的.我们可以验证.

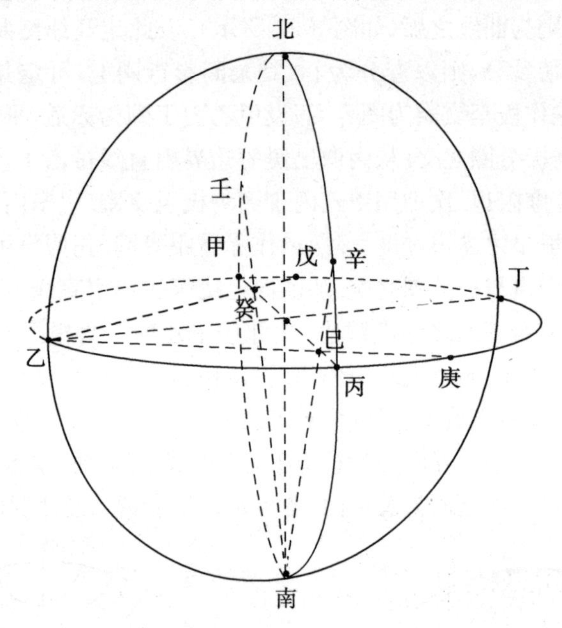

图 3-33　天球示意图

如图 3-33 所示,因为甲乙丙丁大圆和北甲南丙大圆全等,其中相对应位置上的线段和角度也相等.这样如果丙庚弧与丙辛弧相等,那么连接南、辛两点的直线与直径甲丙的交点,和连接乙、庚的连线与甲丙的交点应该是同一个点——巳.同样,如果甲戊与甲壬两个弧度相等,则乙戊、甲丙、南壬三条直线交于一点——癸.所以,要确定壬、辛的纬度在赤道面上的投影点,就可以在赤道圈上找到两个经度数分别和它们的纬度数相等的点戊、庚.然后连接乙戊和乙庚,由此找出投影点癸和巳.

在阐述《见界总星图》时,汤若望不仅说明了《见界总星图》该如何绘制,而且还更清晰地绘制介绍了一种新的投影——投影点稍出南极的中心透视投影,并介绍了这种新的投影的使用和特点.在这里,作者说在这种投影下球面上黄道一类的斜圆不再是正圆,而是"微成椭圆",这是完全正确的.只是这里作者给出的绘制黄道的方法是有问题的,试想两个不同半径的圆弧拼接起来怎么是一个椭圆呢?这里显然是一个近似画法.

"极至交圈平分左右二总星图"是另外一种天球投影星图,其将投影点放在了春分或秋分点. 这种投影下球面上的经线圈、纬线圈等的投影都和以前不一样了. 在这里汤若望也准确地介绍了它们的特点,并且也给出了这种投影星图的做法步骤. 只是对于投影下各自曲线的做法没有给出细致的说明,不知为什么. 也许这是备用的一种星图,作者并没有打算真正使用它.

因此,我们确定地说,汤若望于明朝末年传入了西方早期画法几何中的中心投影知识,其传入的中心投影主要是球极方位投影、投影点稍出南极的中心透视投影和投影点在分点的中心透视投影. 其传入的中心投影不仅有清楚的说明,而且还指出了其特点和用法. 其给出的画法不仅合乎逻辑、清晰,而且还基本上是正确的,所以其较系统地传入了西方早期关于天球的画法几何知识.

汤若望为什么要传入这些画法几何知识,这在本书的叙述中已比较清楚,就是为了改善中国的星图画法,介绍西方比较科学的天球画法等. 但汤若望传播的这些知识是从哪里来的呢? 找到其知识的来源,无疑对于汤若望的工作能有更深刻的理解.

汤若望在第二章给出证明球面上一个斜圆在球极投影下的投影是个正圆的时候使用了一个命题,即:斜圆锥上和底面反截的平面所截的曲线为正圆. 这个命题最早可见于阿波罗尼奥斯的《圆锥曲线论》. 该书第一卷的命题第五说:

"If an oblique cone is cut by a plane through the axis at right angles to the base, and is also cut by another plane on the one hand at right angles to the axial triangle, and on the other cutting off on the side of the vertex a triangle similar to the axial triangle and lying subcontrariwise, then the section is a circle, and let such a section be called subcontrary."

其证明方法也是先证明两个三角形相似,然后再证明曲线是圆形,并且最后还指出了哪条线段是直径,由此也就给出了圆心①. 这与汤若望的证明过程是一致的,只是汤若望在这里证明的并不完全. 所以,这里的证明思路和方法很可能采自阿波罗尼奥斯的《圆锥曲线论》.

不过,当时汤若望是否直接采自阿波罗尼奥斯的《圆锥曲线论》不好确定,在北图图书馆公布的书籍中未见有《圆锥曲线论》此书. 1596 年,利玛窦收到了克拉维乌斯神父的《论星盘》,此书中第 48 页的命题 XVII 是:

---

① Appollonius. Conics[G]//Hutchins R M. Great books of the western world(V11). Chicago: Encyclopedia Britannica, Inc., 1980:607,608.

SI conus scalenus secetur plano per axem, quod ad basem rectum sit, seceturque altero plano ad triangulum per axem a priore plano factum recto, quod triangulum ex triangulo per axem abscindat simile quidem ipsi triangulo per axem, subcontraric vero positum: sectio circulus est, cuius diameter est communis sectio trianguli per axem, & plani, quod ipsam sectionem in conica superficie effecit. Huiusmodi autem sectio vocetur subcontraria.

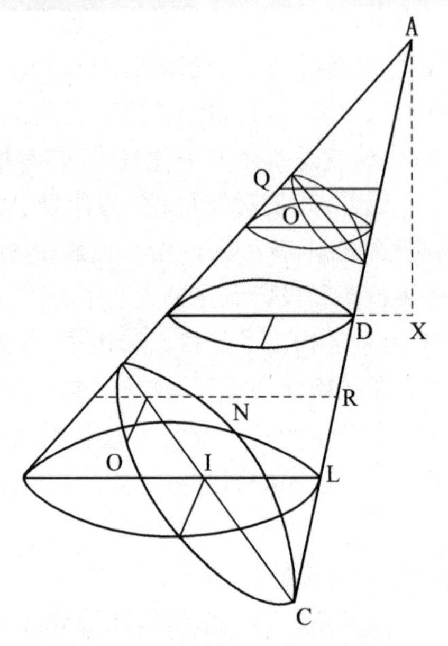

图 3-34 《论星盘》中斜圆锥图

其汉语意思为:如果一个斜圆锥(底面是一个椭圆),被一个平面沿着轴线与底面成直角所截,同时该圆锥也被另一个平面所截,第二个平面一方面与刚才的截面成直角,一方面在顶点一侧截出一个和轴三角形相似的三角形,那么截面是个圆.这个截面叫做反截面.

由此看出,这里的说法和上面的一致,并且其后面的证明和《圆锥曲线论》中的证明几乎一致,给出的图形如图 3-34 所示①.所以,我们认为当时汤若望很可能直接参考了克拉维乌斯的书,这是当时来到中国最早的关于曲线的证明.

§3.4 小　结

综上所述,明朝末年在利玛窦传入我国西方早期画法几何之后,又有多人传入了西方早期画法几何知识,有毕方济、邓玉函、罗雅谷、熊三拔和汤若望等人.熊三拔于 1610 年前创造了简平仪,后来又与徐光启共同完成了《简平仪说》一书,籍此其再次传入我国天球平行正投影知识.汤若望于 1631 年写成了《恒星历指》一书,其中首先给出了多个天球和测天仪器的平行投影图,介绍了西方轴测投影;之后又阐述了简平仪的用法,再次介绍了西方天文学中常用的平行

① Clavius C. Astrolabium [M]. Romae: Ex Typogrphia Gabiana, 1593:48—50.

正投影方法;不过这里他的介绍结合了实用,为画法几何的应用提供了更多信息.他介绍的这种方法很可能是其借鉴了西方相关知识之后创造的,其直接参考的书籍很可能是克拉维乌斯神父的《晷针十书》和《论计时器》.这之后,汤若望又介绍了西方早期的球极方位投影,不仅阐述了其特点和性质,而且还说明了原理,还利用圆锥曲线的性质证明了这种投影的保圆性.这之后,汤若望还介绍了一种特殊的中心投影,即是投影点在极点之外的投影.他还介绍了投影点在春分和秋分点的天球方位投影.汤若望之所以在这里介绍这些中心投影,主要是为了改革我国传统的星图画法.为了能更有助于星图的绘制,汤若望在这里不仅介绍了各种投影的性质,而且还详细地给出了中心投影下天球的画法,这些画法可验证基本上都是正确的,符合现代画法几何的规则.

第四章 李之藻和徐光启对西方画法几何知识的学习和实践

由前面可知，明朝末年西方几何投影和早期画法几何知识确系传入了我国，传入之后也为很多知识分子所知. 那么，我国知识分子有什么反应呢？由当时的记载可知，我国知识分子先是对此"惊奇不已"①，然后是对其进行了学习、研究和应用等. 如袁善等人研究了曷捺楞马法②，王英明研究了球极投影③等. 由此看来，中国知识分子对于当时传教士带来的好东西并不保守. 在当时众多的学习和研究西方投影及画法几何知识的士人中，著名的学者李之藻和徐光启应当是着力最多和用功最勤的. 可以说，正是他们的努力才使得西方早期画法几何知识真正和我国科技发展紧密结合起来，并更为广泛地传播开来. 他们的工作目前尚无人探及，本章拟就他们的贡献作一论述.

§4.1 李之藻对西方画法几何的学习与应用

李之藻于1601年接触到天球平行正投影和圆锥投影，以及基于它们的天球与地球的画法知识，随即便利用它们将天球和地球图刻印于《万国坤舆全图》上. 这个过程虽没有详细的文字记载，但由前面给出的《万国全图》中的《曷捺楞马图》、《半球图》和《天球侧视图》可知，李之藻的学习无疑是准确的和仔细的，

---

① 林东阳. 利玛窦的世界地图及其对明末士人社会的影响[G]//中西文化交流国际学术会. 纪念利玛窦来华四百周年中西文化交流国际学术论文集. 新北：辅仁大学出版社，1983：312—378.

② 约万历三十八年，袁善编《中星解》，书中引用了曷捺楞马图，并称其为"周天黄赤道错行中气界限图". 同时称此为"欧罗巴人曷捺楞马著"之"四行解". 显然这里袁善错将"曷捺楞马"理解为人名.

③ 明朝末年王英明著《历体略》，绘制了一幅全天星图.《四库全书》收入了王英明的著作，并在提要里面也说："臣等谨案《历体略》三卷，明王英明撰. 王英明字子晦，开州人，万历丙午举人. 是编成于万历壬子. 上卷六篇曰天体地形……然上中两卷所谓中法亦皆西法相合，盖是时徐光启新法算术虽尚未出，而利玛窦先至中国，业有传其说者，故英明阴用之耳."

因为上述图形都合乎投影规则——是正确的.

李之藻在学习上述投影和画法几何知识之后,又学习了球极投影及其相应的画法几何知识.李之藻的这次学习看来更加用心.利玛窦在他的札记中曾说"李良(李之藻)对数学的其他部门也感兴趣,他全力以赴协助制作各种数学器具.他掌握了丁先生所写的几何学教科书的大部分内容,学会了使用星盘,并为自己制作了一具,它运转得极其精确.接着,他对两门科学写出了一份正确而且清晰的阐述.他的数学图形可以和任何欧洲所绘的相匹敌.他论星盘的著作分两卷出版.利玛窦神父把一份送给了罗马的耶稣会会长神父,作为中国人完成的第一部这类著作的一个样本,另一份送给了丁先生,因为他本人曾一度从丁先生受教."[①]由此可见,李之藻在学习球极投影及其画法的时候,不仅学习了理论,而且还进行了具体实践.

还有,这里利玛窦提到的李之藻写成的著作即是《浑盖通宪图说》.李之藻的这本书初稿似乎并不是写于北京.在此书的序言中,李之藻留言曰:"万历疆圉叶洽之岁日躔在轸,仁合李之藻振之甫书于括苍洞天."[②]"括苍洞天"是哪里?据方豪考证是浙江处州[③].而且,在序言里面,李之藻还提到了两个人,一个是郑辂思,另一个是樊致虚.李之藻说:"而郑辂思使君,以为制器测天莫精于此,为雠订而授之梓之.令尹 樊致虚氏乐玩妙解,躬勤检测,实相与有成焉."此二人何许人?我们查有关资料发现,郑辂思即是漳州"七子"之一的郑怀魁,樊致虚即是当时有名的文人樊良枢.他们于万历年间同在扬州的豫章郡为官.还有,在李之藻的序言后面有一个樊良枢写的跋:"刻浑盖通宪图说跋".这个跋的最后一句话是:"万历疆圉协洽之岁日躔在轸,豫章樊良枢致虚甫撰并书."由此,李之藻的书应该是在南方的一个秋天写成的.这样,李之藻身在外地仍孜孜不倦,不断实践,这充分说明了其学习的勤奋.其仅凭记忆和一些笔记即完成了一部长达几万字且非常具有逻辑性的著作,充分显示其对利玛窦当初传授的球极投影和画法几何知识的熟悉,以及研究之深入.还有,郑怀魁和樊良枢作为当时的文人,能有兴趣于星盘这样的天文仪器,能学习其中的投影和画法几何知识,以至于最后出资、出力——天学初函版本的《浑盖通宪图说》开始有"浙西李之藻振之演,漳南郑怀魁辂思订"字样——将李之藻写成的书出版,这也看出李之藻之诲人

① 利玛窦.中国札记[M].北京:中华书局,1983:432,433.

② 李之藻.浑盖通宪图说序[G]//李之藻.天学初函.台北:台湾学生书局,1965:1722.

③ 方豪.中国天主教人物传(上)[M].北京:中华书局,1988:114.

不倦.

李之藻学习西方几何投影和画法几何知识不仅讲求细致深入，而且还能领会贯通，以通俗易懂的语言示人.如在卷首"浑象图说"中，李之藻解释星盘和浑仪之间的区别时说："浑仪如塑像，而通宪平仪(即星盘)如绘像，兼俯印转侧而肖之者也.塑则浑圆，绘则平圆，全圆则浑天，割圆则盖天."在"总图说第一"中描绘星盘时说："爰有通宪，范铜为质.平测浑天，截出下规，遥远之星所用.固仅依盖是为浑度.盖模通而为一面，为俯视图象.……其过顶一曲线，结于赤道卯酉之交者则为正东西界，其余方向皆有曲线定之，近北窄而近南宽，盖若置身天外斜望者.""在定天顶图说第五"中解释天顶的做法由来时说："原所以取赤道卯酉中为准者，盖赤道纮天地之中.卯酉又分赤道之中，借卯酉以为地心，因望地心以求天顶.仪体虽平，其用则圆.而其经纬纵横之妙全在赤道一规.平视之而分子午卯酉；侧视之而寄南北二极.二极结子午之正，寄二极于赤道者，借赤道之规为子午规者也."在"天盘黄道图说第十二"中给出了三种画法之后，评述说："以上三术各有所用，第一术不必寻黄道之极，但就赤道分度加算其法颇简，而算法不易.第二术但以廿三度半求黄道斜望之极，不必起赤道算，然以直线分黄道止得适当黄道一线之度，其出入南北圆体尚需别求.第三术亦不起算第求黄道之北极，又求其相对之南极，而浑天圆体与黄赤二道之宫数在目中，但以规大为难，然欲求安星正位于用最切."

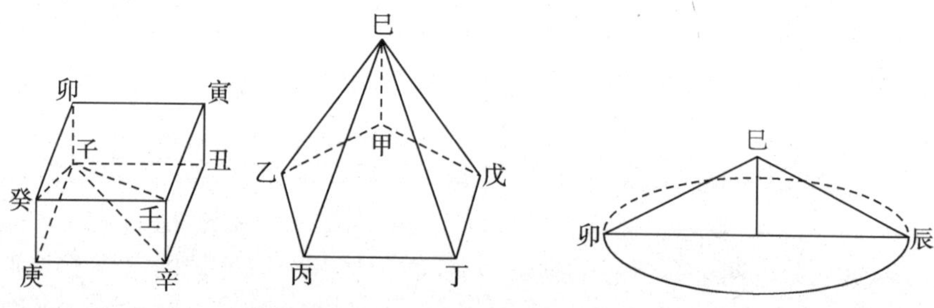

图 4-1　棱锥和立方体

图 4-2　圆锥图

还有，李之藻于 1608 年 11 月写成《圜容较义》一书，此书主要讨论了平面几何和立体几何的一些性质.关于此书，内容虽主要来源于利玛窦的教授，但写作却主要是李之藻的功劳.因为在该书的前面明确有："西海利玛窦授，浙西李之藻演"的字样.另外，在该书的序言中，李之藻也说："昔从利公研穷天体，因论圜容，拈出一义，次为五界十八题."该书有多个立体几何图形，明显参照了西方几何投影和画法，如第十四题给出的棱锥图和立方体图(如图 4-1 所示，原图不清，故另画)，第十八题给出的圆锥图(如图 4-2 所示，原图不清，故另画). [1]这三种图形的此种画法在我国的数学历史书籍里面是最早的.

1609 年，李之藻在河北著《頖宫礼乐疏》十卷，此书论述宫廷礼乐的制度和组织等. 为了更清楚地说明其思想，其绘制了多幅图形，这些图形也多使用了西方画法几何知识. 陈垣说："其未受洗时所著，尚有《頖宫礼乐疏》十卷，清四库著录孔庙礼乐乐器，图绘工细，参西洋画法."[2]李之藻给的图形如图 4-3、4-4 所示. [3]由图我们很容易看出其使用了平行投影.

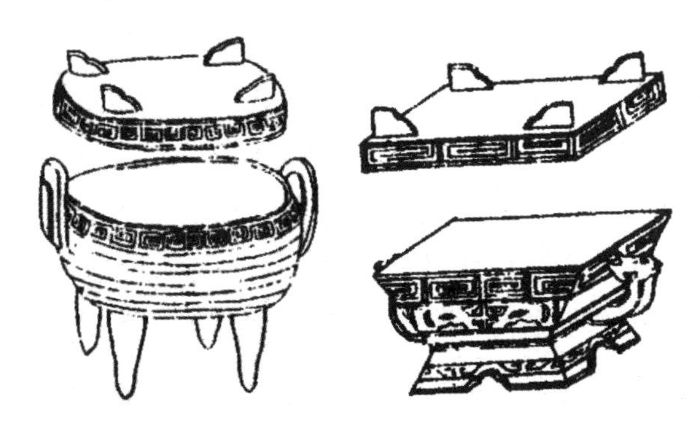

图 4-3　礼器图(a)

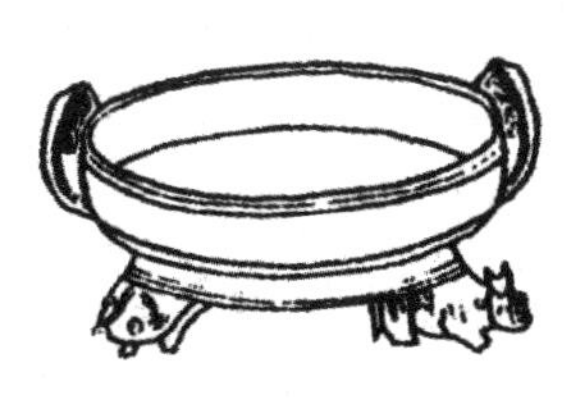

图 4-4　礼器图(b)

1629 年，徐光启请求开历局成功，遂请李之藻北上共同编纂《崇祯历书》[4]. 李之藻于 1630 年初到京，不久即与徐光启和罗雅谷共译了《历指》一卷、《测量

① 李之藻. 圜容较义[G]//李之藻. 天学初函. 台北：台湾学生书局，1965：3472—3480.

② 陈垣. 陈垣学术论文集(第一集)[M]. 北京：中华书局，1980：72.

③ 李之藻. 頖宫礼乐疏[G]//永瑢，纪昀，等. 四库全书(651). 上海：上海古籍出版社，1987：112—124.

④ 徐光启. 礼部为奉旨修改历法开列事宜乞裁疏[G]//徐光启. 徐光启集. 上海：上海古籍出版社，1984：324—329.

全义》两卷、《比例规解》一卷和《日躔表》一卷.[①]其中,《测量全义》现在虽然于《西洋新法算书》中为十卷,标注为"罗雅谷译撰,汤若望订".但是根据当时的情况——罗雅谷来华不久,用华语书写未必熟悉,这样,该书的完成必定有李之藻的功劳.而《测量全义》主要是介绍西方立体几何知识和三角知识的,其中有多幅立体几何图形,如圆锥、圆台、棱台、球冠、球缺等,这些均是采用了平行(轴测)投影法绘制成的.[②]这样,李之藻对于使用西方投影和画法几何知识绘制立体图形帮助《崇祯历书》的编纂,也是有贡献的.

§4.2 徐光启对西方画法几何知识的学习与实践

徐光启是利玛窦在中国相交甚笃的高级知识分子之一.徐光启不仅从利玛窦那里学习到了西方欧氏几何,而且也学习到了画法几何.1603年,当徐光启再次到南京拜访利玛窦的时候[③],未曾得见——此时利玛窦已经北上,但是这次徐光启还是很有收获.据李杕《徐文定公行实》记载:"癸卯(1603)秋,公复至石城,因与利子有旧,往访之,不遇.入堂宇,观圣母像,心身若接,默感潜孚."[④]而这个圣母像是个什么样的呢?当时学者姜绍书在《无声诗史》中说:"利玛窦携来西域天主像,乃女人抱一婴儿,眉目衣纹,如明镜涵影,踽踽欲动.其端严娟秀,中国画工,无从措手."[⑤]顾起元曰:"所画天主,为一小儿,一妇人抱之,曰天母.画以铜板为帧,而涂五彩于上,其貌如生,身与臂手,俨然隐起帧上,脸之凹凸处,正视与生人不殊."[⑥]由此可见,此为采用西方透视法绘制的透视画.所以,早在1603年,徐光启就接触到了西方画法几何作品.

也许正是这么早就接触到西方画法几何的原因,也许是徐光启深深地被西

---

① 徐光启.修改历法远臣罗雅谷到京疏[G]//徐光启.徐光启集[M].上海:上海古籍出版社,1984:345—348.

② 罗雅谷.测量全义[M]//永瑢,纪昀,等.四库全书(789).上海:上海古籍出版社,1987:649—678.

③ 徐光启曾于1600年到南京拜会过利玛窦.见:梁家勉.徐光启年谱[M].上海:上海古籍出版社,1981:64.

④ 方豪.中西交通史[M].长沙:岳麓书社,1987:907.

⑤ 姜绍书.无声诗史[M].清康熙五十九年李光暎观妙斋刻本.

⑥ 顾起元.客座赘语卷六[M].光绪三十年刊本.

方这种绘画方式所感染的原因——有人讲徐光启正是看到了圣母像才萌生入教之心的①.自此以后,徐光启同李之藻一样,对于传教士们传入的有关投影和画法几何的知识格外留心.1611年,其开始在熊三拔的帮助下编写《泰西水法》,为了更清楚地说明其阐述的器具和水利造型等,其给出了大量插图.这些插图中有许多符合平行投影规则——或正投影或轴测投影,显然使用了西方画法几何知识.1612年左右,据徐骥《徐文定公行述》记载,徐光启又撰《平浑图说》、《日晷图说》和《夜晷图说》三书.②此三书目前已佚,我们不知道其中具体内容是什么.但是,根据书名,我们大体可以知道其是关于星盘和日晷的书.日晷在我们国家早有,不敢说徐光启的书一定阐述的是西方日晷,但星盘和夜晷在当时都是由传教士带来的,所以,徐光启一定学习了西方几何投影知识和画法几何知识.由此,可以看出,徐光启在利玛窦去世后曾独立研究过球极中心投影和球面平行正投影等几何投影及其相关的画法.③

最能体现徐光启对西方画法几何用心研究的活动是开历局之后的绘制星图.1629年,为改革中国传统历法的不精确,徐光启上书恳请开历局编纂《崇祯历书》,获准.由此,徐光启便开始忙碌起来.之所以忙碌,原因是其一方面要负责外围的工作,如申请经费、寻找地方、调集人员、协调各方面关系等;另一方面还要实际参与到历书的编写中来,比如观测天象修订数据、审查各册书籍的具体写作等.就是在这么忙碌的过程中,徐光启还学习和实践了西方几何投影和画法几何知识.

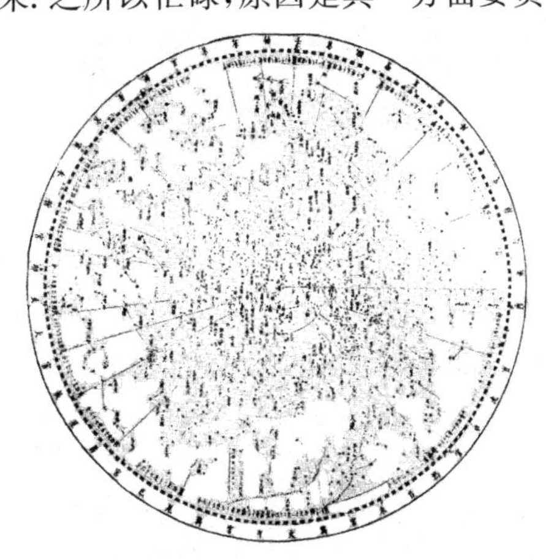
图4-5　见界总星图

据载,1631年八月初一,徐光启作为历局完成工作的汇报曾晋呈了已写就的书籍21卷,外加一《揩星图》.这《揩星图》是徐光启亲自观测,逐个获得

① 方豪.中西交通史[M].长沙:岳麓书社,1987:908.

② 梁家勉.徐光启年谱[M].上海:上海古籍出版社,1981:98.

③ 此三书与陆仲玉《日月星晷式》的关系值得研究.《日月星晷式》是一本写于1622年以前的草稿,观其内容,主要阐述了三种日晷.其中有从克拉维乌斯神父的《论星盘》、《论计时器》和《晷针十书》三书中翻译的不少内容,有的图形则直接截自这三书.

数据,然后在历局有关人员的帮助下亲自绘制而成的. 这副星图即是《见界总星图》. 此图在目前看到的《四库全书》中的《新法历书》中未有收录,但在梵蒂冈图书馆有收藏,如图 4-5 所示. ①由这个图形我们可以看出,尽管徐光启还是使用了中国传统的标记,如图形绘有二十八宿的名字和分界线,但这是一幅使用了球极投影法绘制的投影图形无疑. 徐光启在崇祯四年也明确说明了“依汤先生法”,汤先生即是汤若望. 由此看出,徐光启在当时学习了西方球极投影和画法几何知识. ②

仅过了几个月,徐光启又绘制出了两幅新的星图,即是《赤道两总星图》. 这两幅地图在《四库全书》中有收录,如图 4-6、4-7 所示.

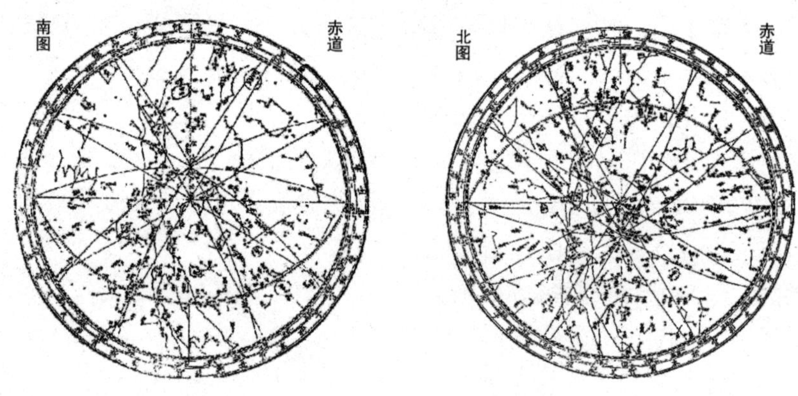

图 4-6　赤道南总星图　　图 4-7　赤道北总星图

这两幅星图显然是利用了球极投影方法绘制而成的. 两图都不仅天球经线绘制正确,还绘制出了黄极,其黄经的位置和弧线也是正确的. 另外,两图的外围都绘有十二宫的分界线,都使用了西方 360 度制.

① 潘鼐. 中国恒星观测史[M]. 上海:学林出版社,1989:352,462.

② 只是潘鼐和王庆余讲,绘制《见界总星图》的时候,徐光启说:“今依次作图,宜用滇南北极出地二十度,为恒隐圈之半径,以其圈为隐见之界,则各省直所得见之星,无不备载. 可名为总星图矣.”此段文字实出于汤若望的《恒星历指》第三卷,应不是徐光启说的. 见:潘鼐,王庆余.《崇祯历书》中的恒星图表[G]//席泽宗,吴德铎. 徐光启研究论文集. 上海:学林出版社,1986.

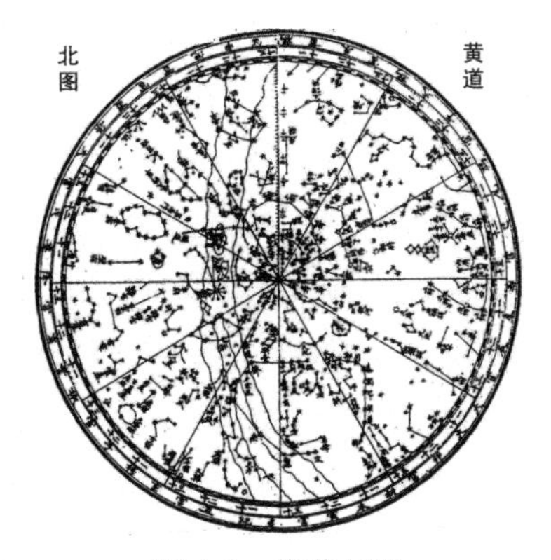

图 4-8　黄道北图

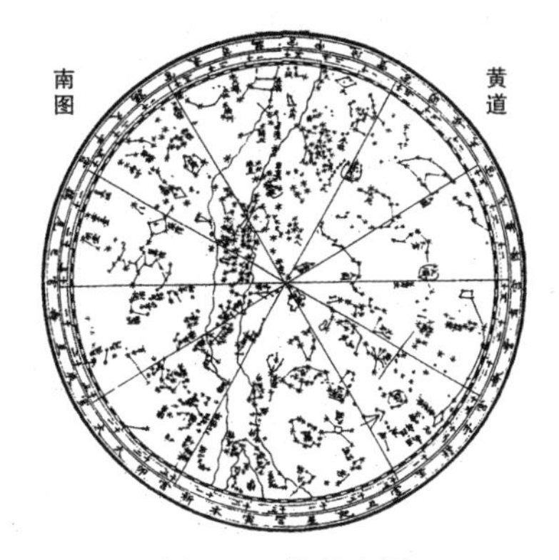

图 4-9　黄道南图

还有，在《新法历书》后面的《赤道二总星图》后面是两幅《黄道南北两总星图》，如图 4-8、4-9 所示. 这两幅星图，由图形的外形和星的位置，我们知道其与上面两张星图绘制方法相同——也使用了西方几何投影和画法几何知识.

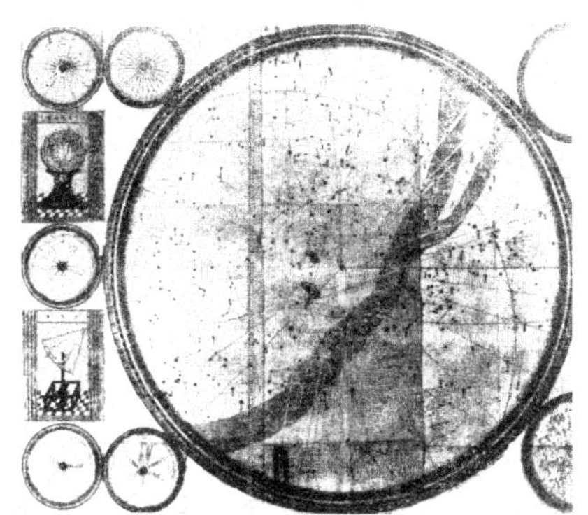

图 4-10　赤道南北两总星图南图

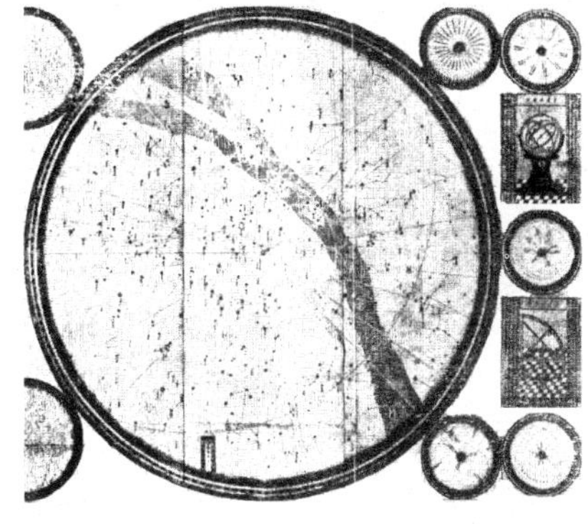

图 4-11　赤道南北两总星图北图

1633 年 9 月，徐光启又重新绘制了赤道两边的星图，叫做《赤道南北两总星图》，如图 4-10、4-11 所示. ①对于此图，徐光启还写了一千字的序言，详细说明了其绘图的原因和过程. 他说："道有理数所不能秘者，非言弗宣，有语言所不能详者，非图弗显. 昔人云：爻象叙畴之辞烦，而河洛图书之理晦，图之重于天下久矣. 尧典创中星之说，所云平秩作讹，以授时而秩事，夏有少至，周有时训，秦汉以下及唐宋皆有月令. 诗咏定中，春秋传'启蛰而郊，龙见而雩'，又云'凡马日中而出，日中而入'，盖人君出政，视星施行，人臣宣猷，戴星出入，乘时急民用之

① 潘鼐. 中国恒星观测史[M]. 上海：学林出版社，1989：353，465，466.

前，其关于世道人心，非细故也.”

“我太祖高皇帝专设灵台郎，辨日月星辰躔次，及论历法，日惟以七政有度无差为是.圣神钦若至意，千秋若揭.惟是古来为图甚多，而深切著明者盖鲜.夫星之定位，原自分秒不移，乃于经纬度数溷而莫辯，按图者将何据焉？昔之论星者有甘德郭璞宋均郭守敬诸贤，皆以青蓝之互出；今予独依西儒汤先生法，为图四种，一曰见界星总图，一曰赤道两总星图，一曰黄道两总星图，一曰黄道二十分星图，业已进上公之海寓，似无遗义.兹所刻，则因前图尺幅狭小，位次联络之间，恐于天象微有未合，不便省览；复督同事诸生鄔明著辈，从先生指授，制为屏障八面，绘以两大图.就中每星每座，一一依表点定，分布既宽，体质自显，则斜正疏密之界，殆和盘托出矣.”

“故以赤道为界，图各一周，分三百六十度，内分三百六十五度四分度之一，是为天之经.剖浑体二之：一以北极为心，一以南极为心，繇心至边九十度，两极相距百八十度，是为天之纬.其去极二十三度半有奇复作一心者，黄道极也.从黄道极出曲线抵界者，十二宫也.从心至界分二十八直线者，二十八宿各据星所占度分也.又各有斜络赤道上下、广狭不等，疑若白练者，则俗所成云汉是也.南极图自见界诸星外，尚有极旁隐界诸星，旧图未载，此虽各省直未见，而从海到至满剌加国悉见之，我国家大一统，何可废也.因是测定星若干，为座若干.增入星若干，增座若干，俱等于六，各各有黄赤经纬度，各各用崇祯戊辰实躔度分，与他测有经无纬，有经纬无随时随地测侯活法者迥别.”

“且不直此也，图之上下隙为黄赤总图，左右隙为五纬图，以至分者合之，合者分之，具有本论.总期与皇上乙夜之观，憬然悟天体之真，洞然晰经纬之道，罗星斗于胸中，授人时于指掌.为诸臣者，鉴郎官列宿尚书北斗之任之重，效职布公，时廑灾惑守斗之虑，求致五星聚奎之详，而共奏泰阶六符于无艾乎？则是图之有裨于朝廷世道，讵小补云.赐进士第光禄大夫柱国太子太保礼部尚书兼文渊阁大学士奉敕督修历法徐光启题.”①

由此看出，徐光启的确学习和使用了西方球极投影和相应的画法几何知识，并在此基础上多次应用，绘制了二十余幅星图.他的学习更多的来自于汤若望的书《恒星历指》.他绘制的星图改革了中国传统的绘图方式，不仅使之更加

① 徐光启.赤道南北两总星图叙[G]//徐光启.徐光启集.上海：上海古籍出版社，1984：70—72.

丰富,而且也更加合理了,这无疑为当时我国天文学的发展做了一项很有意义的工作.翻阅自此以后的中国历法,凡星图的绘制均使用徐光启提倡的几何投影法.

§4.3 小 结

由上可知,明朝末年有很多人对传教士传入的西方早期画法几何进行了研究,但这其中李之藻和徐光启是用功最勤的.李之藻学习和研究了利玛窦等人传入的圆锥投影和球极投影,并且随即应用到了地图的绘制和星盘的制造中.另外,在他的其他著作中,其也实践了传教士们带来的画法几何内容.李之藻不仅自己学习和研究,还将自己了解的画法几何知识传授给了他周围的人.徐光启最早接触的是利玛窦带来的宗教画,深受其使用透视法的绘画的感染.之后徐光启又跟利玛窦和熊三拔等人学习了西方天球平行投影,以此为基础写成了《简评仪说》、《平浑图说》、《日晷图说》和《夜晷图说》等书,进一步研究和实践了西方画法几何知识.1630年其认识汤若望之后,又跟汤若望学习了西方球极方位投影、投影点在极点之外的中心投影等,还学习了投影下球面各项元素的具体画法等.不久,其即以此为基础绘制了多幅精确的星图,对汤若望介绍的西方画法几何知识也进行了实践和深入研究.还有,由资料来看,徐光启在当时也将汤若望传入的画法几何知识传给了周围的人.由此,李之藻和徐光启从不同的角度都学习、研究、实践和推广了传教士传入我国的西方画法几何知识,从而为西方早期画法几何在我国的传播做出了重要贡献.

第五章　郎世宁与西方透视法的传入

清朝初期，尽管来华的西方传教士有所减少——特别是在雍正时期和乾隆时期，但西方几何投影和画法几何作为两项与现代科学技术和绘画都密切相关的知识仍得到了重视，仍有不少传教士将与其相关的内容传入到我国来，如利类思(Lodovico Buglio，1606—1682)①，汤若望(J. A. Schall von Bell，1591—1666)、南怀仁(Ferdinand Verbiest，1623—1688)、马国贤(Matteo Ripa，1682—1745)、王致诚(Jean Denis Attiret，1702—1768)和艾启蒙(Jgnatius Sickeltart，1708—1780)等.②但是，这其中于康熙五十四年来华的郎世宁(Giuseppe Castiglione，1688—1766)的工作应当是最为突出的.

郎世宁，又名郎石宁和郎士宁，字若瑟，意大利米兰人.③其于1707年加入耶稣会，1714年离开葡萄牙，1715年7月登陆澳门，1715年11月到达北京，到达北京之后不久即蒙康熙皇帝召见.④召见之时，康熙皇帝得知郎世宁有绘画特长，遂令其留京学习中国绘画以备后用，郎世宁照办.康熙晚年，郎世宁间或被召，为宫廷待招画师.迨至雍正登基，准确地说是1723年，郎世宁正式被召，住

---

① 南怀仁在《欧罗巴天文学》中记载：利类思曾以三帧全透视画呈康熙，后又左副本悬于住宅内，当时来京官吏皆惊赏，均不懂为何能在一平面上将一切室廊、门户和道路一一绘出.见：费赖之，冯承钧.在华耶稣会士列传及书目[M].北京：中华书局，1995：242—243.

② 方豪.中西交通史(下册)[M].长沙：岳麓书社，1987：907—914.

沈定平.传教士马国贤在清宫的绘画活动及其与康熙皇帝关系论述[J].清史研究，1998(1).

聂崇正.王致诚、艾启蒙和潘廷璋的油画[J].美术，1990(4).

马国贤.清廷十三年[M].上海：上海古籍出版社，2004：48.

③ 方豪.中国天主教人物传(下)[M].北京：中华书局出版社，1973：86.

许明龙.中西文化交流先驱[M].北京：东方出版社，1993：246.

④ Beurdeley Cecile, Beurdeley Michel, Bullock Michael. Giuseppe Castiglione: A jesuit painter at the court of the Chinese emperors [M]. Rutland: Charles E. Tuttle Company, 1971:11—25.

刘乃义.郎世宁修士年谱[M].出版社和年代均不详.

进如意馆，作了宫廷专职画师. 郎世宁任职宫廷画师期间，深得皇帝及其亲属的喜欢和信赖，因此其在如意馆一住就是40多年，直至去世. 郎世宁在我国经历了康熙、雍正和乾隆三个朝代，为清皇宫工作长达50余年，作了很多事情，如绘画、讲课和修建圆明园等，影响颇广. ①其就是在这个时期大抵通过这些活动传入我国西方几何投影和画法几何的.

关于郎世宁是如何传入我国画法几何的，已经有不少研究，但多围绕着《视学》的形成而展开的，郎世宁有没有通过其他方式传入了我国画法几何？最初采取的是什么方式？这些问题尚无人讨论，本章首先对这些问题进行研究. 关于郎世宁和《视学》的形成，前面已有很多讨论，但仍有些问题未探及，比如《视学》后面的内容从哪里来的？和郎世宁有什么关系？本章后面拟对这些问题进行分析.

§5.1 郎世宁利用绘画多次向国人展示了画法几何内容

郎世宁在为皇宫服务期间，出于多种原因，绘制了大量图画. 据专门收录清宫藏画的《石渠宝笈》(初编、二编、三编)一书记载，共有五十六件之多. 台湾台北幼狮文化事业公司1991年出版的《郎世宁之艺术》收有郎世宁的作品102件②，天津人民美术出版社于1998年出版的《郎世宁画集》收有郎世宁的作品105件③，美国纽约于1971年出版的《Giuseppe Castiglione：A Jesuit Painter at the Court of the Chinese Emperors》一书收集的郎世宁的作品竟达128件④，这是明清时期来华传教士中在我国绘画个人数量达到的最大值. ⑤这个数量即使是那个时期的国人也鲜有人逾过.

---

① 聂崇正. 郎世宁[M]. 北京：人民美术出版社，1985：1—3，30—32.
石田干之助. 郎世宁传略考[M]. 出版社和年代均不详.

② 天主教辅仁大学. 郎世宁之艺术[M]. 台北：幼狮文化事业公司，1991.

③ 郎世宁. 郎世宁画集[M]. 天津：天津人民美术出版社，1998.

④ Beurdeley Cecile, Beurdeley Michel, Bullock Michael. Giuseppe Castiglione: A jesuit painter at the court of the Chinese emperors [M]. Rutland: Charles E. Tuttle Company, 1971：161—189.

⑤ 其实郎世宁还有其他方面的绘画，比如陶瓷绘画等，也是西方透视画. 见：王佐才，杨小农. 郎世宁与脱胎瓷器画彩[J]. 南方文物，1994(4).

纵观郎世宁的这些绘画，有山水画、人物画、场景画、花鸟画、建筑画和动物画，等等，题材不一而终. 但是，有一点是相同的，即都注重写实，都严格遵循了西方透视画法原则，特别是在绘制山、水、楼房等人物背景的时候，①如图 5-1 所示.

图 5-1 为郎世宁于 1738 年创作的《弘历雪景行乐图》. 观察此图，很明显可以看出其“在描绘建筑物时，为加强平面幅上的立体纵深效果，而采用了欧洲焦点透视的技法”. ②为此，乾隆皇帝曾作诗说：“写真世宁擅，缋我少年时，入室皤然者，不知此是谁？”③

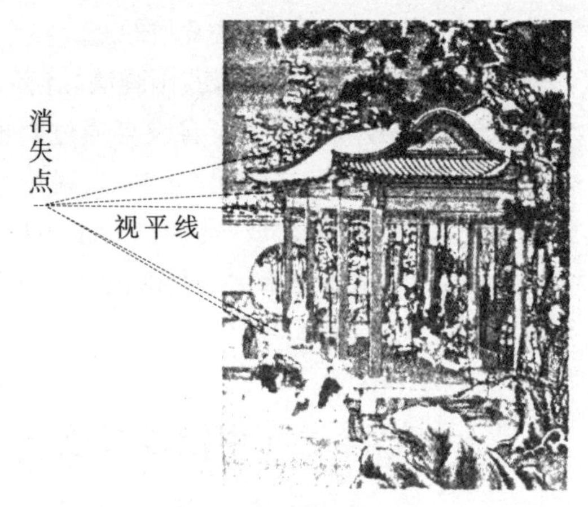

图 5-1　弘历雪景行乐图

郎世宁这些画的绘制地点，有的是在皇宫如意馆，有的是在木兰围场，有的是在避暑山庄，有的是在北京的南堂和东堂，有的是在圆明园. 但无论在哪里，郎世宁的身边常常有国人围观，或学习或欣赏.

据载，郎世宁初入皇宫时，以其独特的写实手法显于宫廷众画师之间，并且这种手法很快就得到了康熙皇帝的赏识. 康熙皇帝遂派班达里沙、八十、孙威风、王玠、葛曙、永泰、佛延、柏唐阿全保、富拉地、三达里、查什巴、傅弘和王文志十三人跟随郎世宁学习西方透视画法. 虽然后七人到了雍正时期调离了，但还有六人继续学习. 这六人因为是专职学习西洋画法的，所以，他们时常围在郎世宁的左右，特别是在郎世宁绘画的时候. ④到了乾隆年间，乾隆看郎世宁事情较多，日常工作非常繁忙，于是又给他配备了四名徒弟：戴正、张为邦、丁观鹏和王幼学. 这四位助

① 聂崇正. 郎世宁作品中的几个问题[J]. 世界美术，1982(2).

② 聂崇正. 郎世宁[M]. 北京：人民美术出版社，1985：16.

③ 聂崇正. 郎世宁的生平、艺术及“西画东渐”[G]//郎世宁. 郎世宁画集. 天津：天津人民美术出版社，1998：7.

④ 许明龙. 中西文化交流先驱[M]. 北京：东方出版社，1993：247.

手更是形影不离郎世宁左右.①郎世宁晚年,由于精力和体力的下降,不能长时间作画,于是他不再独立绘画,而是与中国画家一起探讨,相互协作,共同完成.比如唐岱、沈源、丁观鹏、周鲲、高其佩等人和郎世宁合作就非常愉快,因为有资料表明他们与郎世宁经常接触.②

这期间乾隆皇帝也常来看郎世宁绘画,据昭琏的《啸亭杂录》记载:"如意馆在启祥宫南,馆室数楹,凡绘工文史及雕琢玉器裱褙帖轴之诸匠皆在焉.乾隆中,纯皇万几之暇,尝幸院中,看绘士作画."③乾隆来的次数多了,以至于后来竟自称是郎世宁的学生.④

透视画法是对几何投影的实践,准确地说是利用中心投影和画法几何规则描述空间物体的一种方法.因此,郎世宁自然或不自然间反反复复多次把其带来的画法几何知识展示给了国人.

§5.2 郎世宁向国人讲授了画法几何知识

上面已提到,康熙皇帝晚年曾派班达里沙等十三人跟郎世宁学习西方绘画,乾隆年间,乾隆皇帝又派了四个徒弟给郎世宁.郎世宁是如何教的呢?这几个人又是如何学的呢?没有记载.但是从后来的一些记录中我们知道其中有几位最终掌握了郎世宁教授的技法.

康熙、雍正和乾隆时期,宫廷的绘画工作属于造办处管理.现在根据《养心殿造办处各作成活计清档》记载,我们知道:⑤

雍正九年十二月二十八日,班达里沙画《百禄永年画》一张,王幼学画《眉寿长春》一张.

雍正十一年九月初八,王幼学画《万寿节画》一张.

雍正十二年十二月二十八,王幼学画《年画》一张.

---

① 杨伯达.郎世宁在清内庭的创作活动及其艺术成就[J].故宫博物院院刊,1988(2).

② 鞠德源,田建一,丁琼.清宫廷画家郎世宁[J].故宫博物院院刊,1982(2).

③ 昭琏.啸亭杂录[M].北京:中华书局,1980:398.

④ 余三乐.早期西方传教士与北京[M].北京:北京出版社,2001:302.

⑤ 朱伯雄.郎世宁来华后的艺术活动[J].世界美术,1982(2).

杨伯达.郎世宁在清内庭的创作活动及其艺术成就[J].故宫博物院院刊,1988(2).

乾隆元年，郎世宁师徒画《圆明园规划图》，博得乾隆皇帝高兴，于三月三日赏郎世宁徒弟每人官用绫二匹，九月二十五日再赏官用缎一匹.

乾隆二年二月初八，郎世宁弟子奉旨画各色笺纸七张，金笺纸窦方五张的集锦斗方.

乾隆三年二月初五，郎世宁徒弟代替生病的郎世宁画《楠木色图》. 三月二十六日，戴正画透视画一张；十一月初十，郎世宁徒弟画油画金呈.

乾隆五年，郎世宁画师正式加入王幼学、王致诚、张为邦和戴正四人，合作绘画.

乾隆六年十一月十四日，携徒弟画《哨鹿图》.

乾隆七年二月二十六日，张为邦、王幼学按线法规则画海子画各一张.

乾隆九年七月十八，郎世宁画美人图草稿，张为邦、王幼学画脸部，丁观鹏画衣服.

乾隆十年，上御郎世宁将线法画传授给沈源，由沈源转授给宫外的人画画.

乾隆十一年二月七日，丁观鹏、郎世宁与沈源合作绘制《岁朝图》；八月初五，王幼学画大画一张；九月初八，郎世宁、丁观鹏、沈源和周鲲合作《上元图》.

乾隆十四年六月二十六日，丁观鹏、王幼学奉旨画《斗方图》.

乾隆十五年五月十五，张为邦画大画一张.

由此我们可以看出，郎世宁充当了宫廷绘画教师的角色，为班达里沙、丁观鹏、王幼学、沈源等多人讲授了西方画法. 并且，后来郎世宁的徒弟们也都羽翼丰满，能够独立绘画了. 这说明郎世宁的教学是成功的. 西方画法，是一种科学画法，其不仅需要刻苦训练，而且还要全面理解其中的投影和画法几何知识，以便进行写实. [①]由此，郎世宁的教学也一定是系统的. 这样，郎世宁不仅在宫中给周围的人展示了西方投影和画法几何内容，而且还把它们系统地传授给了国人. 明清时期来华的传教士中懂西方透视法的为数并不少，但是，像郎世宁这样招收徒弟，系统传授的唯有他一个人. 所以，将西方的画法几何知识传入我国，郎世宁功不可没.

---

① 吴廷玉，胡凌. 绘画艺术教育[M]. 北京：人民出版社，2001：33—138.

§5.3 为帮助年希尧编写《视学》而翻译了西方透视理论

大约在雍正初年，郎世宁结识了任宫廷内务府总管的年希尧.①年希尧(1671—1739)，字允恭，广宁人，当时著名将军年羹尧的哥哥.年希尧非常喜欢绘画，早年以笔帖仕进，后累擢至工部侍郎、江宁布政使、广东巡抚等.②年希尧结识郎世宁之后，利用其在皇宫内廷行走方便之际，多次向郎世宁请教西洋绘画.1729年，年希尧在感觉自己通晓了西方绘画之后，写成了《视学》一书.根据此书，人们经过研究知道，郎世宁传入我国的画法几何知识有：1. 平行投影和中心投影，平行投影包括平行正投影和轴测投影；2. 关于物体的基本画法，有双量点法、单量点法、截距法、仰望透视法和轴测投影图阴影画法等；3. 多种绘画题材，有方柱、圆柱、圆、球、生活器具、窗户、门、人物和一般动物等；4. 西方画法几何需要的一些工具，有图板、直尺、丁字尺和两脚规等；5. 少部分绘画理论，主要在第二幅图形上——以中国科学院自然科学史研究所收藏的《视学》版本为据.而这些知识依据的都主要是意大利人朴蜀(Andrea Pozzo，1642—1709)于1693

① 具体时间应当是雍正三年之后.因为雍正三年年希尧任广东巡抚，雍正四年开始任职内务府.见：朱家溍.养心殿造办处史料辑览(第一辑)[M].北京：紫禁城出版社，2003：36—80.

② 赵尔巽.清史稿(卷二九五)[M].北京：中华书局，1997.

年出版的《建筑与绘画透视》(*Perspectiva Pictorum et Architectorum*)一书①.

其实,进一步研究此书,我们会发现除了上述内容之外,郎世宁还传入了更多的内容,比如画法几何理论,比如表现画法几何理论的图形等.

《视学》第三图为长方形图的透视画法,如图 5-2 所示.图上的文字是:

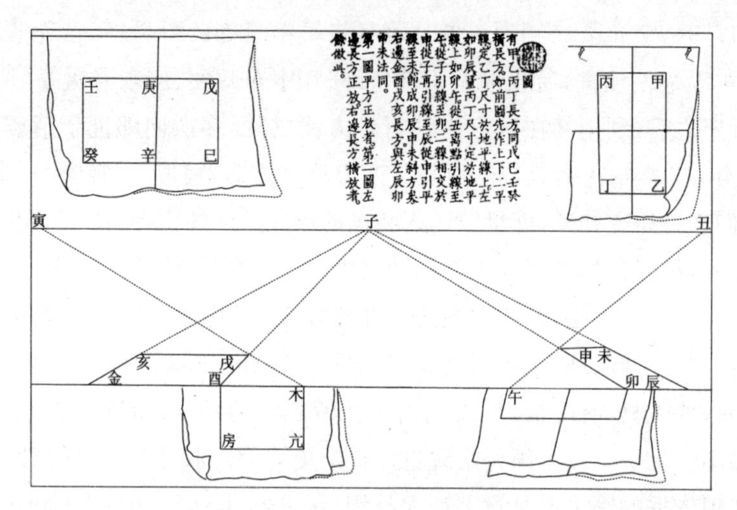

图 5-2 长方形画法图

① 吴文俊.中国数学史大系(第七卷)[M].北京:北京师范大学出版社,2001:396—455.

沈康身.界画、《视学》和透视学[G]//中国科学院自然科学史研究所数学史组.科技史文集(8).上海:上海科学技术出版社,1982:159—176.

沈康身.从《视学》看 18 世纪东西方透视学知识的交融和影响[J].自然科学史研究,1985,4(3).

沈康身.波德拉《透视学史》与年希尧《视学》[J].科学探索,1987,7(1).

沈康身.《视学》透视量点法作图选析[G]//吴文俊.中国数学史论文集(四).济南:山东教育出版社,1986:104—113.

赵擎寰.中国古代工程图发展初探[G]//湖北省科学技术协会,湖北省制图学会,湖北省科学技术情报研究所.画法几何及制图科学论文选编.武汉:[出版者不详],1965.

李迪.我国第一部画法几何著作《视学》[J].内蒙古师范学院学报(自然科学版),1979(00).

韩琦.康熙时代传入的西方数学及其对中国数学的影响[D].北京:中国科学院自然科学史研究所,1991:44.

韩琦.视学提要[G]//郭书春.中国科学技术典籍通汇·数学卷(四).郑州:河南教育出版社,1993:709—710.

“有甲乙丙丁长方，同戊巳壬癸横长方，如前图先作上下二平线. 定乙丁尺寸于地平线上，左如卯辰. 量丙丁尺寸定于地平线上，右如卯午. 从丑离点引线至午，从子引线至卯，二线相交于申. 从子再引线至辰，从申引平线至未，即成卯辰申未斜方矣. 右边金酉戌亥长方，与左辰卯申未法同.

“第一图平方正放者，第二图左边长方正放，右边长方横放者，余仿此.”①

对照《建筑与绘画透视》，此图显然翻刻于底本中第三图，如图 5-3 所示. 对于此图，底本的说明是：

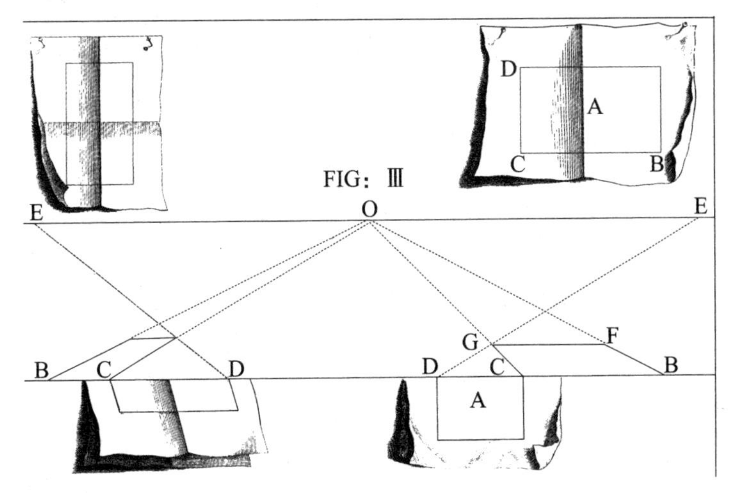

图 5-3 《建筑与绘画透视》中长方形画法图

“Optica delineatio rectanguli, altera parte longioris: Latitudo BC rectanguli A ponatur in linea plani, adhibito circino, vel chartula complicata; & ex punctis B & C fiant visuals and O, punctum perspectivae. Tum papyro ex altera parte iterum complicata, notetur longitudo CD rectanguli; ducendo tum rectam DE ad punctum distantiae, tum rectam FG parallelam ad BC, quae complebit opticam delineationem rectanguli.

“Altera figura ostendit complicationem cruciformem papyri, quae adbiberi potest in delineandis rectangulis, seu latitudo eorum sit major longitudine, aut

① 年希尧. 视学[G]//郭书春. 中国科学技术典籍通汇 · 数学卷(四). 郑州：河南教育出版社，1993：718.

vice versa; seu latitudo & longitudo sint aequales. ”①

这段话翻译成英文是：“The delineation of an oblong square in perspective: Let the breadth BC of the aquare A, beplac'd in the line of the plan, by the compass, or a folded paper, and form the points B and C, make the visuals to the point of sight O. Then fold your paper cross-wise, and mark CD the length of the square, drawing the line DE to the point of distance, and the line FG parallel to BC, which will complete the optick delineation of the oblong square.”

“The other figure shews the folding of the paper cross-wise, which is of ready use in delineating square, whose breadth exceeds their length, or vice versa; or whose length and breadth are equal.”②

由此看出,《视学》中的中文也是节译的.

《视学》第七图为立方体透视图画法,如图 5-4 所示.上面的文字说明是:

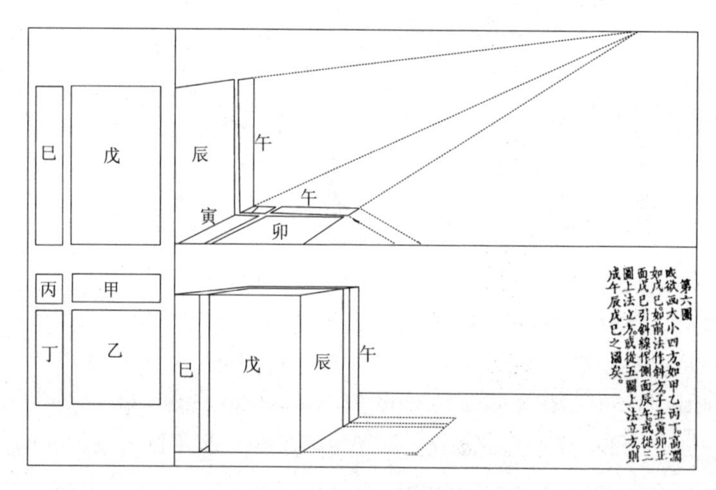

图 5-4　立方体画法图

“第六图,或欲画大小四方,如甲乙丙丁,高阔如戊巳.如前法作斜方,子丑寅卯正面,戊巳引斜线,作侧面辰午,或从三图上法立方,或从五图上法立方,则

① Pozzo Andrea. Perspective in architecture and painting [M]. New York: Dover Publications, Inc., 1989:18.

② Pozzo Andrea. Perspective in architecture and painting [M]. New York: Dover Publications, Inc., 1989:18.

成午辰戊巳之图矣."①

对照底本,此图翻刻于原书第七图,如图 5-5 所示. 对于图 5-5,原书的说明是:

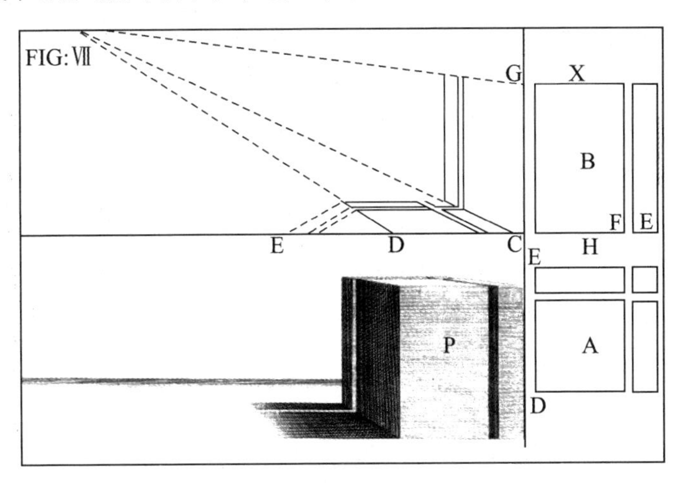

图 5-5 《建筑与绘画透视》中立方体画法图

"Aliud exemplum vestigii geometrici, cum elevatione longtitudinis: Si delineanda sit basis dissecta in quatuor partes, fiat vestigium A cum suis divisionibus longitudinis ED & latitudinis CD. Easdem vero divisions latitudinis habetit in EF elevatio B quae pertingit usque ad X. Porro ad contractionem opticam vestigii adhibetitur papyrus complicata in latum & in longum, transferendo in lineam plani latitudinem & longitudinem vestigii. Deinde nullo negotio fiet optica deformatio elevationis, ut clare positum est in figura. Quo modo autem ex vestigio & elevatione longitudinis optice imminutis eruatur basis nitida sine lineis occultis, ex praecedentibus manifestum est. Optarem ut per assiduam circini tractatione in hac methodo exercenda oprtam sedulo ponas; quum ex ea pendeat omnis facilitas delineationum opticarum."②

此段的英文翻译为:

"Another example of a geometrical plan and upright, put in perspective:

---

① 年希尧. 视学[G]//郭书春. 中国科学技术典籍通汇·数学卷(四). 郑州:河南教育出版社,1993:722.

② Pozzo Andrea. Perspective in architecture and painting [M]. New York: Dover Publications, Inc., 1989:26.

for drawing in perspective a pedestal, or base, divided into four parts, make the plan A, with its divisions of length ED, and of breadth CD; and the same divisions of breadth EF, in the elevation B, prolong'd to X. then make the perspective plan, by transferring the breadth and length into the ground-line, by means of your paper folded crose-wise: from which plan the perspective upright is very easily made, as may be plainly seen in the figure. How the base below, without occult lines, is made from the perspective plan and upright, is manifest from what has been said before. I could with you would be very diligent in the practice of this method by the compass; because the dispatch of perspective delineations chiefly depends thereon. "①

由此,《视学》中也根据大意翻译了一部分.

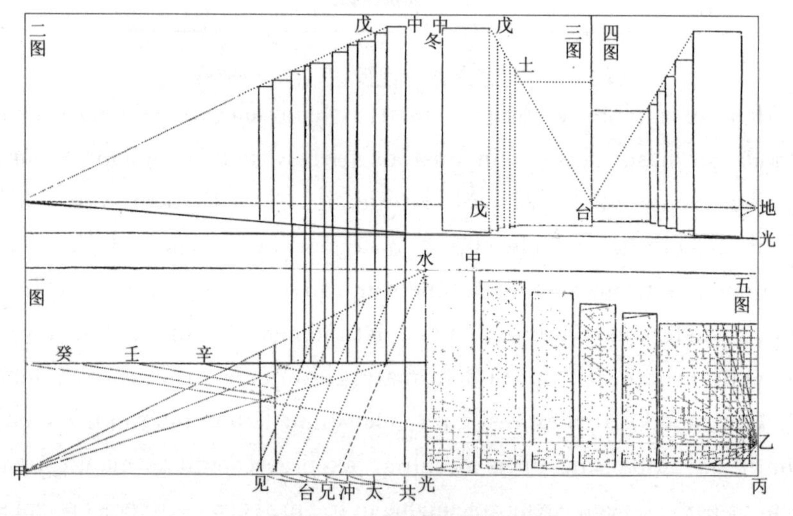

图 5-6　多立方体透视图

《视学》第一百零五图,为多立方体透视图,如图 5-6 所示. 此图经仔细查对,这是朴蜀书中第七十二图的一部分. ②朴蜀书七十二图如图 5-7 所示.

① Pozzo Andrea. Perspective in architecture and painting [M]. New York: Dover Publications, Inc., 1989:26.

② Pozzo Andrea. Perspective in architecture and painting [M]. New York: Dover Publications, Inc., 1989:159.

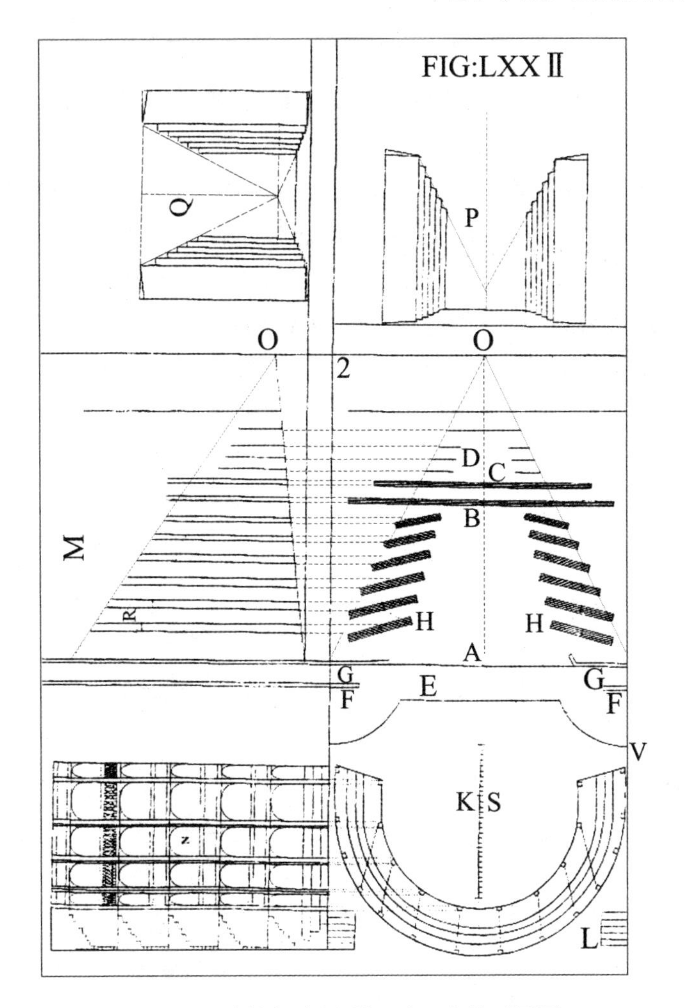

图 5-7 《建筑与绘画透视》多立方体透视图

在这里,《视学》给出的说明比较长,也比较复杂,故不抄录. 仔细分析其内容也可以看到一些朴蜀书中第七十二图说明的影子.

《视学》中除了上述几个地方外,还有几处的说明也能在朴蜀的《建筑与绘画透视》中看到相应的拉丁文说法,由此可断定,郎世宁在给年希尧讲解西法投影和画法几何的同时不仅将图形传了进来,而且也将有关的画法几何理论传了进来. 年希尧在《视学》一书中阐述的画法几何理论应当是建立在郎世宁所翻译的朴蜀的《建筑与绘画透视》一书中的画法几何理论基础之上的.

§5.4 为《视学》的编写提供了材料

《视学》正文共 133 页，包含大小图形共 187 幅. 其中前 30 幅和后面的 3 幅确定来源于朴蜀的《建筑与绘画透视》. 后面带序号的 59 幅一般认为是年希尧自己画的①，那么还有 95 幅图形是哪里来的呢？这个问题很重要，其对于帮助人们更好地了解《视学》非常关键. 现在有人推测其或许还有西方来源②，其实仔细分析这些图形，它们应该主要是郎世宁绘制的.

1. 这 95 幅图形，我们进行了一下统计，结果如下：

绘画题材	数量(幅)	主要表现内容
方体或立方体组合	25	立方体或立方体的透视画法
球	2	球体的透视画法
西式柱体座	4	透视画法及其阴影
圆瓶	7	透视画法和阴影画法
方瓶	2	透视画法
平方	4	透视画法
平圆	7	透视画法和阴影画法
中国式石桌	1	透视画法
房间式长方体	1	透视画法
方柱	1	透视画法
圆柱	2	透视画法
平方曾面画	7	透视画法
人物场景曾面画	13	现实场景透视画法
平方列	4	透视画法
木架	2	阴影画法
人物	1	阴影画法
老虎	1	阴影画法
西式(茶)壶	2	阴影画法

由此看出，这 95 幅画中绝大部分是关于静物的，并且其主要表达的是物体

① 韩琦. 康熙时代传入的西方数学及其对中国数学的影响[D]. 北京：中国科学院自然科学史研究所，1991：44.

② 韩琦. 视学提要[G]//郭书春. 中国科学技术典籍通汇・数学卷(四). 郑州：河南教育出版社，1993：709—710.

的透视画法.

2. 而据《养心殿造办处各做成活计清档》记载，1735 年之前郎世宁的工作主要是绘制静物和小幅绘画①.

雍正元年三月二十八，画斗方四张；七月初三，画桂花玉兔；本年还画得聚瑞图一张.

雍正二年，画百俊图一卷.

雍正三年三月初二，画双圆哈密瓜两个；七月十九，画杉木胎读书阁内的各式陈设物件若干张；九月初六，画虎图；九月十四，画河南进瑞谷画十五本，陕西进瑞谷画二十一本，先农坦进瑞谷图 16 本；十六，画兰花图；十月十八，画红萝卜图一张；十月二十九，画狗和鹿各一张；十二月二十八，画驴肝马肺窑釭画一张.

雍正四年一月十五，四宜堂后穿堂的内隔断成，郎世宁照西洋夹纸远近画片六张画人物画片，六月初二毕. 雍正看后说："此样画的好."同时指出："后边几层太高，难走，层次亦太近."之后，郎世宁于八月十七画深远画六张，由造办处贴在四宜堂穿堂内——这六张均为线法画；六月二十五，画田字房内花卉翎毛斗方十二张，后又画四张，十月初七裱糊成册.

雍正五年正月初六，画小狗图一张；四月二十七，画牡丹一张；七月出版画隔扇；十二月初四，画圆明园耕织轩处四方亭.

雍正六年七月初十，画得西洋画二十张；八月初二，画两张隔断画；十二月二十八，画得年画山水画一张.

雍正七年正月二十三，画西洋山水画三章，雍正命郎世宁"添画日影"；四月二十六，画山水画三张；七月二十四，画绢画两张；八月二十四，画绢画两幅；九月二十七，与唐岱合作绘画一张；十月二十九，画寿意图一张；十一月初四，和唐岱合作绢画三张；十二月二十九，与唐岱合作完成年画两张.

雍正八年三月十四日，在四宜堂内画窗内透视画一张；四月十三，画狗图一张；十月二十六，画金胎高足珐琅杯(陶盖与托碟)；十一月十九，画过年喜庆画一张；

雍正九年二月初三，画各样桌子、围棋大小两份；五月初五，画大画一张；六

---

① 朱伯雄. 郎世宁来华后的艺术活动[J]. 世界美术，1982(2).
杨伯达. 郎世宁在清内庭的创作活动及其艺术成就[J]. 故宫博物院院刊，1988(2).

月十七，与高其佩、唐岱合作画山水画一张，其中风雨景多用西法；九月初七，画绢画一张；九月二十七，画山水画三张；十月十一，画山水画五幅；十一月十八画山水画四幅；十二月二十八，画夏山瑞蔼画一张.

雍正十年四月初八，画端阳节画；四月二十九，画聚瑞图一张；七月十六画大画一张；九月初六，画万寿节画；十一月初九，画年画两张；十二月二十八，画绢画一张.

雍正十一年三月初六，画端午节画一张；九月初八画万寿节画；十月二十八，画绢画三张；十月二十九，画竹画；十二月二十七，画竹画一张.

雍正十二、十三年，郎世宁在宫廷中的活动同第十年，不再赘述.

由此看出，郎世宁在 1735 年之前绘制过静物，并且绘制静物是其在这段时期内的主要活动，特别是在雍正七年(1729)之前.

3. 郎世宁在这期间绘制的静物很有特色，主要有花瓶、哈密瓜、房间陈列物、窗户、房子、桌子、托盘和陶盖等.

而在《视学》中恰好有花瓶画，如图 5-8 所示；恰有类似哈密瓜的球体的画法，如图 5-9 所示；恰有窗户的画法，如图 5-10 所示；恰有房间陈列物，如柜子的画法，如图 5-11 所示；恰有桌子的画法，如图 5-12 所示.

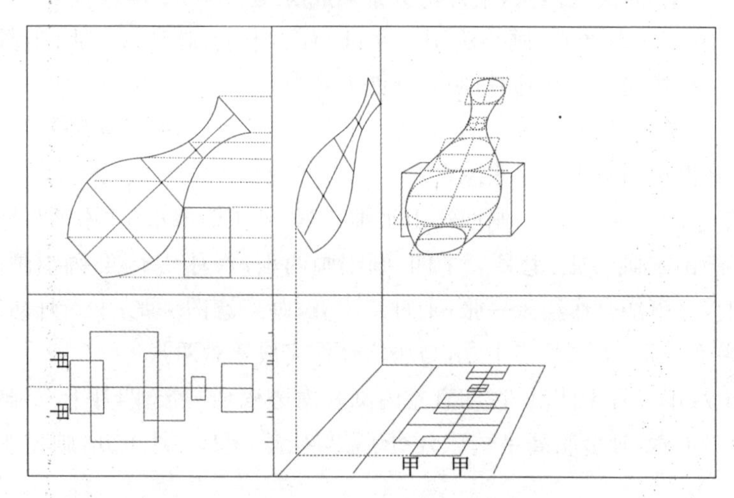

图 5-8 《视学》中花瓶图

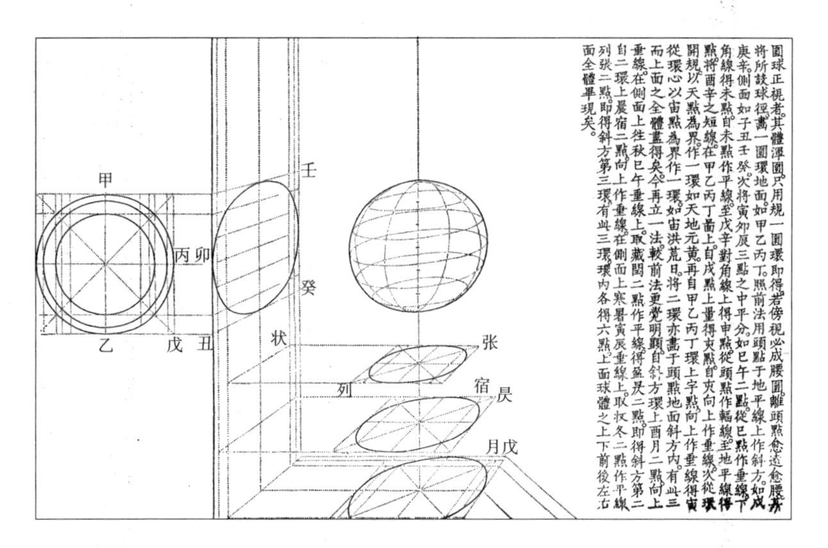

图 5-9 《视学》中球的画法图

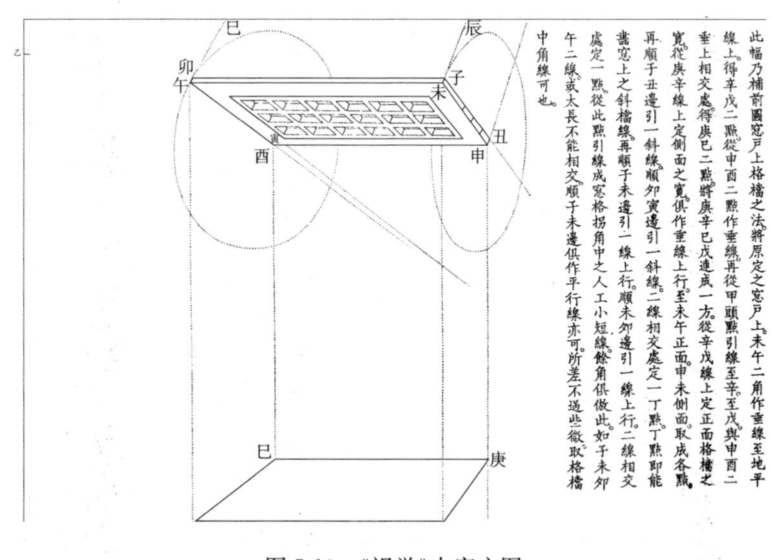

图 5-10 《视学》中窗户图

图 5-11 《视学》中柜子图

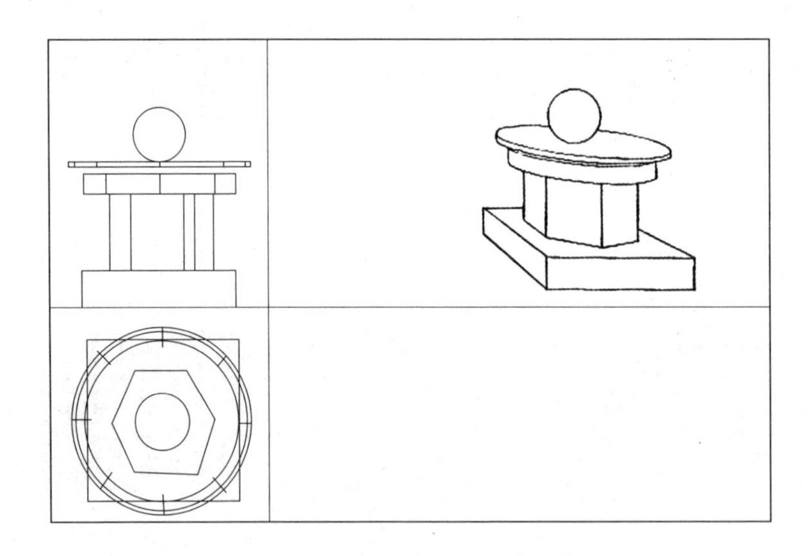

图 5-12 《视学》中桌子图

4. 雍正四年，郎世宁曾为四宜堂的内隔断绘画. 这幅画是郎世宁照西洋夹纸法绘制而成的——远近画片共六张构成，这六张都是线法画. 而在《视学》中恰有两幅这样的画，如图 5-13、5-14 所示. 图 5-13、5-14 中的场面恰有六张构成，并且在图 5-14 中有文字说明：“此二三四五六面，俱系一样人物，如二面之人移至三面，该小若干，移于四面，该小若干，悉次为图，如法画去，自有天然深邃之妙.”

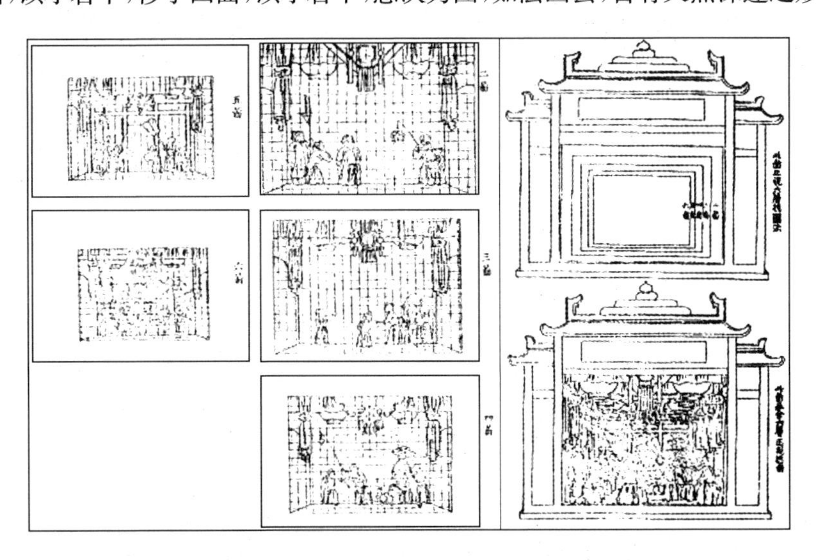

图 5-13 《视学》中层面画

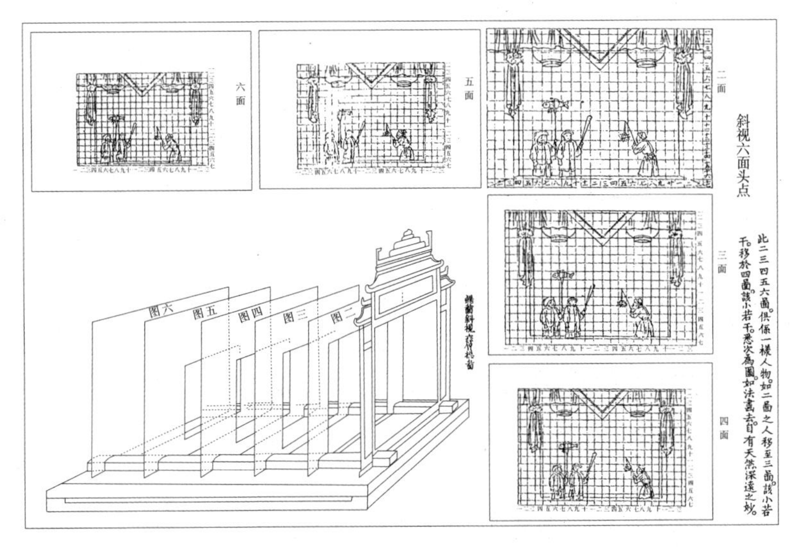

图 5-14 《视学》中层面图

5. 如图 5-13、5-14 所示，郎世宁的这两张层面画表述的是元宵节的场景，因为里面有花灯情节.而由前面的记录可知，郎世宁确系绘制过类似的节令画.并且根据《养心殿造办处各做成活计清档》记载，郎世宁于 1746 年进呈一幅元宵节图，该图原来名为《上元图》，现在改名为《弘历岁朝行乐图》，是故宫博物院收藏的郎世宁最珍贵的一幅画，如图 5-15 所示.故宫博物院研究郎世宁的专家杨伯达先生在介绍这幅画时说："此图描写宫中元宵节的风俗，如堆雪狮、提灯等婴戏情节，与民间相似."①另一位专家聂崇正说："郎世宁与沈源、周鲲、丁观鹏合画的《上元图》轴，是描绘乾隆皇帝及其家人欢度元宵佳节的节令画，图中画有两进院落，殿庑及回廊的走向均以一定的规律，朝画面之外的一个视点集中，此画虽另画有人物及山水，但建筑物采用'线法画'画成，画面的欧氏风格十分浓厚."②

图 5-15　上元图

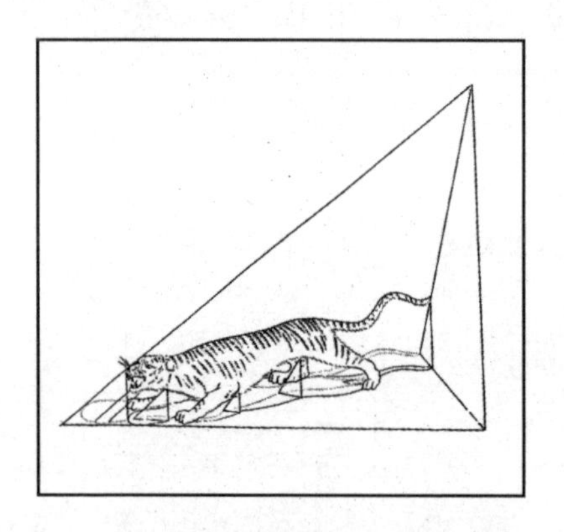

图 5-16　《视学》中虎图

图 5-17　猛虎图

6. 在上述 95 幅透视画中有一幅关于老虎的画，如图 5-16 所示.而由前面的记录可知，郎世宁在雍正时期画过老虎.不仅雍正时期，在乾隆时期也绘制

① 杨伯达.郎世宁在清内庭的创作活动及其艺术成就[J].故宫博物院院刊，1982(2).

② 聂崇正.郎世宁[M].北京：人民美术出版社，1985：32.

过.郎世宁在乾隆时期绘制的虎图名为《猛虎图》(如图 5-17 所示).[①]雍正时期郎世宁绘制的虎图已轶,但我们可以和乾隆时期的《猛虎图》比较,仍然会看到相似的地方.

7. 在上述 95 幅透视画中还有一幅人物画,这幅画中的人物看外表穿着是个蒙古人,如图 5-18 所示.而郎世宁在康熙时期就见过蒙古人,并且还有明确的记录证实在乾隆时期其绘制过蒙古人的像.[②]

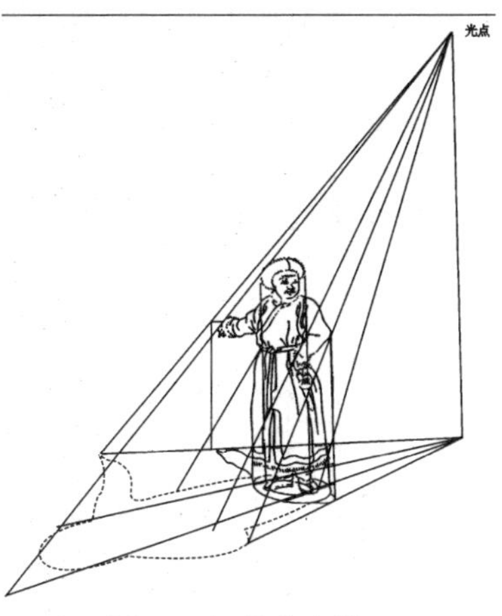

图 5-18 蒙古人像

8. 郎世宁在这个时期的图画,仅有"聚瑞图"、"嵩现英芝图"、"羚羊图"、"百俊图"、"午瑞图"和"果亲王允礼图"等几幅保留了下来,其余的不知了去处.在这些保留下来的画中,"聚瑞图"中有圆形花瓶,是一幅静物图,如图 5-19 所示."午瑞图"如图 5-20 所示.

图 5-19 聚瑞图

图 5-20 午瑞图

① Beurdeley Cecile, Beurdeley Michel, Bullock Michael. Giuseppe Castiglione: A jesuit painter at the court of the Chinese emperors [M]. Rutland: Charles E. Tuttle Company, 1971:180.

② 聂崇正.郎世宁[M].北京:人民美术出版社,1985:31.

9. 郎世宁从康熙时期开始就收徒弟，雍正时期尽管调走了几个，但还有 6 个，郎世宁还要上课. 而前面已经提及，西画课是科学的和系统的，在初级阶段不仅要了解其中的投影和画法几何知识，还要练习画静物. 而在要画的静物中，几何方体由于是最简单的，所以画的也是最多的.《视学》中恰有多幅几何方体的画，如图 5-21、5-22 所示.

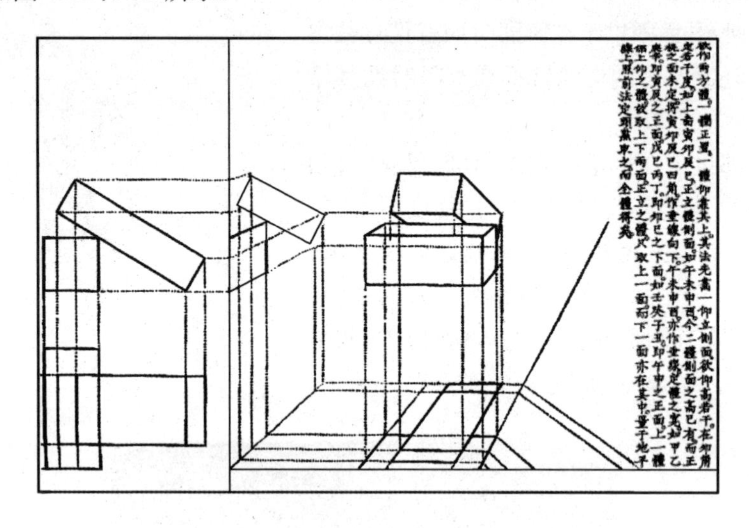

图 5-21　方体画(a)

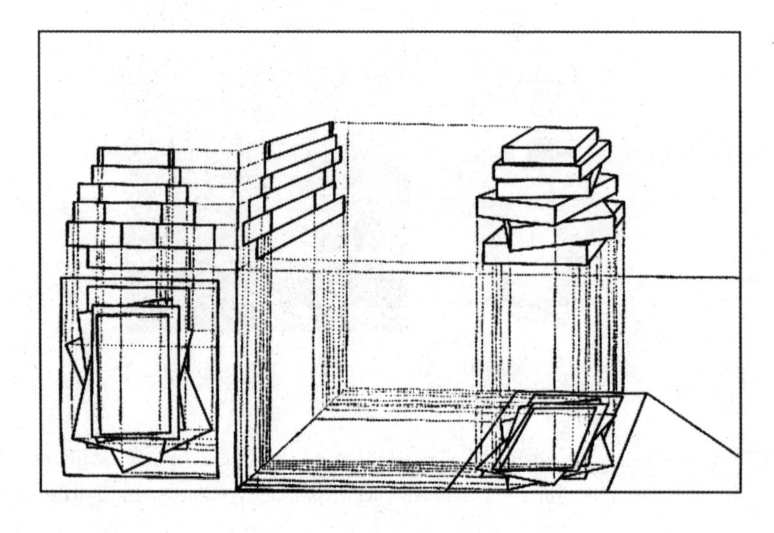

图 5-22　方体画(b)

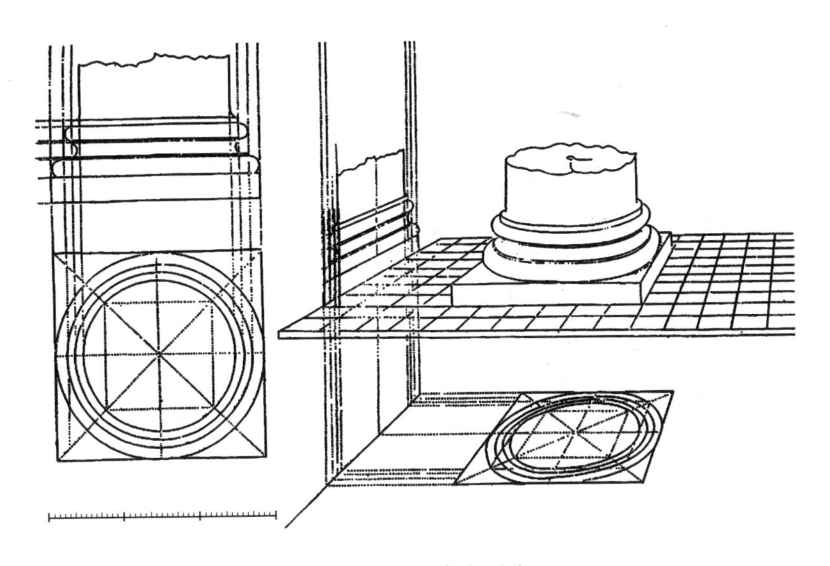

图 5-23　圆柱底座画法

10. 图 5-21 中的文字说明是:“欲作两方体,一体正置,一体靠其上.其法先画一仰立侧面.欲仰高若干,在卯角定若干度.如上面寅卯辰巳,正立体侧面,如午未申酉.今二体侧面之高已有,而正视之面未定,将寅卯辰巳四角,作垂线向下,午未申酉亦作垂线,定体之宽,如甲乙庚辛,即寅辰之正面.戊巳丙丁即卯巳之下面.如壬癸子丑即午甲之正面.上一体系上仰之体,故取上下两面,正立之体,只取上一面,而下一面亦在其中.量于地平线上,照前法定头点取之,而全体得矣.”由此看出其绘制透视图的两个步骤是:首先作实物的正视图和侧视图,其次作实物的透视图.不仅这个方体是这样作的,我们仔细分析发现,其余的都是这样作的.而这正是朴蜀给出的方法.朴蜀在《绘画与建筑透视》一书中给出的关于实物的画法基本上都遵循上述步骤,如图 5-23 所示.而在我国最早掌握这种方法的是郎世宁.还有另外一方面,在《视学》中有序号的图形中——即确定是年希尧绘制的图形中,确系没有一幅和上述图形是一样的.年希尧绘制的图形基本上都是采用的离点法,如图 5-24 所示,没有一幅是按照先作实物的正视图和侧视图,然后再作透视图的方法画的.

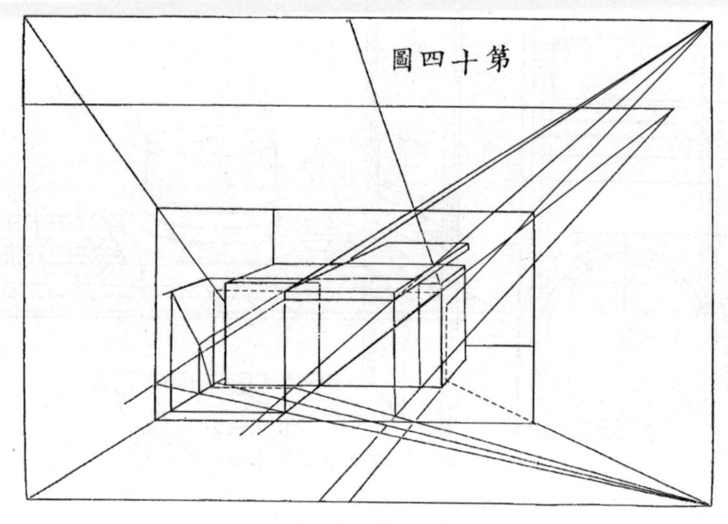

图 5-24　离点画图

11. 年希尧在 1729 年出版的《视学》序言即视学弁言中说:“余曩岁即留心视学,率尝任智殚思,究未得其端绪. 迨后获与泰西郎学士数相晤对,即能以西法作中土绘事.”由此看出,起初其不懂西法绘画,是在和郎世宁“数相晤对”之后学会的.“数相晤对”到底是多少次? 不清楚,但肯定不会太多. 因为年希尧不是郎世宁的徒弟,当时也不是专职宫廷画师,而且,他在外面还有任职——负责景德镇瓷器制造,常常不在京师. ①这样,年希尧根本没有多少时间和郎世宁进行切磋与交流,郎世宁和年希尧的会面很可能是有限的几次. 在这有限的几次会面中,年希尧表示要学习西法绘画,而郎世宁简单地向其介绍了透视法的规则后,给了年希尧一些他给学生上课用的讲稿或是关于基本规则的习作是很有可能的.

12. 最近看 1977 年美国出版的《透视学》(*Perspective*: *Introduction and commentary by Pierre Desargues*),这是一本历史书. 其全面分析了从 15 世纪到 19 世纪全世界在透视学方面卓有成绩的 52 个人物及其作品,这其中包括朴

---

① 查《养心殿造办处各做成活计清档》,雍正三年之后,凡内务府交给年希尧的瓷器烧制样品均由其家人郑旺和郑天锡领去,凡年希尧完成的作品也均由其他人转呈. 见:朱家溍. 养心殿造办处史料辑览(第一辑)[M]. 北京:紫禁城出版社,2003:62,65,138,151,152,178,180,188,202,219,220,247,249,251,269. 年希尧自己也说自雍正丁未(1727)年之后常住景德镇督办官廷御用陶瓷烧制. 见:吴仁敬,辛安潮. 中国陶瓷史[M]. 上海:上海书店出版社,1984:91.

蜀、郎世宁和年希尧.同时,作者也梳理了他们之间的关系,比如不同人物之间的继承性和影响等.在分析朴蜀和年希尧的作品时,作者除了提及朴蜀和郎世宁之外,并未提及其他人,作者未发现《视学》还有其他的西方来源.①另外,沈康身先生读法国人编写的《透视学史》也未有发现其有新的西方来源.

所以,从上述种种迹象来看,《视学》中不知来源的95幅画应该是郎世宁绘制的,即使不全是郎世宁绘制的,也应当占绝大多数.最近有人说:"年希尧不是从具体的绘画创作,而是从理论上对西方传入的透视学进行系统总结的.一部《视学》,就整体内容而言,无任何"节译"线索可循,所附"图样"均系自撰,大部分插图亦为印证作图理论的相应图例.从理论到画法,自成体系,是他独立完成的图学专著.在吸取西方的材料,如引用图形时,亦加以说明;在绘制环行立体建筑图形后,每图附文,具体说明做法,文字内容,俱非译文,实乃系作者自撰."②这实际上是不正确的.

§5.5 小结

综上,清朝初期有不少传教士都传入了我国西方早期画法几何知识,但郎世宁是最为突出的.郎世宁来我国之后在多种场合下给国人展示了其高超的写实绘画技巧,从而展示了其过人的透视画法.然后,其正式招收学生,系统地传授西方透视画法.1729年,郎世宁帮助我国数学家年希尧写成《视学》一书.在此书中其不仅提供了30余幅从西方带来的图形,而且还帮助年希尧部分翻译了朴蜀的书——《绘画与建筑透视》中的透视绘画理论.这些翻译的理论不仅在《视学》的第二幅图形的说明中可见,在其他几幅图形的文字说明中也可看到,只不过翻译过来的时候采用了意译.《视学》包含大小图形187幅,除去年希尧自己绘制的50多幅和直接翻刻的朴蜀书中的30余幅,还剩下95幅.这95幅仔细分析其实是郎世宁提供的,其大多数应当是郎世宁的作品.这样在传入我国西方画法几何的重要文献《视学》中,应当有郎世宁的直接工作.这样算来,在《视学》的编写过程中,很有可能郎世宁也参与了编排和撰写.

---

① Allison Ellyn Childs. Perspective: Introduction and commentary by Pierre Desargues [M]. New York: Harry N. Abrams, 1977.

② 刘克明.中国工程图学史[M].武汉:华中科技大学出版社,2003:291.

第六章　梅文鼎和年希尧与西方画法几何在我国的传播

清朝初期,西方画法几何通过国人的研究继续在我国传播.这其中当然有很多人做出了贡献,但在早期,数学家梅文鼎和年希尧的工作应当说是最为突出的.本章我们拟基于前人的研究对他们两人的贡献作进一步的探讨.

§6.1　梅文鼎对西方早期画法几何在我国传播的贡献

梅文鼎(1633—1721),字定久,号勿庵,安徽宣城人.其青少年时期学习我国传统历法①,及长——准确地说是1675年之后,其开始学习西方历法.1675年,梅文鼎到南京参加乡试,从一个姓姚的人家购得徐光启编纂的《崇祯历法》抄本多卷,遂如饥似渴地学习起来.和梅文鼎同时期的学者梅庚曾记载这件事,说:"(梅文鼎)应乡试,得泰西历算书盈尺,穷日夜不舍."②梅文鼎即是在这个过程中学习到西方早期画法几何的.

关于梅文鼎对于西方早期画法几何的学习,目前已有人探讨.根据前人的研究我们可以知道,梅文鼎从利玛窦等人传入的"曷捺楞马"和汤若望传入的天球黄赤相求的简法中学习了西方天球平行正投影,从而为西方早期画法几何在我国的传播打下了基础.③其实,进一步分析梅文鼎的行迹和著作,我们会发现其在研究西方天文学书籍时,还学习了其他一些西方画法几何知识,比如西方天球中心投影和轴测投影等.这部分内容目前尚无人论述,下面首先对其进行探讨.

6.1.1　梅文鼎学习了西方天球中心投影和轴测投影

据梅文鼎生前校订过的《勿庵历算书目》记载,1679年其曾对西方传教士传

---

① 刘钝.梅文鼎[G]//杜石然.中国古代科学家传记.北京:科学出版社,1993:1030.

② (清)梅庚.绩学斋诗钞序[G]//梅庚.天逸阁集.清康熙年刻本.

③ 刘钝.郭守敬的《授时历草》和天球投影二视图[J].自然科学史研究,1982(4).
刘钝.托勒密的"曷捺楞马"与梅文鼎的"三极通机"[J].自然科学史研究,1986(1).
李迪,郭世荣.梅文鼎[M].上海:上海科学技术文献出版社,1988:180—188.

入的星盘进行过研究，还同他的朋友一起讨论过星盘的制法. 他说："巳未与山阴友人何奕美言测算之理，为作浑盖地盘. 而苦乏铜工，爰作此(璇玑)尺以代天盘."①

另外，毛晋可在《梅先生传》中也说："(梅文鼎)测算之图与器，一见即得要领……西洋简平、浑盖、比例规尺诸仪器书不尽言，以意推广之，皆中规矩."②

还有，梅文鼎自己在后来的著作中也多次提到《天学初函》和《浑盖通宪图说》的名字. 如在《几何补编自序》中，他说："天学初函有几何原本六卷，治于测面，七卷之后未经译出……"在《历学疑问》中他说："问若是则浑盖通宪，即盖天之遗制欤，抑仅平度均布，如唐一行说云耶曰皆不可考矣. 周髀但言笠以写天，天青黑地黄赤天数之为笠也，赤黑为表，丹黄为里，以象天地之位，此盖写天之器也. 今虽不传，以意度之，当是圆形如笠，而图度星象于内，其势与仰观不殊. 以视平图浑象转为亲切何也？星图强浑为平，则距度之疏密改观，浑象图星于外，则星形左右易位，若写天于笠，则其图势屈而向内，星之经纬距皆成弧度，与测算弥合，胜平图矣. 又其星形必在内面，则星之上下左右则正其位胜浑象也." 后来，梅文鼎甚至还写出了一卷《浑盖通宪图说订补》，在该书的开头梅文鼎说："浑盖之器，以盖天之法代浑天之用，其制见于元史札马鲁丁所用仪器中. 穷疑为周髀遗术流入西方者也. 法最奇，理最确，而于用最便行，测之第一器也. 然本书中黄道分星之法尚缺其半，故此器甚少，盖无从得其制度也. 兹为完其所缺，正其所误，可以依法成选用之不疑矣."

由此看出，梅文鼎受到了西方传教士传入的星盘知识的影响，特别是李之藻《浑盖通宪图说》内容的影响，从而学习到了关于天球中心投影的知识.

梅文鼎晚年写成《几何补编》和《堑堵测量》两书. 在这两部书中，梅文鼎绘制了多幅几何图形，如图 6-1、6-2、6-3、6-4 所示(原图不清，故另画).

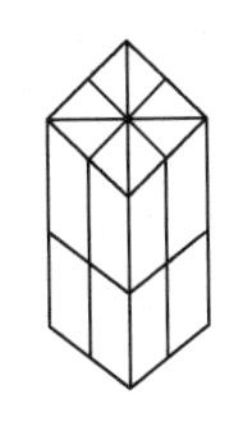
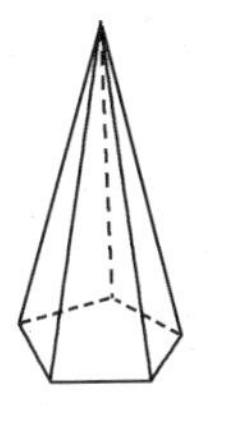
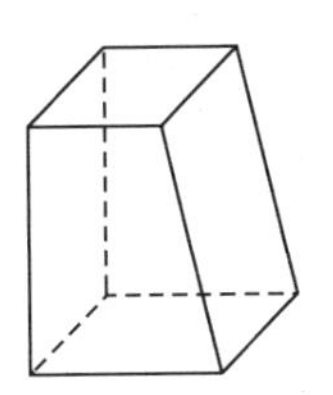

图 6-1　方体　　图 6-2　三角体　　图 6-3　锥体　　图 6-4　台体

① 梅文鼎. 勿庵历算书目[M]. 苏州：苏州振新书社影印清鲍氏知不斋刻本，1949.
② 毛晋可. 梅先生传[G]//梅文鼎. 勿庵历算书目[M]. 苏州：苏州振新书社，1949.

这些图形很明显都使用了轴测投影画法，但它们从哪里来的呢？梅文鼎在《堑堵测量》序言中说："堑堵测量者勾股法也，西术言之则立三角法也. 九章以立方斜剖成堑堵，其两端皆勾股，再剖之则成锥体，而四面皆勾股矣，任以锥体之一面平真为底，则其锐上指，环而视之，皆成立面之勾股，而各有三角三边，故谓之立三角也. ……立三角者量体之法也，西学以几何原本言度数，而所译六卷之书止于测面，测体法则未之及，盖难之也. 余尝以勾股法释几何，而稍为推广其用，谓之几何补编，亦曰立三角法，本为体积而设……"由此看出，此两部书都是在学习西方历法的基础上写成的，都受到了西方立三角法的影响.

在《崇祯历书》的《测量全义》中，有一部分是专门讨论体积测量的. 在那里，作者从弥补《几何原本》前六卷没有给出讨论体积的命题这一角度出发，研究了多种立方体的性质，如四面体、六面体、八面体和十二面体等. 书中给出的图形如图 6-5 所示(原图不清，故另画). 还有，在梅文鼎的其他文献中，其也多次提到《测量全义》，由此，梅文鼎的轴测投影和相关画法知识很可能来源于这里.

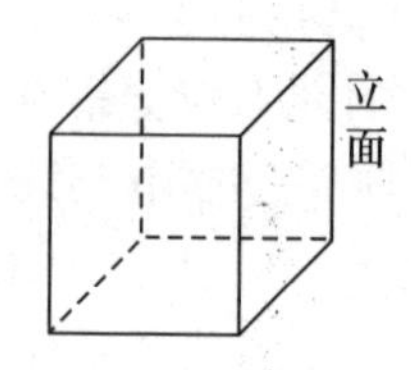

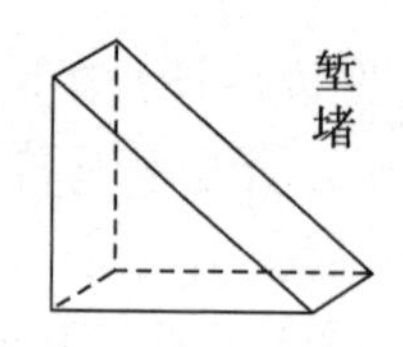

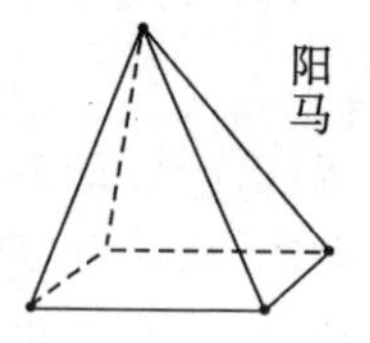

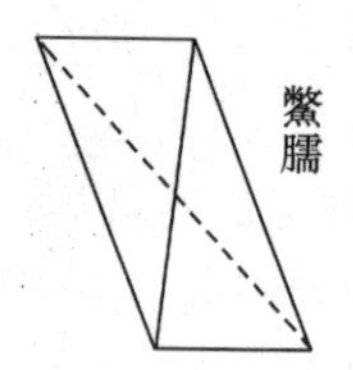

图 6-5　立体图

由此看出，梅文鼎受到西方数学和历法书籍的影响，也学习到了西方轴测投影知识.

6.1.2　梅文鼎对于西方球形平行正投影的性质进行了研究

梅文鼎学习到西方球形之后，随即对其进行了深入研究. 梅文鼎的研究是多方面的，前人已经指出，其讨论了视长和实长之间关系的三项性质：球面正投影周界上各点都可以作为球极点的投影；纬线正投影实长；经线弧正投影的实长. ①其实，除此之外，梅文鼎还讨论了其他一些性质，为西方球形投影的应用奠定了基础.

---

① 李迪，郭世荣. 梅文鼎[M]. 上海：上海科学技术文献出版社，1988：184；李兆华. 汪莱球面三角成果讨论[J]. 自然科学史研究，1995(3).

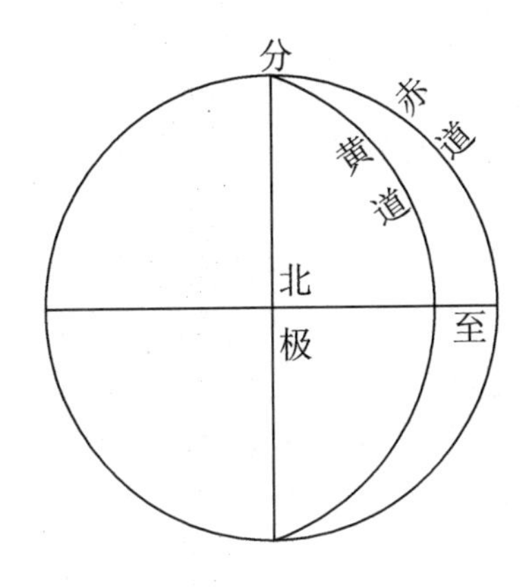

图 6-6　天球正视图

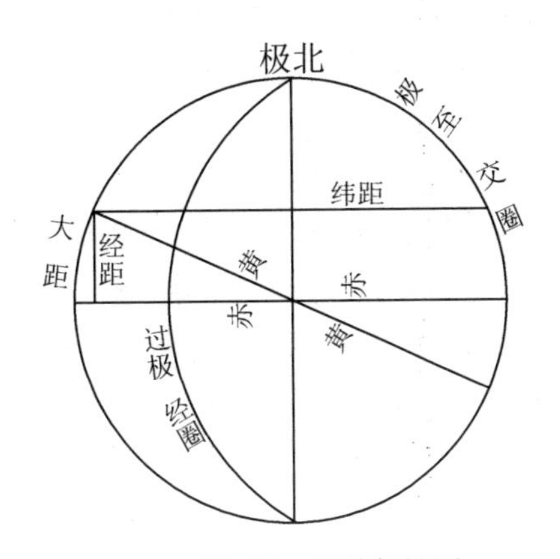

图 6-7　天球侧视图

在《弧三角举要》中，梅文鼎说："弧三角非图不明，然图弧线于平面，必用视法，变浑为平. 平置浑仪，从北极下视，则惟赤道为外周不变，而黄道斜立成椭形. 其分至各经圈，本穹然半圆，今以正视，皆成圆径，是变弧线为直线也. 立置浑仪，使北极居上，而从二分平视之，则惟极至交圈为外周不变，其赤道黄道俱变直线为圆径，而成辏心之角. 是变弧线角为直线角也. 其赤道上逐度经圈之过黄赤道者，虽变椭形而其正弦不变，且历历可见，如在平面，而与平面上之大距度正弦同角，成大小勾股比例，是弧为各线皆可移于平面也，故视法不但作图之用，即步算之法已在其中."在这里，梅文鼎给出的图形如图 6-6、6-7 所示.

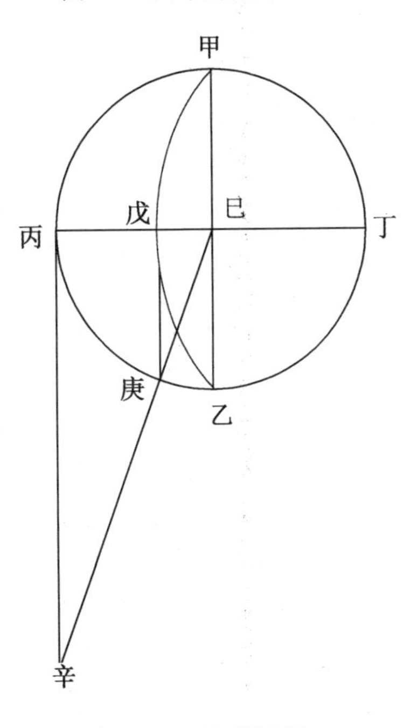

图 6-8　平行投影图

由此看出，梅文鼎讨论了球面大圆于平行正投影下的性质：垂直于投影光线的皆为正圆，其他的为椭圆，平行投影直线的大圆均变为腰圆投影圈的直径；虽然如此，但它们的实度是一样的.

在该书中，梅文鼎又说："如图(图 6-8 所示)，甲乙丙丁半浑圆，以甲戊乙弧界之，则其弧面分两角，为一锐一钝. 以视法移此弧度于相应之平面，亦一锐一钝，即分圆径为大小二矢，而戊丙正矢，为戊甲丙锐角之度，戊丁大矢为戊甲丁钝角之度，故即得角……丙戊弧为甲锐角之度，与丙庚等，则丙戊之在平面者，变为直线，即为甲锐角之矢，而戊巳为角之余弦，戊庚为角之正弦，丙辛为角之切线，巳辛为角之割线，皆与平面丙庚弧之八线等．丁巳戊过弧为甲钝角之度，与丁乙庚过弧等，则丁戊在平面者，变为钝角之大矢，而戊巳余弦，戊庚正弦，丙辛切线，巳辛割线，并与锐角同．”

由此看出，梅文鼎在这里又研究了平行正投影下球面圆弧的性质．

在《圜中黍尺》小引中，梅文鼎说：“圜中黍尺者，所以明平仪弧角正形，乃天外观天之法也．而浑天之画影也．天圆而动无晷刻停，而六合以内，经纬历然，亘万古而不变，此即常静之体也，人惟囿于其中，不惟常动者，不能得其端倪．即常静之体所为，经纬历然者亦无能拟．诸形容惟置身天外，以平观大圆之立体，则周天三百六十经纬之度擘画分明，皆能变浑体为平面．而写诸片楮按度考之，若以颇黎水晶透明之质，琢成浑象，而陈之凡案也．又若有镂空玲珑之浑仪取影于烛而惟肖也．故可以算法证仪，亦可以量法代算，可以独喻可以众晓平仪弧角之用，斯其妙矣．庚辰中秋，鼎偶沾寒疾，诸务屏绝，辗转床褥间，斗室虚明，心间无寄，秋光入户，秋夜弥长，平时测算之绪来我胸臆，积思所通，引申触类，乃知历书中斜弧三角矢线加减之图，特意推明算理，故为斜望之形，其弧线与平面相离，聊足以仿佛意象，启人疑悟，而不可以实度．比量固不如平仪之经纬，皆为实度，弧角悉归正形．可以算即可以量．为的确简易也．”

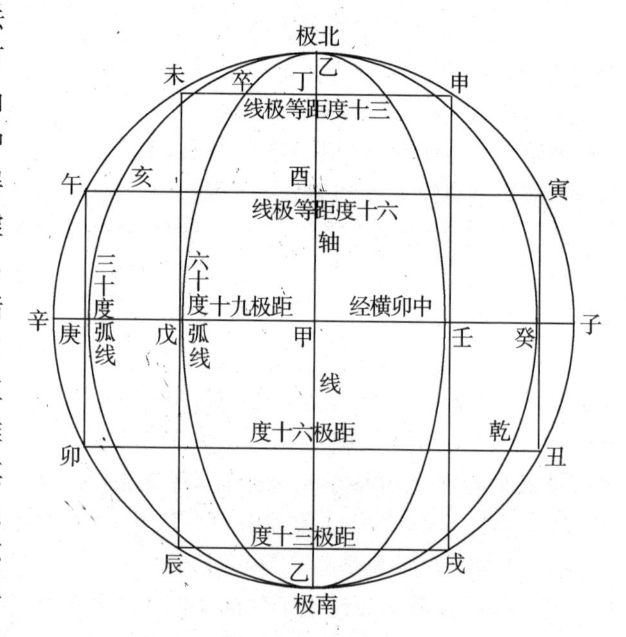

图 6-9　平仪应外周度图

由此可见，梅文鼎在这里对球形投影的特点进行了描述，其描述与古希腊时期天文学家们使用球形投影的前提完全相同．

在《圜中黍尺》第二卷中，梅文鼎说：“以横线截弧度，以直线取角度，并与外周相应(如图 6-9，原图不清，故另画)．如艮巳弧距极三十度，为申未横线所截，故其度与外周未巳相应.坎乙应戊乙亦同.又乾乙弧距极六十度,为丑卯横线所截,故其度与外周丑乙相应.巽巳应午巳亦同……论曰:平仪有实度,有视度,有直线,有弧线.直线在平面皆实度也.弧线在平面,则惟外周为实度,其余皆视度也.实度有正形,故可以量,视度无正形,故不可以量.然而亦可量者,以有外周之实度与之相应也.何以言之?曰:平仪者,浑仪之画影也,置浑球于案,自其顶视之,则为外周三百六十度无改观也.其近内之弧度,渐以侧立而其线渐缩而短.离边愈远,其侧立之势益高,其跻缩愈甚.至于正中且变为直线,而与圆径齐观矣.此跻缩之状,随度之高下而迁,其数无纪,故曰不可以量也.然以法量之,则有不得而遁者,以有距等圈之纬度为之限也.试横置浑球于案,任依一纬度直切之,则成侧立之距等圈矣.此距等圈与中腰之大圈平行,其相距之纬度等,故曰距等也.其距既等,则其圈虽小于大圈,而为三百六十度者不殊也.从此距等圈上,逐度作经度弧,其距极亦有等,特以侧立之故,各度之视度跻缩不同,而皆小于边之真度.其实与边度并同,无大小也,特外周则眠体而内线立体耳.故曰不可量而可量者,以有外周之度与之相应也.此量弧度之法也,弧度者纬度也.然则其量角度也奈何?曰角度者,乃经度也,经度之数,皆在腰围之大圈.此大圈者在平仪则变为直线,不可以量,然而亦可以量者,亦以外周之度与之相应也."

"试于平仪内任作一弧角,如乙巳丙平圆(如图6-10所示,原图不清,故另画),内作巳丙戊角,欲知其度,则引此弧线过横径于戊,而会于乙,则巳戊弧即丙锐角之度.戊壬弧即丙钝角之度也.然巳戊与戊壬两弧皆以视法变为平线,何以量其度?法于戊点作庚心直线,与乙丙直径平行,则巳庚弧之度即戊巳弧之度,亦即丙锐角之度矣.其余庚乙壬之度,即戊丁壬之度,亦即丙钝角之度矣.故曰不可量而实可量者,以有外周之度与之相应也."

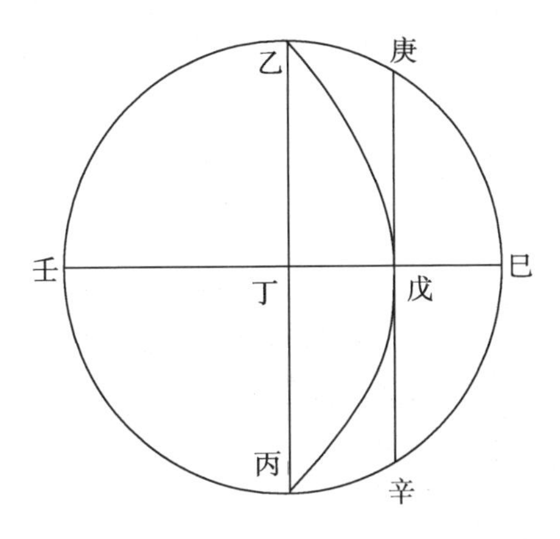

图6-10 视度和实度关系图

由此看出,梅文鼎在这里讨论了球面平行正投影下直线和弧线的关系与实度和视度的关系,在这个过程中其也讨论了球面上经纬线的投影特点,还讨论了球面三角形的角投影特点.

之后,梅文鼎又说:"凡平仪上弧线皆经度,直线皆纬度.惟外周经度亦可当纬度,又最中长径纬度亦为经度.平仪上弧线皆在浑面,而直线皆在平面.试以浑球从两极中半间处直切之,则成平面矣.以此平面覆置于案面,从中腰切之,则成横径于平面矣.又以此横径为主,离其上下作平行线而横切之,则皆成距等圈之经线于平面矣.大横径各距极九十度,逐度皆可作距等圈,即有距等径线在平面,故曰皆纬度也,此线即为距等圈之径,则其径上所乘之距等圈距极皆等,即任指一点作弧度,其去极度皆等,故以为纬度之线也.若别指一处为极,则其对度亦一极也,亦可如前横切作横径于平面,其横径上下亦皆有九十度之距等圈与其经线矣,故直线有相交之用也."由此可见,梅文鼎深入讨论了平行正投影下距等圈的性质.

之后,梅文鼎又说:"平仪上直线弧线皆正形也,问前论直线有正形,弧线跻缩无正形,兹问何以云皆正形?曰:跻缩者球上度也.然其在平面则亦正形矣.有中剖之半浑球于此,覆而观之,任于其纬度直切至平面,则皆直线也,而其切处,则皆距等圈之半圆,即皆载有经度一百八十也.从此半圆上,任指一经度作直线,下垂至平面,直立如悬针,则距等圈度之正弦也,若引此经度作弧,以会于两极,则此弧度上所载之纬度一百八十,每度皆可作距等圈,即每度皆可以作距等圈之正弦矣,由是观之,此弧上一百八十纬度,即各带有距等圈之正弦,即皆能正立于平面上亦有弧形矣.夫以弧之在球面言之,则以侧立之故,而视为跻缩,而平面上弧形,非跻缩也,故曰皆正形也,惟其为正形,故可以量法御之也."

"问平仪上经纬之度,近心阔而近边狭,何也?曰:浑圆之形从其外而观之,则成中凸之形,其中心隆起处近目而见大,四周远目而见小,此视法一理也.又中心之经纬度平铺,而其度舒,故见大,四周之经纬侧立而其度垛垒,故见小,此又视法一理也.若以量法言之,则近内之经纬无均平之数,数皆纪之于外周.外周之度皆以距等线为限,而近中线之距等线,以两旁所用之弧度皆直过,与横直线所差少,故期间阔近两极之距等线则其两旁之弧度皆斜过,与横直线县殊故其间窄.此量法之理也,固不能强而齐一之矣.夫惟不能强而齐,故正弦之数以生八线由斯以出,尺算比例之法由斯可以量代算,而测算之用,遂可以坐天内观天外也."

由此,梅文鼎这里又详细讨论了球面经纬线圈的投影特点和测量特点等.

所以,梅文鼎仔细研究了天球平行正投影,对其性质进行了深入分析,特别是对投影下各曲线的特点进行了全面研究,他的以量代算正是建立在这些性质分析基础上的.梅文鼎对球形平行正投影性质的分析为此项内容在我国的应用和传播打下了良好的基础.

6.1.3 梅文鼎对西方球形投影进行了实践和应用

梅文鼎在研究了西方画法几何知识之后,对其进行了实践和应用.前面曾提及,1679 年梅文鼎曾同朋友一起制作过西式星盘,这就是一个例子,在这里其实践了西方球极投影.

除此之外,1684 年,梅文鼎撰写《弧三角举要》一书,应用球形平行正投影也是一例.

《弧三角举要》是梅文鼎学习了《崇祯历书》之后,对其进行深入研究的一部著作.他在序言中说:"全部《历书》即弧三角之理,皆自勾股之理,顾未尝正言其为,勾股使人望洋无际.又译书者识有偏全,笔有工拙,语有浅深详略,所在图说不无渗漏之端,影似之谈与臆,参之见学者病之.兹稍为摘其肯綮,从而疏剔订补,以直线发明其所以然,穷为一言一敝之:曰析浑圆寻勾股而已."①

为了说明他的观点,他在此书中引用了多幅《崇祯历书》中的天球平行正投影图形,如图 6-11、6-12 所示.

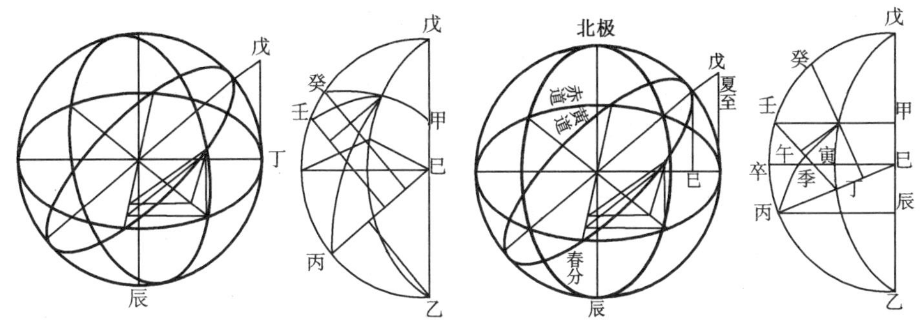

图6-11 浑天图(a) 图6-12 半球图(a) 图6-13 浑天图(b) 图6-14 半球图(b)

这两个图形都在《测量全义》中.②只不过,在引入后,梅文鼎稍微作了一些改动变成了如图 6-13、6-14 所示的图形而已.③

此外,梅文鼎参与《明史》"历志"的编写,为其插图也是一例.

---

① 梅文鼎.弧三角举要[M].乾隆魏荔彤兼济堂纂梅勿菴先生历算全书本.

② 梅文鼎在《历算全书》之《弧三角举要》中说图 8:"甲乙丙正弧三角形,即测量全义第七卷原图稍为酌定,又增一酉未乙形."

③ 李俨,钱宝琮.李俨钱宝琮科学史全集(第七卷)[M].沈阳:辽宁教育出版社,1998:220—224.

1679年至1700年，梅文鼎以布衣身份参与了《明史》“历志”的编写①，并为其绘制了插图，如图6-15、6-16、6-17、6-18、6-19所示。②

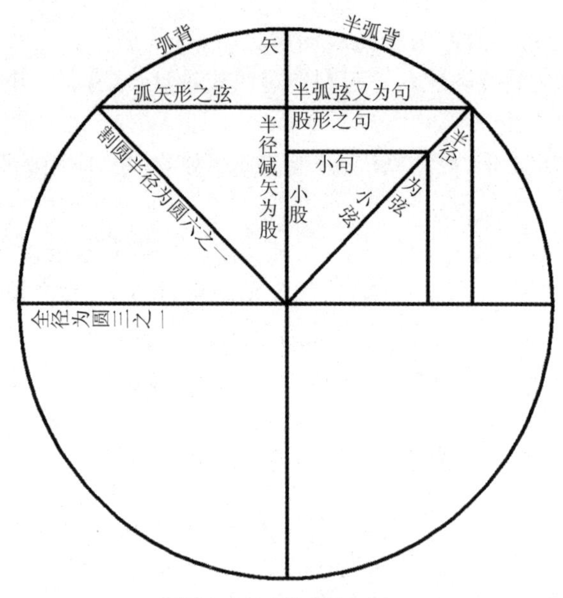

图6-15　割圆弧矢图

图6-15是割圆弧矢图.《明史》中对此图的解释是:“凡浑圆中剖，则成平圆.任割平圆之一分，成弧矢形，皆有弧背，有弧弦，有矢.剖弧矢形而半之，则有半弧背，半弧弦，有矢.”

图6-16为天球侧立之图.《明史》对此图的解释是:“平者为赤道，斜者为黄

① 1679年，梅文鼎作《历指赘言》.对于此书，梅文鼎后来说:“康熙戊年，愚山侍讲欲偕余入都，不果行.次年已未，愚山奉命纂修《明史》，寄书相讯，欲余为‘历志’属稿，而余方应臬台金长真先生之召授经官署，因作此寄之……盖‘历志’大纲略尽于此.一二年后担簦入都，承史局诸公以‘历志’见商，始见汤潜庵先生所裁定吴志伊之稿，大意多与鼎同，然不知其曾见余所寄愚山《赘言》否？亦承潜庵公屡次寄讯相招，而未及搴裳，比入都则作古久矣，为之慨然.”另外，梅文鼎晚年也曾解释其撰写的《明史历志拟稿》，说:“岁已巳鼎在都门，昆山以‘志’稿见属，谨摘讹舛五十处，粘签俟酌，欲俟黄处稿本到齐属处，笔而昆山谢事矣.无何，梨洲季子主一从余问历法，乃知鼎前所摘商者即黄稿也.于是主一方受局中诸位之请，而以《授时》表缺商之于余.余出所携《历草》、《通轨》补之.然写本多误，皆手自步算，凡篝灯不勤者两月始知此事之不易也.”由这两处，可知梅文鼎生前曾参与《明史》“历志”的编写，不仅如此，而且还是主要编修者.

② (清)张廷玉.明史(三)[M].北京:中华书局，1974:570—572,584,623.

道.因二至黄赤之距,生大勾股.因各度黄赤之距,生小勾股."

图 6-17 为天球平视之图.《明史》对此图的解释是:"外大圆为赤道.从北极平视,则黄道在赤道内,有赤道各度,即各有其半弧弦,以生大勾股."

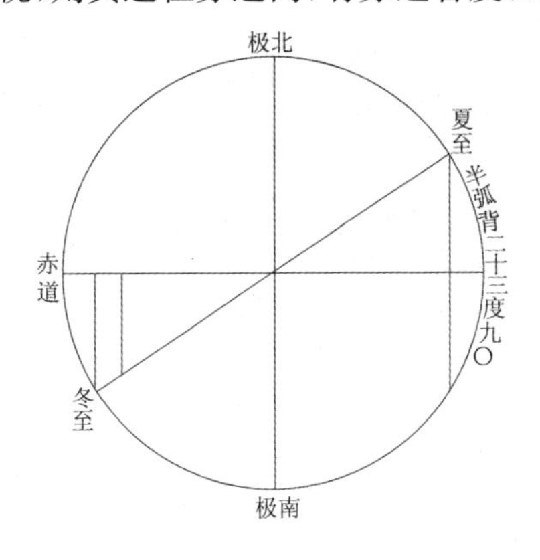

图 6-16　侧立之图

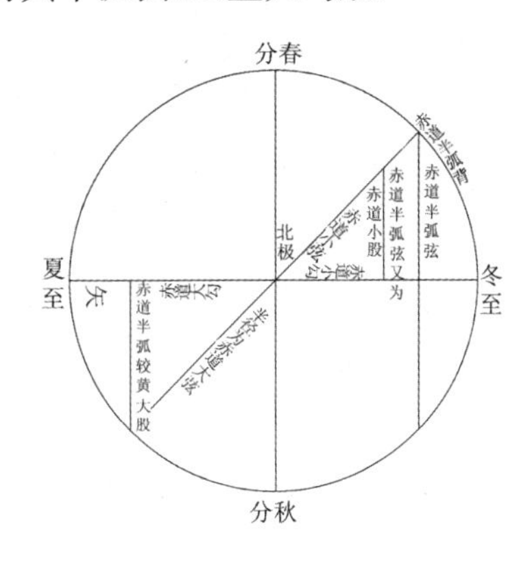

图 6-17　平视之图

图 6-18 为月道距差图,图 6-19 为二至出入差图.

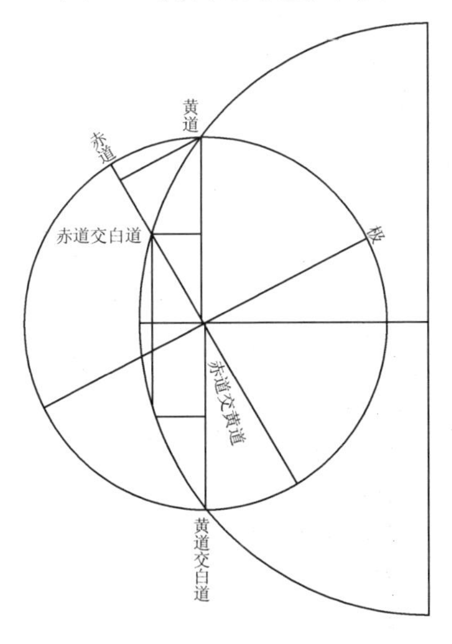

图 6-18　月道距差图

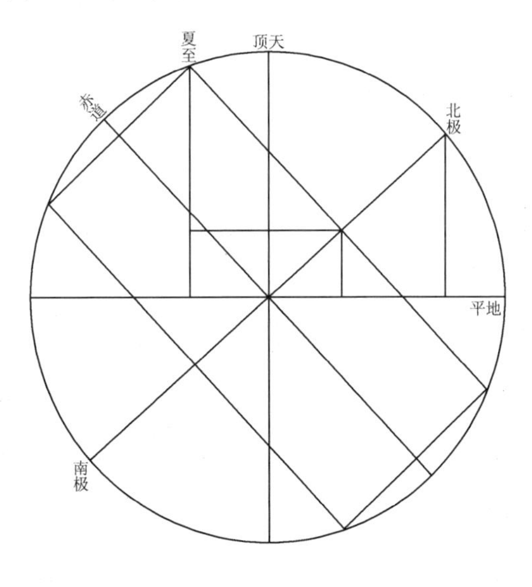

图 6-19　二至出入差图

由这些图形和解释,我们很容易看出上述图形为天球平行正投影图.

关于这五幅图的前三幅,在梅文鼎写成的《堑堵测量》一书中也曾出现过,如图 6-20、6-21、6-22 所示.①

对于图 6-20,该书的说明是:“凡浑圆中割成平员,任割平员之一分成弧矢形,有弧背,有弧弦,有矢.割弧背之形而半之,则有半弧背、半弧弦,有矢.因弧矢生勾股形,以半弧弦为勾,矢减半径之余为股,半径则常为弦.勾股内又生小勾股,则有小勾小股小弦.而大小可以互求,或立或平,可以互用.”

对于图 6-21,该书的解释是:“侧视之图:横者为赤道,斜者为黄道,因二至黄赤之距成大勾股,因各度黄赤之距离成小勾股.”

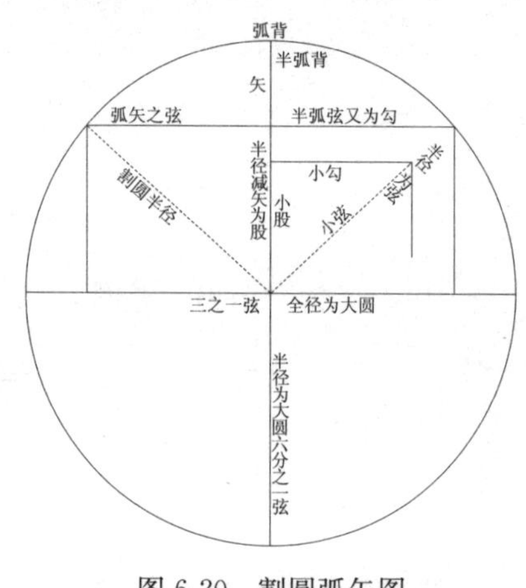

图 6-20　割圆弧矢图

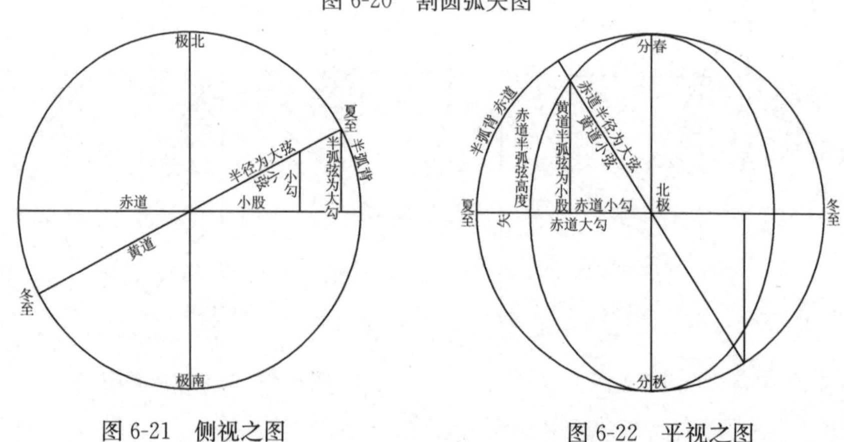

图 6-21　侧视之图　　　　图 6-22　平视之图

① 梅文鼎.堑堵测量[M].乾隆魏荔彤兼济堂纂梅勿菴先生历算全书本.

对于图 6-22，该书的解释是："平视之图：外大圆为赤道，内椭者为黄道. 有赤道各度即各其有半弧弦以生大勾股. 又各有其相当黄道半弧弦以生小勾股."

由此我们可看出这两处多么相似. 但是，在该书中，梅文鼎称之为"郭太史本法"，将这种画法归功于明朝天文学家郭守敬. 果真是郭守敬创造了这种方法吗？值得怀疑.

一、梅文鼎说"郭太史本法"来源于郭守敬的《授时历草》，而郭守敬的《授时历草》的原本至今无人看到. 我们所了解的关于该历书的信息，几乎全来自于梅文鼎的陈述. 据说梅珏成也曾看到《授时历草》，但梅珏成的记述中未提到其中有图形. ①

二、《元史》"郭守敬传"中说郭守敬著作十多种，却从未提及他有《授时历草》一书. ②

三、梅文鼎有极为严重的"西学中源"思想，为了证明其思想的合理性，有的时候其甚至不惜穿凿附会. ③

四、《明史》在给出图 6-15、6-16、6-17 前三个图形之后，给出了一个"按"，说："旧史无图，然表亦图之属也. 今勾股割圆弧矢之法，实历法家测算之本. 非图不明，因存其要者数端."

五、《崇祯历书》之《交食历指》中，有利用天球平行正投影进行计算的例子，给出的图形和上述图形很相似，如图 6-23 所示. 而该书是梅文鼎曾经看过的.

六、《崇祯历书》之《恒星历指》一书，梅文鼎最为熟悉. 在该书开头，有关于弧矢的介绍："第二界：余弧正弧之剩分. 如庚巳正弧，庚乙为余弧，是正小于巳乙也，如庚丁过弧则大于乙丁，而庚乙为过弧之余弧也……第六界：余弦余弧之正弦. 如丁丙正弧，则丙乙其余弧，丙甲为丙乙之正弦，丙丁之余弦. 第七界：倒弦者余弦与半径之较亦名矢. 如丙甲余弦，与辛戊线等，以辛戊减丁戊半径，存辛丁为丙丁弧之倒弦，亦为丙丁弧之矢."这里给出的图形如图 6-24 所示.

---

① 刘钝. 郭守敬的《授时历草》和天球投影二视图[J]. 自然科学史研究，1982(4).

② 见《元史》郭守敬传.

③ 江晓原. 试论清代"西学中源"说[J]. 自然科学史研究，1988(2).

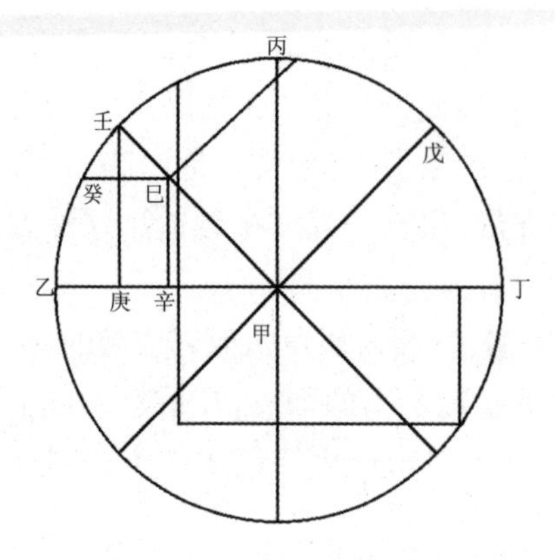

图 6-23 天球正投影图

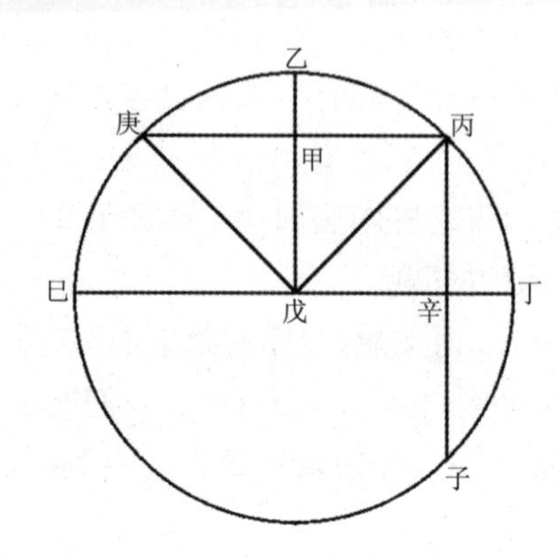

图 6-24 弧矢图

由此，梅文鼎给出的上述三图应当是全新的图形，是梅文鼎从西方历法中借鉴过来的，或是受到西方历法书中天球平行正投影思想和知识的影响自己绘制的. 再一种可能是，《授时历草》中有记录，但本无图形，上述三图是梅文鼎学习了西方天球平行正投影知识和相关画法几何知识之后，补绘出来的.

再说——退一步讲，姑且认为梅文鼎的记述是真实的——上述三图来源于郭守敬，梅文鼎只是抄录而已，但是，后面还有两个图形，这两个却是梅文鼎自己创造的. 这两个图形的思想从哪里来的呢？从其绘制的内容和方法来讲，不可能来源于传统历法书籍，肯定是梅文鼎对西方天球平行正投影进行吸收和消化的结果. 这样，无论如何，在《明史》"历志"插图中梅文鼎都实践了其从西方历法中得到的天球平行正投影知识和相关的画法几何知识.

6.1.4 梅文鼎深入研究了正多面体的几何性质，给出了其轴测投影图的画法

《测量全义》中"论体"部分讨论了正四面体、正六面体、正八面体、正十二面体和正二十面体的性质，以边长为 100，分别给出了它们的体积，也给出了它们的轴测图，如图 6-25 所示. 但并没有给出它们具体的绘制方法.

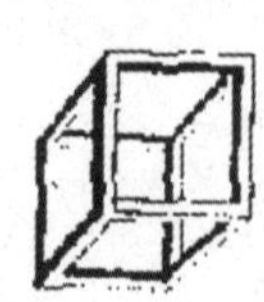

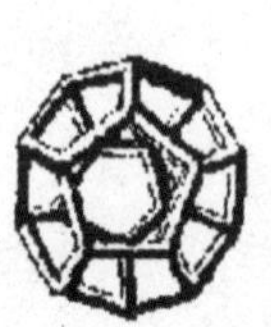

图 6-25 五个正多面体图

梅文鼎深入研究了这几个多面体的性质，首先指出了《测量全义》中正二十面体体积计算过程中的一个错误，然后给出了这些多面体——除正六面体——的一个具体画法. 在《几何补编》序言中他说："壬申春月，偶见馆童屈蔑为灯，诧其为有法之形，乃覆取测量全义量体诸率，实考其做法根源，以补原书之未备. 而原书二十等面体之算，向固疑其有误者，今乃证其实数，又几何原本理分中末线亦得其用法，则西人之术固了不异人意也，爰命之曰几何补编."

在《几何补编》第一卷中，梅文鼎说："凡等四面体，以其边为斜线而求其方，以作立方，则此立方能容等四面体. 何以知之？准前论，以一边衡于上，而为立方上一面之斜，则其相对之一边必维于下，而为立方底面之斜矣. 又此二边之势既如十字相午直，而又分于上下，为立方上下两面之斜线，然则自上面之各一端，向底面之各一端，联为直线，即为四等面之余，四边亦即余四面之斜，如此四等面之六边各为立方形六面之斜线，而为两正相容之体."梅文鼎给出的图形如图 6-26 所示. ①

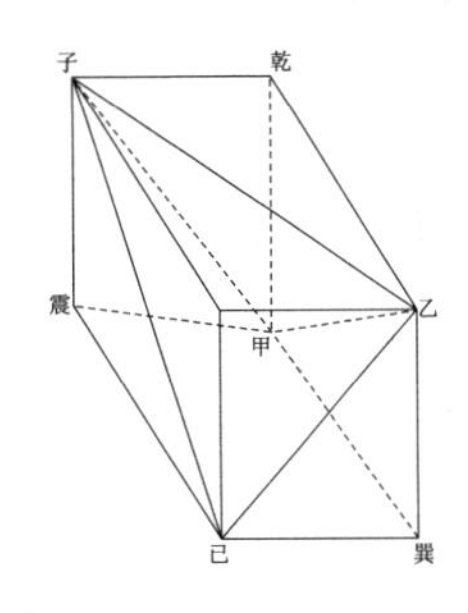

图 6-26 四面体

这段话虽然论述的是正四面体如何能容于一个正六面体内，但这个过程也可以反求，反求之，我们很容易得到一个绘制正四面体的简便方法，所以梅文鼎在这里实际上暗含着给出了正四面体的轴测画法. ②

在《几何补编》第四卷中，梅文鼎说："凡立方体各自其边之中，半斜剖之，得三角锥八，此八者合之即同八等面体. 依前算，八等面体其边如方，其中高如方之斜，若以斜径为立方，则中含八等面体，而其体积之比例为六与一. 何以言之？如巳心辛为八等面体之中高，庚心戊为八等面体之腰广，巳庚、巳戊、戊辛、辛庚则八等面体之边也. 若以庚辛戊腰广自乘，为甲乙丙丁平面，又以巳辛心中高乘之，为甲乙丙丁立方，则八等面之角俱正切于立方各面之正中，而为立方内容八等面体矣，夫巳心、辛庚、心戊皆八等面方之斜也，故曰以其斜径为立方，则中含八等面体也."③这里梅文鼎给出了正八面体的做法，如图6-27 所示.

关于正十二面体和正二十面体，梅文鼎在《几何补编》中进行了综合研究. 在第二卷中，梅文鼎说："立方内容二十边等边算法：亢卯寅房为立方全径一百，中寅中卯为半径五十，寅卯二点为二十等面边折半之界，寅卯线为二十等面边之半，中为体之中心，寅中卯角为三十六度. 中寅半径当理分中末之全数，寅卯

① 梅文鼎. 几何补编(第一卷)[M]. 乾隆魏荔彤兼济堂纂梅勿菴先生历算全书本.

② 吴文俊. 中国数学史大系(第七卷)[M]. 北京：北京师范大学出版社，2000：385.

③ 梅文鼎. 几何补编(第四卷)[M]. 乾隆魏荔彤兼济堂纂梅勿菴先生历算全书本.

即理分中末之大分……约法：立方根与所容二十等面之边，若全数与理分中末之大分……若十二面，边为理分中末线之小分，求其全分，为外切立方也.”这句话就是说：正二十面体的边长等于正方体边长黄金分割之大段长；正十二面体边长等于正方体边长黄金分割之小段长.

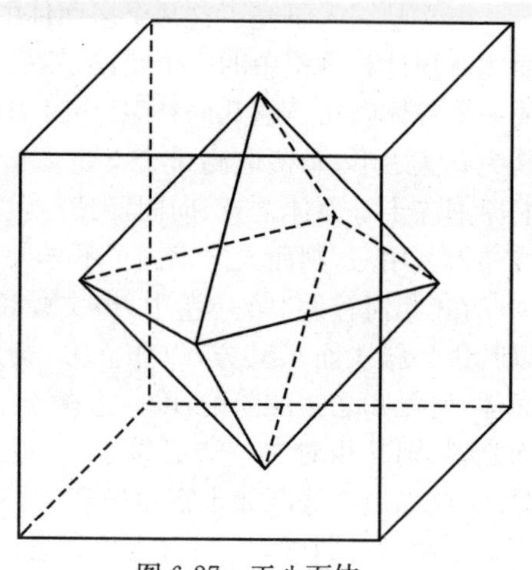
图 6-27 正八面体

在第三卷中，梅文鼎说：“凡十二等面与二十等面可以互相容，皆以内体之尖切外体之各面中心一点……凡立方内容十二等面，皆以十二等面之边正切于立方各面之正中凡六，皆遥对如十字.假如上下两面所切十二等面之边横，对前后两面所切之边必纵，而左右两面所切之边又横.若引其边为周线，则六处皆成十字.立方内容二十等面边亦同.”

在第四卷中说：“如圆灯以五等边引之，补其二十隅，成二十尖，即成十二等面.若以三等边引之，补其十二隅，成十二尖，即成二十等面……十二等面、二十等面在立方内，皆以其边横切立方之面.两种各有三十棱，其切立方只有其六，以立方只有六面也.”由此看出，梅文鼎给出的正十二面体和正二十面体的做法比较隐晦，但仔细分析却是正确的.上述论述整理起来即是如下步骤：

作一个立方体，黄金分割其边长，取其较短(长)的那段为正十二(二十)面体的棱长.在立方体六个面的中心画六条正十二(二十)面体的棱，保证其相对平面上的棱平行，不同平面上的三对棱两两垂直.然后不同的棱之间以正五边形(正三角形)补齐，即可得正十二(二十)面体，如图 6-28、6-29 所示.

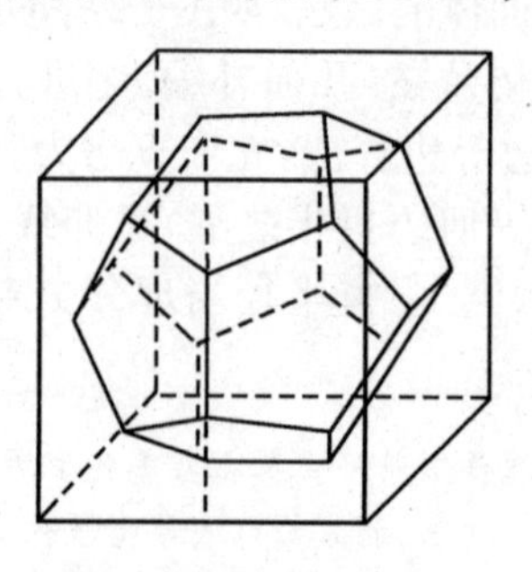
图 6-28 正十二面体

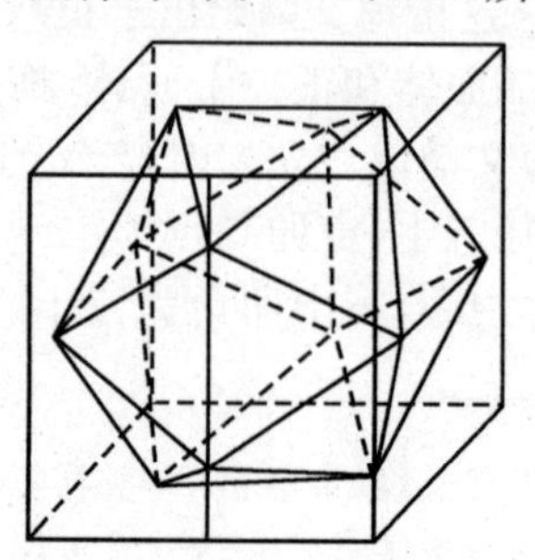
图 6-29 正二十面体

这与克拉维乌斯神父编写的《欧几里得几何原本十五卷》中第十五卷给出的五种正多面体的画法几乎全部不谋而合.①《欧几里得几何原本十五卷》中第十五卷给出的由正六面体绘制其他四种正多面体的方法为:

1. In dato cubo Pyramidem describere(六面体中画四面体): In cubo dato ABCDEFGH, oporteat describere pyramidem, seu Tetraedrum. Ab vno eius angulo, nempe ab E, ducatur in basibus tribus ipsum constituentibus tres diametri EA, EG, EC, ex quarum extremitatibus A, G, C, si militer diametri ducantur AG, GC, CA, in reliquis tribus basibus, quae extrema prioru trium, diametrorum connectant. Quoniam igitur diametri quadratorum aequalium aequales sunt, quo potetia duplae sint lateru equalium quadratorum, vt in scholio propof. 47. lib. 1. demonstrauimus, perspicuum est, quatuor triangular ACE, GAC, GAE, GCE, ex dictis diametric composita, aequilatera esse, & inter se ae qualia; Ac propterea pyramidem, seu Tetraedrum constitui ex ipsis.

这段话的中文意思是:在六面体 *ABCD-EFGH* 中作一个正四面体. 从一个角——不妨是 *E* 点——出发,在三个相邻的面中作对角线 *EA*,*EG*,*EC*. 然后连接三个顶点 *A*,*G*,*C*,得到另外三个面的对角线 *AG*,*GC*,*CA*. 因为六面体的六个四边形面是全等的,所以四个三角形 *ACE*,*GAC*,*GAE*,*GCE* 也全等,正如第一书中命题七所清楚证明的,它们构成一个正四面体.

这里给出的图形如图 6-30 所示.②

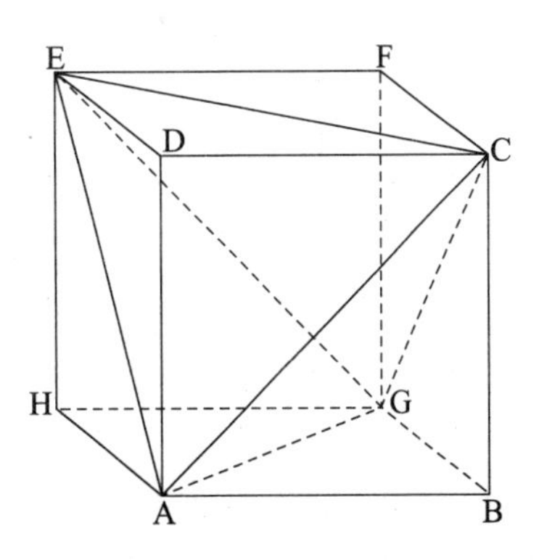

图 6-30　正四面体做法图

2. In dato cubo octaedrum describere(六面体中画八面体): describendum sit octaedrum in cubo dato AH, Diujdantur latera basis ABCD, basiariam in punctis I, K, L, M, quae connectantur rectis IL, KM,

---

① Engelfriet Peter M. Euclid in China[M]. Boston: Brill, 1989:422—427.

② Clavius C. Euclidis Elementorum libri XV [M]. Romae: Apud Vincentium Accoltum, 1574:256. 克拉维乌斯翻译编写的 Euclidis Elementorum libri XV 共两部分. 第二部分的名字为:Euclidis Posteriores libri sex a X. ad XV. : Accessit XVI. De solidorum regularium comparatione. 上述页码为第二部分页码.

secantibus sese in N, puncto, quod quidem centrum est quadrati ABCD, ut constat ex demonstratione propositionis octauae, lib. 4. Deinde eadem ratione inueniantur reliquarum basium centra O, P, Q, R, S. Erunt igitur omnes rectae, ex dictis centris ductae ad media puncta basium, cuius mudisunt NI, RI, NK, SK, &c. quales dimidiis lateribus cubi, seu quadratorum, ut perspicuum est ex praedicta demonstratione propof. 8. lib. 4. Postremo, si praesata centra coniungantur duodecim rectis NO, OP, PQ, QR, RS, SN, NP, PR, RN, SO, OQ, OS. Constituta erunt octo triangular, quorum quidem quatuor NSR, RSQ, QSO, OSN, supra planum NOQR; quatuor autem OPQ, QPR, RPN, NPO, intra idem planum consistent. Quoniam vero latera IN, IR, triaguli INR, aequalia sunt lateribus KN, KS, trianguli KNS, quod omnia sint dimidia laterum cubi aequalium, ut dictum est; Item & anguli contenti, qe qualed; propterea quod, cum NI, IR, parallelae sint rectis BA, AF; angulus NIR, aequalis sit recto angulo KAF, in quadrato AG, eademque ratione angulus NKS, angulo recto IAF, in quadrato AE; Erunt bases NR, NS, aequales. Non aliter ostendemus, reliquas lineas omnes & inter se, & his duactae ad dimidia laterum, hac lege, vt quaelibet duae ducantur ad dimidium illius lateris, quod commune est duobus cubi quadratis, quorum duo illa puncta, e quibus videlicet rectae egrediuntur, centra existunt. Ita enim vides duas rectas NI, RI, ductas esse ad I, dimidium lateris AD, quod commune est quadratis AC, AE, quorum centra sunt puncta N, & R: Ita quoque duae rectae NK, SK, ducte sunt ad K, dimidium lateris AB, quod commune est quadratis AC, AG, quorum centra existunt puncta N, &S, &c. quam ob rem constiruta octo triangular & aequilatera sunt, & aequalia interse: ideoque. Octaedrum constituunt NOQRSP; Quod quidem ex defin. 31. lib. 11. intra cubum est descriptum, cum omnes eius sex anguli tangant cubi omnes sex bases in earum centris.

这段话的中文意思是:假定要画正八面体的正六面体为 AH,其侧面 $ABCD$ 四边的中点为 I,K,L,M. 连接 IL 和 KM,相交于 N 点. N 点是四边形 $ABCD$ 的中点. 然后,用同样的方法得到其他几个侧面的中心 O,P,Q,R,S. 然后连接边的中点,如 NI,RI,NK,SK 等. 它们都是正六面体边长或者说是四边形边长的一半,这在前面的第四卷的命题八已经证明了. 之后,连接十二条线段

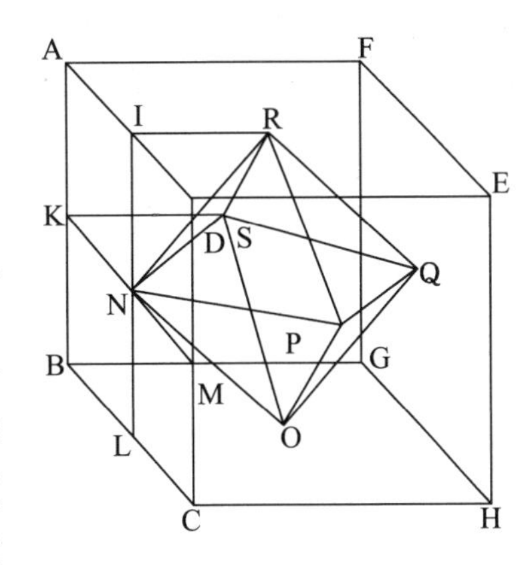

图 6-31　正八面体做法图

NO,*OP*,*PQ*,*QR*,*RS*,*SN*,*NP*,*PR*,*RN*,*SO*,*OQ*,*OS*. 这样有八个三角形,其中四个 *NSR*,*RSQ*,*QSO*,*OSN* 在平面 *NOQR* 的上面,而四个三角形 *OPQ*,*QPR*,*RPN*,*NPO* 在下面. 由于正六面体的边长相等,三角形 *INR* 的边长 *IN*,*IR* 等于三角形 *KNS* 的边长 *KN*,*KS*. 因为 *NI*,*IR* 平行于 *BA*,*AF*,所以角 *NIR* 等于角 *KAF*. 同理,角 *NKS* 等于角 *IAF*. *NR*,*NS* 相等. 无需展示,其他的也相等. 这样,两条直线 *NI* 和 *RI* 相交于 *AD* 的中点 *I*. *AD* 是四边形 *AC* 和 *AE* 的交点,它们分别以 *N* 和 *R* 为心. 两条直线 *NK* 和 *SK* 相交于 *AB* 的中点 *K*. *AB* 是四边形 *AC* 和 *AG* 的交点,它们分别以 *N* 和 *S* 为心,等等. 因为它们构成的八个正三角形全等,这样就构成一个正八面体 *NOQRSP*;这个八面体正如第一卷定义三十一所说的其六个角分别相切于正六面体的六个面.

原书给出的图形如图 6-31 所示.①

原书中给出的绘制正十二面体和正二十面体的方法阐述较长,这里不全抄录,只抄录和上述画法中意义非常相近的叙述,以此证明之.

在《欧几里得几何原本十五卷》的第二部分的 265 页有命题:In dato Cubo Dodecaedrum describere. 在随后的阐述中,作者说:Si latus cubi secetur extrema ac media ratione minus segmentum latus est dodecaedri in cubo descripti. 这句话翻译成中文即是:以正六面体边长黄金分割之后的小段为边长可在这个正六面体内作正十二面体.②

在《欧几里得几何原本十五卷》的第二部分的 266 页有命题:In dato Cubo Icosaedrum describere. 在随后的阐述中,作者说:Si latus cubi extrema ac media ratione seceur maius segmentum latus est icosaedri in cubo descripti. 这句话翻译成中文即是:以正六面体边长黄金分割之后的小段为边长可在这个正六面体

① Clavius C. Euclidis Elementorum libri XV[M]. Romae: Apud Vincentium Accoltum, 1574:256(第二部分页码).

② Clavius C. Euclidis Elementorum libri XV[M]. Romae: Apud Vincentium Accoltum, 1574:265(第二部分页码).

内作正二十面体.①

另外,梅文鼎还利用正六面体给出了"方灯体"轴测图形的画法.方灯体是一种棱长相等,但面不全等——有三角形和四边形两种——的半正多面体.梅文鼎说:"灯体者,立方去其八角也,平分立方面之边为点,而联为斜线,则各正方面内斜线,正方依此斜线斜剖而去其角,则成灯体矣.此体有正方面六、三角面八,而边线等,故亦为有法之体."他给出的图形如图6-32所示(原图不清,故另作).

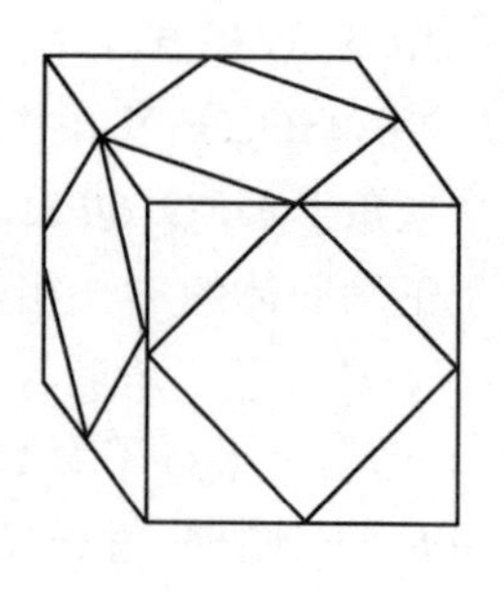

图6-32 方灯体

由上我们可以看出,梅文鼎确系从西方历法书籍和仪器中学习到了西方几何投影知识和相应画法几何知识,并对其进行了应用、研究和推广,为西方几何投影和画法几何知识在当时的传播做出了积极的贡献.和前人相比,他不仅仅是简单地借用了西方知识,更重要的是他还对其进行了深入分析,把握了其特点,并由此将其应用到了更一般的数学和天文研究中,为这项知识在多个方面发挥更大的作用铺平了道路.同时,也为更多的人接触和学习奠定了基础.

§6.2 年希尧在其他书籍中应用了画法几何

年希尧除了通过编写《视学》一书系统地整理了当时通过绘画传入的西方画法几何外,还在其他地方实践了西方画法几何.比如他的《测算刀圭》、《算法纂要总纲》和《面体比例便览》等.这个问题还无人阐述,下面论述之.

《测算刀圭》写于1717年,主要讨论的是球面三角知识.为了详细地讨论球面三角,此书的第一页首先给出了一幅关于天球的投影图,如图6-33所示.图下的解释是:"甲乙丙正弧三角形,即测量全义第七卷原图,稍为酌定增一酉未乙形."

① Clavius C. Euclidis Elementorum libri XV[M]. Romae: Apud Vincentium Accoltum, 1574:267(第二部分页码).

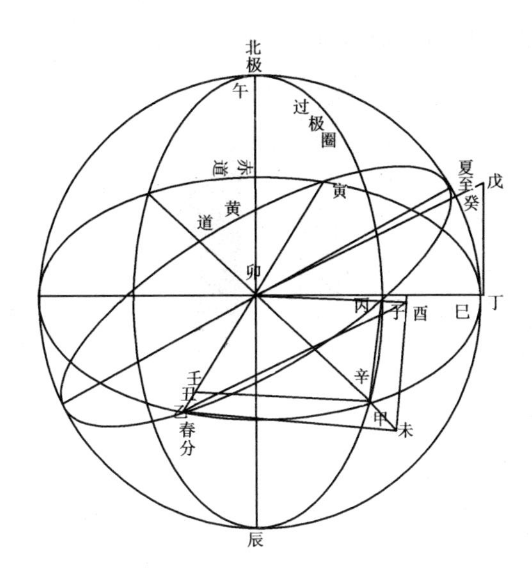

图 6-33 《测算刀圭》插图

《测算刀圭》一书，虽然现在有人研究，其在内容上大多出自梅文鼎之笔，但是，从《测算刀圭》序言来看，年希尧也应当从事了大量的工作，特别在该著作成书的过程中，年希尧应当承担了全书的文字抄写和图形绘制等工作. 由此，年希尧应当还是知晓一些《测量全义》等西方传教士撰写的天文书籍的，特别应当熟悉其中的几何投影及其画法知识. ①

《算法纂要总纲》是年希尧编写的一部关于方便实际运算的数学书籍②，此书共十五章. 第十五章为"算体总法"，主要阐述了各种几何体的体积算法. 比如立方体、长方体和旋转体等. 在阐述这些几何体的公式时，其还给出了相应的图形. 立方体图形如图 6-34 所示；长方体图形如图 6-35 所示；三棱柱图形如图

① 刘钝. 梅文鼎[G]//《科学家传记大辞典》编辑组. 中国古代科学家传记. 北京：科学出版社，1993：1031.

刘钝. 年希尧[G]//《科学家传记大辞典》编辑组. 中国古代科学家传记. 北京：科学出版社，1993：1069.

年希尧. 测算刀圭[M]. 康熙戊戌年本.

② 阮元. 年希尧[G]//阮元. 畴人传(卷 40). 北京：商务印书馆，1955：505—506.

不过最近的考证称年希尧也许并未参与此书的撰写(见：韩琦，詹嘉玲. 康熙时代西方数学在宫廷的传播[J]. 自然科学史研究，2003(2)). 如果此考证属实，则另当别论，即关于此书的部分不应当算.

6-36所示;旋转体图形如图 6-37 所示. ①

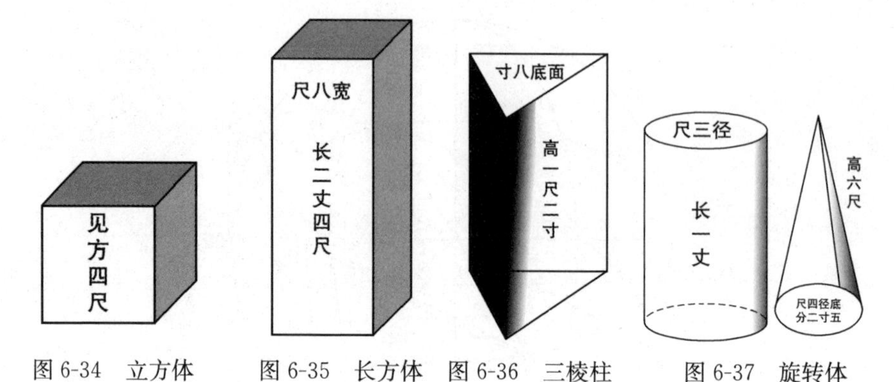

图 6-34 立方体　图 6-35 长方体　图 6-36 三棱柱　图 6-37 旋转体

由此看出,年希尧给出的几何体的画法不同于他以前的数学家比如梅文鼎等所绘制的几何体,其严格遵循了轴测投影的规则,还利用了光投影,这显然受到了西方透视阴影画法的影响.

《面体比例便览》是年希尧于 1735 年写成的关于各种几何图形面积和体积算法的书,此书中作者绘制了大量的几何轴测图形,如图 6-38 所示. ②

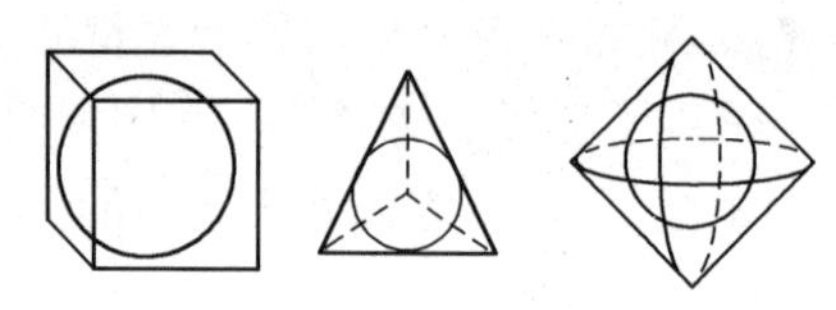

图 6-38 《面体比例便览》插图

由上看出,年希尧在多种书籍中广泛地使用了西方画法几何知识,从而和同时代的人相比,为西方画法几何知识在我国的传播做出了更进一步的工作.

§6.3 小　结

综上所述,清朝初期我国著名数学家梅文鼎和年希尧对西方画法几何进行了深入研究,为其在我国的传播做出了重要贡献. 梅文鼎从学习西方天文著作和仪器中首先接触到西方画法几何,其接触到的西方画法几何知识不仅有天球平行投影,而且还有天球中心投影,不仅有天球投影,而且还有一般几何体的投

① 年希尧. 算法纂要总纲[M]. 中国科学院自然科学史研究所收藏精写本.
② 年希尧. 面体比例便览[M]. 双啸室钞古今算学丛书本.

影等.梅文鼎学习了西方画法几何之后,深入研究了投影下的几何图形的性质,在他的工作中广泛实践和应用了西方画法几何知识,发现了多个全新的性质特点,给出了四种正多面体的轴侧投影画法和多个半正多面体的轴侧投影画法等,结合其由此创造的"以量代算"和"三极通机",所以说其推广了西方画法几何的应用范围和对象.年希尧除了在《视学》一书中总结概括和应用了西方画法几何之外,还在其他的著作中使用了西方画法几何知识.其使用西方画法几何绘制的几何图形逼真形象,为西方画法几何在我国的流传和使用提供了很好的范例.

第七章　西方早期画法几何知识东来的原因和特点

§7.1　西方早期画法几何东来的原因

明末清初，众多传教士东来带来了许多西方科技知识，这当中并不是每一项知识都是在当时就被国人认可并随之在我国传播的——清朝初期康熙皇帝拒绝法国传教士傅圣泽介绍的西方符号代数就是一例①. 西方几何投影和画法几何知识自利玛窦来我国之初即得到了国人的承认，之后在我国顺利传播，其顺利程度不亚于当时欧氏几何在我国的传播，这其中当自有原因.

7.1.1　我国古代画法几何的不足为西方画法几何在我国的传播留出了空间

由前面内容可知，我国古代并非没有投影观念，也并非没有利用几何投影进行绘制图形的尝试，特别是对于利用平行正投影进行绘画的尝试. 但是，相比之下，西方似乎在这方面做得更多. 他们不仅给出了多种几何投影，而且还详细给出了它们的做法；他们不仅有理论方法，而且还有具体科学实践，特别是关于中心投影和相应画法几何.

明朝以前我国和西方关于中心投影及其画法几何的知识可比较如下表：

	西方中心投影和画法几何知识	我国古代中心投影和画法几何知识
思想理论	有系统描述和详细说明，也有多种具体做法，如文艺复兴时期的透视理论.	有概括的描述，如宗炳的“画山水序”中的描述，但无具体做法.

① 韩琦. 康熙时代传入的西方数学及其对中国数学的影响[D]. 中国科学院自然科史研究所，1991：24—25.

续表

	西方中心投影和画法几何知识	我国古代中心投影和画法几何知识
方法类型	有球极投影、球极方位投影、圆锥投影、新圆锥投影、圆柱投影、空间各种物体的透视画法.	无
具体应用	星图、星盘、地图和中世纪众多透视画	无

而由知识传播原理我们知道,知识作为一种信息,它的传播——在其他条件允许的情况下——总是从丰富的地方传向不丰富的地方,正如电流和水流.知识匮乏地方的存在是导致知识传播的一个重要前提.①我国明朝之前,几何投影及其画法几何知识相对西方来讲非常少,长期以来一直影响着我国科学技术的研究,特别是天文学有关方面的研究.由此,这应该是到了明朝末年西方几何投影和画法几何知识传入我国的一个基础,我国画法几何知识的不丰富为西方相应知识的传入留出了空间,造成了"负压".

7.1.2 画法几何是当时西方科学发展和应用的重要工具,这为西方画法几何传入我国找到了充分理由

西方天文学在古希腊时期把天空假设为一个球,此后直到文艺复兴时期这个假设还在使用.关于大地,古希腊时期人们已经意识到其为一个球形,后来随着地理大发现,人们更确信了这一点.天和地都是球形的,那么如何将天上的星象和地球表面的不同位置缩小并绘制在二维平面上以方便人们应用呢?在西方,很早的时候人们已进行了很多尝试,曾经使用过"计里画方"的方法——同中国古代一样.但后来经过比较,他们最终还是选择了几何投影的方法来绘制天球和地球,因为利用这种方法绘制的星图和地图最可靠.②西方人选择了这一方法,并且一直将这一传统保留到了文艺复兴后期解析几何产生之后.即使在

① 倪波,霍丹.信息传播原理[M].北京:书目文献出版社,1996:297.

② 保罗·佩迪什.古代希腊人的地理学[M].北京:商务印书馆,1988:1—141.

解析几何产生之后，几何投影方法仍然在一些特定地方被使用了很长一段时间.①不仅是保留，而且他们还将这种方法加以推广，用到了绘制一般空间物体上，以确定它们在平面上绘制的生动形象.②由此，在17世纪之前的西方科学中，使用几何投影的画法几何是一个重要的内容，是西方人研究天文学、地理学和科学绘画的有力工具.

这样，明末清初之际当西方传教士东来，在我国进行科技活动和传播西方科学的时候，就必须首先将西方画法几何知识带进来，这是科学研究的需要，特别是天文学和地理学研究的需要.而明朝末年，利玛窦来中国，最早从事的科技活动和最先传播的科技知识就是关于天文学和地理学的，后来，来华的传教士中能留在内地的也多从事天文学和地理学研究活动，郎世宁和王致诚等人虽然没有参与天文学和地理学的科技活动，但他们也从事了和西方几何投影密切相关的活动——绘制透视画.这样，几何投影及其相关的画法几何知识是西方科学研究的重要工具这一因素就促进了它们被传到我国来并在我国进行传播，也可以说这一因素使得西方画法几何在当时不得不传入我国.

7.1.3 欧氏几何在我国的传播为西方画法几何知识在我国传播作好了知识准备

明清之际，西方传教士来我国传教，最早翻译的一本科技著作是《几何原本》.这部著作出版之后，在当时影响颇广，也颇深.徐光启籍于对此书的学习和研究于1608年左右先后写了《测量异同》和《勾股义》两书.他的学生孙元化(1581—1632，上海嘉定人)在此期间也写成了《几何用法》和《几何体论》两书.后来又出现了《中西数学图说》(李笃培，1631)、《几何约》(方中通，1698)、《几何论约》(杜知耕，1700)、《圆解》(王锡阐，1682)、《几何补编》(梅文鼎，1692)等一系列相关书籍.③而《几何原本》本身更是被《天学初函》(李之藻，1628)等很多丛书收录.

---

① Snyder John P. Flattening the earth: Two thousand years of map projections[M]. Chicago: The University of Chicago Press, 1993:1—54.

② Jaff Macro. From the vault to the heavens: A hypothesis regarding Filippo Brunelleschi's invention of linear perspective and the costruzione legittima [J]. Nexus Networks Journal, 2003, 5(1).

Edgerton Samuel Y. The heritage of Giotto's geometry: Art and science on the eve of the scientific revolution[M]. Ithaca, N. Y.: Cornell University Press, 1991.

③ 王青建.科学译著先师——徐光启[M].北京:科学出版社,2000:51.

利玛窦带入的《几何原本》是他在罗马学院时期的老师克拉维乌斯神父于1574年编写的《欧几里得几何原本十五卷》(*Euclidis elementorum libri* XV),其封面如图7-1所示. 当时由于种种原因,他和徐光启仅是翻译了前六卷,后九卷虽然没有翻译,但在此后出版的各种书中有多处引用,如李之藻的《圜容较义》中、罗雅谷的《测量全义》中[①]和后来法国传教士翻译的《几何原本》、《算法原本》中[②]等,而这些对于学习和使用几何投影已经足够了.

图7-1 《几何原本》封面

西方画法几何是建立在欧氏几何基础之上的一类知识,其和欧氏几何的关系是前后逻辑关系,所以,学习画法几何必须了解欧氏几何,特别是欧氏几何中的平面几何知识. 而欧氏几何的内容在明朝末年就传了进来,并且被国人广泛学习和传播,这无疑为后来西方画法几何的传入和在我国的传播铺平了道路,确保了它们在我国的着陆和应用.

7.1.4 国人对西方科学的热心学习使得西方画法几何顺利传入我国并在我国传播

明朝末年,利玛窦来到我国,首先将西方的天文、地理和数学知识传入到了我国. 起初国人仅是惊讶,对其感到不可思议. [③]后来,国人认识到了其带来的科学技术的先进性,随即在一部分开明的知识分子中间掀起了一股西学风潮. 这股风潮开始尚且谨慎和平稳,后来就越来越强烈起来了,颇有些一发不可收拾

---

① 吴文俊. 中国数学史大系(第七卷)[M]. 北京:北京师范大学出版社,2000:50—53.

② 此《几何原本》为法国传教士张诚和白晋翻译的法国人巴蒂的 Elements de Geometrie,不是欧几里得的 Elements. 见:吴文俊. 中国数学史大系(第七卷)[M]. 北京:北京师范大学出版社,2000:323—325.

③ 瞿太素,交友论序言,见《天学初函》之《交友论》;利玛窦在1605年6月5日给罗马教皇的一封信中说:"我以自己亲自制造并传授了使用方法的全舆图、日晷、地球仪、星盘和其他仪器而成功地获得世界上最大数学家的名声."在5月10日给罗马的信中也提到国人吃惊于利玛窦带来西方物品的事情. 见《利玛窦书信集》.

之意. 以至于后来，西方传教士带来的知识国人都想学[①]，凡西方传教士带来的科技书籍都有人参读，尝试翻译西方天文、地理、数学、物理、生物、医学和绘画艺术的人前赴后继. [②]这股风潮无疑也帮了画法几何在我国传播的忙.

前面已提及，画法几何与欧氏几何有前后逻辑关系，在欧氏几何还不十分熟悉的情况下，理解画法几何其实是有一定难度的. [③]这种情况下，若非对西方科学技术有一份执著是不可能引入这些知识的，比如《视学》的形成. 对于《视学》，年希尧在其第一版(1729 年)序言中说："余曩岁即留心视学，率尝任智殚思，究未得其端绪，迨后获与泰西郎学士数相晤对，即能以西法作中土绘事. 始以定点引线之法贻余，能尽物类之变态. 一得定位，则蝉联而生，虽毫忽分秒不能互置. 然后物之尖斜平直，规圆矩方，行笔不离乎纸，而其四周全体，一若空悬中央，面面可见，至于天光遥临，日色傍射，以及灯烛之辉映，远近大小，随行呈影，曲折隐显莫不如意. "在第二版(1735)的序言中又说："视学之造诣无尽也，予曷敢遽言得其精蕴哉？虽然予究心于此者三十年矣，尝谓中土绘事者，或千岩万壑，或深林密菁，意匠经营，得心应手，固可纵横自如，淋漓尽致而相当于尺度风裁之外，至于楼阁器物之类，欲其出入规矩，毫发无差，非取则于泰西之法万不能穷其理造其极. "由此看出其对西方透视画法的推崇.

总之，西方画法几何之所以能在当时即得到国人的认可，并顺利地在我国传播，主要是因为我国历史上这方面的知识一直不够丰富，即使有内容也不详细和精确，而西方科技的研究和传播又离不开这部分内容. 恰在此时，欧氏几何的很多内容传入了我国，这为画法几何在我国的传播奠定了基础. 还有，当时国人学习西方科技知识正处于一个高潮期，这样，西方画法几何知识的传播才得以成行.

---

① 李之藻. 天学初函[M]. 台北：台湾学生书局，1965(影印本). 在《刻天学初函题辞》中说："其曰'初函'，盖尚有唐译多部，散在释氏藏中者，未及检入. 又近岁西来七千卷，方在候旨；将来问奇探绩，尚有待云. "1625 年，李之藻在《读景教碑书后》中写到："七千部梯航嗣集，开局演译，良足以增辉册府，轶古昭来.

② 何兆武. 中西文化交流史论[M]. 北京：中国青年出版社，2001：104—120.

③ 清朝扬州人杨贞吉(名大壮，字竹庐)曾在研究《天学初函》之后重排"器篇"中十本书的顺序. 将《几何原本》前六卷排第一，《浑盖通宪图说》排最后. 他说："几何原本西法之宗，利氏首译之书也，列为第一……浑盖通宪义蕴渊奥，非深入学不能了然心目，故以之殿群书也. "见：杨贞吉. 甘泉山人序[G]//徐光启. 徐光启著译集(第五册). 上海：上海古籍出版社，1983.

§7.2 西方早期画法几何在我国传播的特点

明清之际西方传教士传入我国多种数学知识,和其他的数学知识的传入相比,画法几何知识的传入应当主要有以下几个特点.

7.2.1 以跟随其他科技知识的传入而传入为主

明清时期,最早传入画法几何的是利玛窦,利玛窦在多个场合利用多种方式传入了我国西方画法几何,但一次传入最多的是帮助李之藻写成《浑盖通宪图说》一书.关于天球的中心投影以及相应的画法几何知识就是籍于此书传入我国的.而此书是本什么样的书呢?前面我们已分析过,其内容主要来自于利玛窦的老师克拉维乌斯神父的著作《论星盘》,讨论的是星盘的制作——这本是一部关于天文仪器星盘的书.

明朝末年第二个大量传入我国西方画法几何知识的是汤若望,其是在《恒星历指》中实现这一目标的.而《恒星历指》是本什么样的书呢?其三卷目录如下:

第一卷恒星测法,包括:恒星测法第一、独测恒星法第二、重测恒星法第三、以赤道之周度察恒星之经度第四、以恒星赤道唯独求其黄道经纬度第五、以恒星测恒星第六、测恒星之资第七、测恒星之器第八.

第二卷恒星经纬度,包括恒星本行第一、岁差第二、恒星变易度第三(平浑仪义、总星图义、斜圈图义)、恒星黄道经纬度变易第四(赤道平分南北二总星图、见界总星图、极至交圈平分左右二总星图).

第三卷恒星,包括以恒星之黄道经纬度求其赤道经纬度第一、以度数图星像第二、绘总星图第三、恒星有等无数第四.

由此看出,其是一部关于恒星测量的书,在包含有画法几何的地方其实也是主要阐述恒星记录的.

清朝初期传入西方画法几何知识最多的是《视学》一书,这部书以图为主.这些图形,前面的三十幅图和后面的三幅图直接取自于意大利建筑师朴蜀的《绘画与建筑透视》,其余的年希尧自己绘制了五十余幅,郎世宁画了一部分.《绘画与建筑透视》一书是朴蜀为阐述如何绘制教堂建筑图形而撰写的,是一部建筑绘画专著.其绘制理论不多,更像一个画册.年希尧的画是跟郎世宁学的,而郎世宁绘制的部分是其教学期间他和学生的习作，是实践西方透视法的作品. 这样，此书是在学习西方艺术的基础上形成的.

由此，明清之际，西方画法几何的东来，总的来讲都是在传教士传播其他科学技术的过程中传进来的. 这与这个时期其他数学以及其他科学技术的传入几乎都不一样，其他数学或科学技术的传入基本上是通过翻译相应的书籍或进行直接的科技活动传进来的. 之所以会是这样，我们认为主要的原因还在西方，当时尽管西方已经有了丰富的画法几何知识，但是一个系统的画法几何学科还没有形成，没有形成也就不会出现全面阐述画法几何内容的专门书籍，没有专门的书籍自然也就不会有传教士系统地传入这门数学知识了.

7.2.2 传入过程循序渐进

明清时期，西方传教士传入的西方画法几何知识有很多，这些知识按照时间顺序大体可归纳成下表：

时间	1591 年	1602 年	1607 年	1610 年	1631 年	1729 年
传入内容	天球的球极投影	西方透视法、"曷捺愣马"——天球平行正投影、球体侧面正投影	球极投影、球面各种曲线的画法，天球上点的确定等	天球正投影	平行正投影、球极方位投影、球极投影基本定理——保圆性定理、投影点不在球面的球形投影	方体、圆柱体、球体、人物、动物等的平行正投影和侧投影，以及它们的透视画法

由此可看出，这个时期西方画法几何知识的传入是随时间循序渐进的. 一开始是关于天球的球极投影，后来是球形的方位投影和一般中心投影，再后来是一般物体——包括球体——的平行投影和中心投影等. 这恰好和画法几何在西方的历史发展是一致的. 另外，其内容也是由少到多，由仅仅是描述到有证明有详尽的论述等，也是循序渐进的.

7.2.3 传入过程多开始于科技实践活动中

上面的表格已大体列出不同的年代西方传教士传入的各种画法几何知识，

这些知识传入的年代不同,其实它们传入的契机也不一样.

1591 年前后,利玛窦传入天球的球极投影,是在指导瞿太素等人学习制作星盘的过程中传入的.

1602 年,利玛窦传入平行正投影是在帮助李之藻绘制世界地图的情况下传入的.

1607 年,利玛窦传入更多的球极投影知识,是在给李之藻和徐光启等人讲授克拉维乌斯神父的《论星盘》和指导李之藻制作星盘,指导徐光启制作日晷的过程中传入的.

1610 年,熊三拔传入天球正投影是在指导徐光启学习简评仪的使用过程中传入的.

1631 年,汤若望传入平行正投影、球极方位投影、球极投影基本定理和投影点不在球面的球形投影,也是在观测天空制定历法、指导徐光启等人学习西方天文学的过程中传入的.

1729 年,郎世宁传入空间物体的正投影、侧投影以及中心投影,也是在指导他的学生班达里沙、八十、孙威风、王玠、葛曙、永泰、佛延、柏唐阿全保、富拉地、三达里、查什巴、傅弘、王文志、戴正、张为邦、丁观鹏、王幼学和他的中国同事唐岱、沈源、周鲲、高其佩和年希尧等人的过程中传入的. ①

由此我们看出,西方画法几何的传入,几乎都是在传教士与国人在一起进行科技活动的时候展开的. 这与当时欧氏几何知识的传入不一样,因此也算其一个显著的特色.

§7.3 小 结

明末清初西方传教士带入我国多项西方数学知识,但并不是每一项知识在当时都被国人立刻认可并传播开来. 西方早期画法几何知识之所以成功,原因应当主要有以下几个:一、当时我国的画法几何知识不如西方的丰富,这为西方画法几何之东来留出了空间. 二、画法几何是文艺复兴之后科学发展的重要工具——比如天文学,这样当西方科学知识传入我国的时候,画法几何知识就成

① 俞剑华. 中国绘画史(下)[M]. 北京:商务印书馆,1937:254—258.
潘天寿. 中国绘画史[M]. 上海:上海人民美术出版社,1983:227—234.

了首先要传入的了，当我国知识分子学习西方科学时，画法几何知识也就成必须要学习的了．三、欧氏几何在我国的成功传播为西方画法几何在我国的传播奠定了知识基础．画法几何是在欧氏几何基础上发展起来的一门几何，学习和研究它必须熟悉欧氏几何．而欧氏几何通过利玛窦和徐光启等人的努力在这之前已经传了许多，这样就为画法几何顺利地在我国传播打下了知识基础．四、当时国人——如李之藻、徐光启和梅文鼎等人对西方科学的热心学习也为西方画法几何在我国传播帮了很大的忙．回顾这个时期西方画法几何在我国的传播，并且将其与其他一些西方数学在我国的传播相比较，可以看出西方早期画法几何在我国的传播主要有以下几个特点：一、跟随其他科技知识的传入而传入；二、传入内容由少到多由慢到快，整个过程呈循序渐进的特点；三、传播过程多开始于科技具体实践活动过程中．

第八章　西方早期画法几何之东来对我国科技发展的影响

明清之际,西方画法几何知识传入我国,在差不多150年的时间里,虽然没有像欧氏几何那样广泛流传,也没有像欧氏几何那样引起很多数学家们的深入研究,但是,其在当时我国科学技术发展的过程中仍做出了重要贡献,起到了应有的作用.这一问题目前尚无人分析,本章拟就这一问题做一阐述.

§8.1　对数学发展的影响

由前面的内容可知,明末清初这段时期,西方传教士传入的西方画法几何知识是多方面的,有球体的正交投影、圆锥投影和球极投影,有一般物体的透视画法,有"头点"和"地平线"等概念,也有球极投影下保圆性定理,等等.而这些都是我国古代没有的,所以这些内容的传入大大丰富了我国数学原有的内容,为我国传统数学发展注入了新的成分.

这些内容在当时虽然影响不大,但还是被不少人注意到,并应用到了他们的数学研究中,比如梅文鼎.梅文鼎在《环中黍尺》和《堑堵测量》两书中直接使用了天球平行正投影,并且在此基础上研究了球面三角形的性质、天体赤道和黄道坐标的变换等,从而找到了多个三角公式更为简便的计算方法,创造性地使用了"以量代算"法.比如,梅文鼎在《环中黍尺》中利用天球正投影法[①]连续证明了四个现代三角学中的积化和差公式[②]:

① 原书中使用的是"以量代算"法."以量代算"法实际为天球平行正投影法.见李俨.李俨钱宝琮科学史全集(第七卷)[M].沈阳:辽宁教育出版社,1998:224.

② 刘钝.环中黍尺提要[G]//郭书春.中国科学技术典籍通汇·数学卷(四).郑州:河南教育出版社,1993:605.

$$\sin b \cdot \sin c=\frac{1}{2}[\cos(b-c)-\cos(b+c)];$$

$$\cos b \cdot \cos c=\frac{1}{2}[\cos(b-c)+\cos(b+c)];$$

$$\sin b \cdot \cos c=\frac{1}{2}[\sin(b-c)+\sin(b+c)];$$

$$\cos b \cdot \sin c=\frac{1}{2}[\sin(b+c)-\sin(b-c)].$$

又比如梅文鼎在《测量全义》已给出的球面三角形余弦定理公式的基础上，利用天球平行正投影又给出了其另外两种形式：

$$\cos A=\frac{\cos a-\cos b \cdot \cos c}{\sin b \cdot \sin c};$$

$$\cos A=\frac{\cos a-\cos b' \cdot \cos c}{\sin b' \cdot \sin c}(b'\text{为 } b \text{ 的余角}).$$

梅文鼎之后再比如年希尧，他在1717年撰写的《测算刀圭》中也应用了球体正投影，研究了球面三角形的多个性质. 还有，年希尧在后来编写的《算法纂要总纲》和《面体比例便览》中还应用了透视画法来绘制立体图形——这一点可以从图形都绘有阴影看出，从而使图形更为直观形象.

梅文鼎的天球投影方法不仅影响到了当时数学家们的研究，如梅珏成，而且也影响到了后面很多数学家们的研究，如汪莱(1768—1813)、董佑城(1791—1823)等. 1821年，董佑城撰写了《斜弧三边求角补术》一书，以同样的方法证明了球面角的半角公式①：

$$\sin\frac{A}{2}=\sqrt{\frac{\sin(s-b)\sin(s-c)}{\sin b \cdot \sin c}}.$$

由此，西方画法几何的传入，在丰富我国数学内容的基础上，也激发了我国学者的研究兴致，促进了我国在球面三角和几何图形绘制等多方面的研究，为我国数学的发展产生了积极的影响.

§8.2 对天文学发展的影响

由前面的内容可知，西方画法几何最早兴起于西方天文学，它们是当时西方天文学研究的重要工具，由此，其传入我国后能够有助于我国天文学的研究

① 李俨. 李俨钱宝琮科学史全集(第七卷)[M]. 沈阳：辽宁教育出版社，1998：233，234.

似乎是当然的.

明清之际,西方画法几何传入我国后,直接促进我国天文学发展的一个方面是使人们认识到了我国古代星图绘制的不科学,启发了人们对探求新的绘制方法的思考,直接导致了新式星图的出现.

我国传统天文学一直以来都以去极度和入宿度为两个坐标来记录星象,这本没什么不可以,但是在利用这两个数据绘制星图的时候就出现偏差了.由于我国传统天文学不使用投影的方法,所以绘制出来的星图"广狭不均",后世使用起来往往误差较大,这在唐朝时期人们就已经认识到了.《新唐书》"天文志"中说:"按浑仪所测,甘、石、巫咸众星明者,皆以篾,横考入宿距,纵考去极度,而后图之.其赤道外众星疏密之状,与仰视小殊者,由浑仪去南极渐近,其度益狭;而盖图渐远,其度益广使然."①可怎么改呢?尽管唐人给出了一种矩形星图,但因为没有使用投影,上述问题在整体上仍然没有得到根本改观.我国星图解决这个问题是从明朝末年徐光启开始的.徐光启是如何解决的呢?由前面的内容可知,徐光启首先学习了利玛窦和汤若望介绍的西方球极投影,然后在此基础上,亲自观测数据和绘制星图,终于纠正了这个现象.崇祯四年,徐光启在撰"赤道南北两总星图叙"时曾说:"惟是古来为图甚多,而深切著明者盖鲜.夫星之定位,原自分秒不移,乃于经纬度数溷而莫辩,按图者将何据焉?昔之论星者有甘德郭璞宋均郭守敬诸贤,皆以青蓝之互出;今予独依西儒汤先生法,为图四种,一曰见界星总图,一曰赤道两总星图,一曰黄道两总星图,一曰黄道二十分星图."②

清代著名学者顾观光(1799—1862)在梅文鼎"西学中源"的影响下曾对我国天文经典著作《周髀算经》进行了校勘,并结合当时流行的西方天文书籍对其作过研究.在谈到《周髀算经》中的星图形绘制时,他说:"今按经文,首章即云笠以写天,天青黑地黄赤天数之为笠也.青黑为表,丹黄为里,以象天地之位.而七衡图后又云:凡为此图,以丈为尺,以尺为寸,以寸为分,分一千里,凡用缯方八尺一寸.然则经中周径里数皆为绘图而设,非真实也.天本浑圆,而绘图之法必以视法,变为平圆.既为平圆,则不得不以北极为心,而内衡环之,中衡环之,外衡又环之.夫外衡之度本与内衡之度等也,而自图视之,则内衡之度最小,中衡

① 欧阳修.新唐书[M].北京:中华书局,1975:575.

② 徐光启.徐光启集[M].上海:上海古籍出版社,1984:71.

稍大,外衡乃极大.此其出于不得已者一也.三衡之度角细不同,绘图之法必核其实.若以中衡为主而齐之,则内外衡之度多寡不均,且奇零难尽,故必变度数为里数,而取数始真,此其出于不得已者二也.中衡距北极九十一度……亦振古未闻之异说,皆由不知周髀为绘图之法,且其图为借象而非实数,故百余於是书盖尝辗转思之而不得其解,后阅西人浑盖通宪,见其外衡大于中衡,与周髀合,而以切线定纬度,则其度中密外疏无一等者,乃恍然大悟,周髀之图欲以经纬通为一法,故曲折如此,非真以地为平远,而以平远测天,如徐文定公所谓千古大愚者也."①

明清之际,西方画法几何东来对我国天文学发展有所促进的另一个方面是帮助了当时星盘的制作和使用.星盘是欧洲中世纪常用的一种天文仪器,元朝期间曾传入我国.可是当时除了郭守敬等一些水平很高的天文学家懂其原理之外,一般人并不熟悉它.1600年,利玛窦到南京时在北极阁曾亲眼看到过元朝天文学家制作的星盘,锈迹斑斑,无人问津.②国人熟悉星盘是从利玛窦来中国之后开始的.利玛窦从意大利来中国时,带来了克拉维乌斯神父设计的一幅星盘,到我国后,他常常用它来测量地理经纬度,也时常展示给国人看,后来他又根据他的老师克拉维乌斯神父的《论星盘》给国人讲课,国人这才逐渐明白了其中的道理,了解了这种天文仪器的特点、制作和使用等,这才有了1603年李之藻自己制作星盘的事情.李之藻能制作星盘,并且能"往返万里,测验无爽",从《浑盖通宪图说》中很清楚地可以看出,是其首先懂得了球极投影,懂得了西方画法几何,理解了球极投影和西方天文学之间的关系.没有西方画法几何的知识,李之藻的星盘当是无稽之谈.因为,星盘在西方发展到中世纪,已经变成了一种数学仪器,它的结构和原理全部是建立在投影几何基础上的,由此,它在中世纪被称为"数学之宝".③

到了清朝初期,著名数学家梅文鼎也曾制作过星盘,由前面的讨论来看,其也是利用了球极投影和相应的画法几何知识.

还有,1611年熊三拔和徐光启共同撰写了《简平仪说》,1631年汤若望写成了《恒星历指》一书,首次详细介绍了简平仪的特点和应用.特别是汤若望还详细介绍了西方天文学中常用的,利用天球平行正投影来计算恒星赤道经纬度的

① (清)顾观光.读周髀算经书后[G]//顾观光.顾氏遗书.光绪9年(1888)刊本.

② [意]利玛窦.利玛窦中国札记[M].北京:中华书局,1983:354—355.

③ Blagrave John. The mathematical jewel[M]. London: Walter Venge, 1585:84.

方法.①这在当时也引起了积极的影响. 1700 年,梅文鼎写成了《环中黍尺》一书,创造性地提出了方便恒星黄道坐标与赤道坐标相互换算的"三极通机"法. 对于这种新的方法,清朝人认为其来自于熊三拔介绍的"简平仪"法②,刘钝先生指出其很大程度上是受到了《恒星历指》的影响③. 李俨先生甚至更直接地说:"(环中黍尺)论以量代算弧三角,此即《历书》简平仪之说."④由此看出,当时西方传教士传入的天球平行正投影也在方便天体坐标运算方面促进了我国天文学的研究和进步.

§8.3 对绘画发展的影响

由前面内容可知,明清之际,多位西方传教士传入我国很多透视法知识,这些知识和我国传统的绘画知识相比较,其中多数是我国历史上绝无仅有的,比如单量点画法、双量点画法、仰望透视画法、阴影画法,等等. 有一些虽然和我国传统画法类似,但是也在很多方面超过我国,比如楼房和街道等的画法、人物的直观画法等——因为它们是单点透视,并且使用了数学知识,也就是应用了画法几何规则. 由此,西方透视法的传入给我们带来了更多的绘画知识和方法,大大丰富了我国绘画内容.

西方透视法传入我国,在当时对我国绘画产生了很多影响,但最重要的一个是增强了绘画的写实性. ⑤我国古代绘画向来讲究潇洒飘逸,重视神似,不太重视写实. 自从西方画法几何传入之后,写实性逐渐增强了起来⑥,出现了不少以写实为主的画家,如郎世宁的弟子们、焦秉贞和他的徒弟冷枚等.

---

① 见托勒玫、哥白尼和开普勒等人的天文著作. 在他们的书中甚至还使用了类似简评仪的图形. 具体见 Hutchins Robert Maynard. Great books of the western world(V16)[M]. Chicago: Encyclopedia Britannica, Inc., 1980:531,624,636,658.

② 见《四库全书》中《简平仪说》提要.

③ 刘钝. 托勒密的"曷捺楞马"与梅文鼎的"三极通机"[J]. 自然科学史研究,1986(1).

④ 李俨. 李俨钱宝琮科学史全集(第七卷)[M]. 沈阳:辽宁教育出版社,1998:224.

⑤ 聂崇正. 西洋画对清宫廷绘画的影响[J]. 朵云,1983(5).

莫小也. 乾隆年间姑苏版所见西画之影响[G]//黄时鉴. 东西交流论谭(第一辑). 上海:上海文艺出版社,1998.

⑥ (清)胡敬. 国朝院画录[M]. 仁和胡敬崇雅堂,道光 22 年(1842).

《清史稿》中记载:“焦秉贞,山东济宁人.康熙中,官钦天监五官正.工人物楼观,通测算,参用西洋画法,剖析分刌,量度阴阳向背,分别明暗,远视之,人畜、花木、屋宇皆植立而形圆.圣祖嘉之,命绘耕织图四十六幅,镌版印赐臣工.自秉贞创法,画院多相沿袭.”

张浦山的《画征录》又说:“焦秉贞,济宁人,钦天监五官正.工人物,其位置,自远而近,由大及小,不爽丝毫,盖西洋法也.清圣祖并谓‘秉贞素按七政之躔度,五形之远近,所以危峰叠嶂,中分咫尺于万里’.”①

焦秉贞绘制的《耕织图》如图 8-1 所示.

图 8-1 耕织图

相比其他绘画,受西方画法几何在我国传播影响最大的还是建筑画.我国古代建筑画即界画虽然重视写实,但由于投影方法不正确,绘制出来的图形常常错误百出.这种现象自西方透视法传入之后有了很大的改观,特别是在郎世宁的透视画法传入我国之后.

1723 年,雍正皇帝命郎世宁及其弟子协助修建圆明园时,郎世宁弟子们绘制的西洋楼图如图 8-2、8-3 所示.由此可见当时建筑画的发展水平.

《养心殿造办处各做成活计清档》中还记载了这样一件事,说乾隆二十一年四月初四,太监胡世杰曾传旨郎世宁:“长春院谐奇趣东边,命郎世宁起草一处西洋花园稿样,准时交工程处造办,钦此.”郎世宁完成后,呈给乾隆,乾隆皇帝过目后批示曰:“照样准造.”②

① 潘天寿.中国绘画史[M].上海:上海人民美术出版社,1983:290—292.

② 朱伯雄.郎世宁来华后的艺术活动[J].世界美术,1982(2).

图 8-2 西洋楼图(a)

图 8-3 西洋楼图(b)

另外,《清档》中乾隆二十一年七月十三日还记载,当时有不少工匠曾问乾隆皇帝遇到建筑问题怎么办,乾隆皇帝回答说:“有不明白处问郎世宁画.”[①]由此可见当时建筑画的写实性多么强了.

所以,明末清初西方透视画法传入我国后,在内容和方法上丰富了我国传统绘画,从思想上和理论上影响了我国画家的学习和实践,增强了写实性.特别是对于建筑画,西方画法几何在我国的传播使得他们在绘画中增加了更多精确性和确凿性的东西,增强了绘画的科学性.

§8.4 小 结

明末清初西方画法几何传入我国之后,虽然没有像欧氏几何那样在我国引起那么大那么深刻的反响,但其在相应的学科和行业里还是起到了十分积极的作用.在数学方面,其首先是丰富了我国传统数学,为我国传统数学研究增添了新的成分,其次是其促进了我国球面三角的深入研究,为我国数学研究开辟了新的方向;在天文学方面,其激起了人们对于传统星图绘制的反思,促进了我国星图绘制的改革,从理论和实践两个方面指导了人们对于星盘这种新的天文仪器的学习和制作,启发我国科学家找到了更为方便和快捷的天体坐标换算方法,从而在多个方面影响了当时我国天文学的进步,促进了其发展;在绘画方面,其不仅为我国传统绘画带来了新的内容和方法,而且还影响了人们对绘画的认识,使得当时出现了多位以写实为主的画家,人们越来越重视写实.特别是在建筑画方面,西方画法几何的传入,使得我国建筑画在准确性上有了明显的提高,科学和精确的成分越来越多了.

---

① 杨伯达.郎世宁在清内廷的创作活动及其艺术成就[J].故宫博物院院刊,1988(2).

结语

§9.1 主要结论

画法几何作为一种在生产实践中产生和发展起来的，同时又与科学技术研究密切相关的几何，在西方中世纪时期已被人们所了解，特别是被当时的一些知识分子所熟知．人们利用它来绘制星图、地图和一般物体，以实现空间物体向二维平面的转化，从而达到方便人们认知、记录和研究等目的．而那时，我国这方面的知识还相对比较匮乏，我们有各种几何投影的意识，也有透视画法的思辨，但较少有将几何知识和透视思想结合起来的比较科学的画法知识，一个明显的例子就是我国传统星图的画法一直不甚合理．正是这个原因——当然还有其他的一些原因，明清之际，当西方传教士来中国传播西方科学的时候就把这门数学也带到了我国．

关于这个时期西方画法几何之东来，以前人们一直比较关注清朝初期郎世宁带来的透视法，对这一部分作了一些研究．其实，这个时期其他人也传入了我国西方画法几何知识，比如利玛窦．利玛窦应当是当时第一个将西方画法几何知识传入我国的西方传教士．

利玛窦于1583年来到我国内陆，1589年在韶州收了第一个学生瞿太素．瞿太素在利玛窦那里学习了两年，期间利玛窦指导他学习欧氏几何，并制作西方天文仪器——星盘．星盘在西方中世纪被称为“数学之宝”，原因是其原理和建造都包含了大量的数学知识，特别是画法几何知识．它的盘面在绘制过程中用到了古希腊数学家创造的球极投影和天球模型．所以，早在利玛窦来我国之初就开始传播西方画法几何知识了．此时，在我国还有范礼安和罗明坚等西方传教士，但他们都没有开展传播西方画法几何的工作，所以，利玛窦是这个时期最早传入我国画法几何的西方人．

1596年，利玛窦在南昌收到了他在罗马学院时期的老师克拉维乌斯神父出版的新书《论星盘》，自此其常给国人讲解西方天文学和星盘知识. 星盘前面提及了，其制作需要大量的画法几何知识，所以，利玛窦自那之后常在我国传播西方球极投影知识.

1601 年，利玛窦在北京结识了李之藻，并于第二年帮助他绘制了世界地图《坤舆万国全图》. 在这个地图的下边，利玛窦绘制了一个天球正投影图——"曷捺愣马". 这个图形前人已经提及，但未讨论其来源，我们经过分析，认为其来源于克拉维乌斯神父的《论星盘》中的一个引理.

1603 年，李之藻根据利玛窦关于星盘的讲解自己制作了一幅星盘，并且把这幅星盘带到了福建等地进行测量使用. 1605 年，其在回来的路上经过浙江章州时写成了《浑盖通宪图说》一书. 从这本书的内容来看，利玛窦传入了包括球极投影知识和相应的天球曲线画法知识在内的大量的西方画法几何知识.

经过分析，我们认为这些知识主要来源于克拉维乌斯的《论星盘》第二卷的命题证明和讨论.

利玛窦在我国传教期间，除传播了天球投影之外，还通过宣扬西方宗教图像和亲自绘画等方式传入了我国透视法. 从后来游文辉给利玛窦绘制的肖像以及利玛窦晚年自己的作品来看，当时其传入的内容也不少.

利玛窦在绘制地图时给出了两个南北半球图，关于这两个地图，有人称是圆锥投影图，我们研究认为这是不正确的. 利玛窦没有传入圆锥投影.

利玛窦之后再一个较多地传入西方早期画法几何的是熊三拔. 熊三拔于 1610 年帮助徐光启写成了《简平仪说》一书. 此书虽然无图，但根据书的内容来看，其确实也给国人介绍了天球平行正投影.

熊三拔之后再一个传入我国大量西方画法几何知识的是汤若望. 他于 1631 年写成《恒星历指》一书，该书主要阐述了恒星的测量、计算和记录. 为了更好地计算，汤若望介绍了西方常用的简平仪法，这种方法其实就是天球平行正投影法. 后面，为了更好地记录，他详细介绍了圆锥曲线的有关定理，然后证明了球极投影下球面的保圆性，最后又阐述了投影点在球极点、秋分点和脱离球极点不在天球表面的天球透视画法等. 汤若望是在利玛窦和熊三拔介绍天球投影基础上的发展和完善，他介绍的原理和画法可验证基本上是正确的——除其中一个天球黄道的画法是近似画法外.

就在利玛窦、熊三拔和汤若望等人传入和介绍西方画法几何的时候，我国也有不少知识分子对西方画法几何知识进行了学习和研究，这其中比较有名的当是李之藻和徐光启.

李之藻是从跟利玛窦学习世界地图和星盘的制作开始接触到西方画法几何的.他学习了这些新知识之后,首先是进行了多方面的实践,如绘制地图、几何图形和其他图形——在他的著作《圜容较义》和《頖宫礼乐疏》中,李之藻先制作星盘,然后对其中的画法几何知识进行了归纳、概括和论述.这可以从他撰写的书《浑盖通宪图说》中看出来.他的书比克拉维乌斯神父的书更简捷、更清楚和更条理.另外,李之藻还对其学习过的西方画法几何知识进行了传播.他在章州的时候将球极投影介绍给了好朋友樊致虚和郑辂思二人.因此,李之藻对西方画法几何在我国的传播做出了非常积极的贡献.

徐光启其实正是受到了西方透视法作品的影响而产生入教思想的.他于1604年认识利玛窦,也是在跟随利玛窦和熊三拔等人研究西方天文学和地理等科学知识中学习到西方画法几何的.他了解了这些新知识之后,于1611年作《泰西水法》,参照西方画法几何规则绘制了多幅轴测投影图.1612年,其又作《平浑图说》、《日晷图说》和《夜晷图说》三书,深入探讨了西方天球投影知识.1631年,其又根据汤若望介绍的球极投影方法绘制了多幅新式星图,从而为西方画法几何在我国的传播也做出了十分积极的贡献.

徐光启之后到郎世宁来华之前这段时间,由于战乱等原因,来华传教士比较少,但仍有不少传教士传入我国西方画法几何,比如毕方济、利类思、南怀仁、马国贤等人.但这段时间最主要的还是国人自己继续研究和传播西方画法几何.此时最为突出的学习和研究西方画法几何的是当时著名数学家梅文鼎.

梅文鼎是通过学习《崇祯历书》和传教士传入的星盘等接触到西方画法几何的.他不仅从中学习到了天球平行正投影——前人已经提及,而且还学习到了球极投影和轴测投影.他接触到这些知识之后,随即结合其掌握的数学知识对其进行了消化和吸收.1679年,梅文鼎被邀参加《元史天文志》的编写,期间其绘制了五幅天球正投影图.1684年至1700年,梅文鼎分别写成《弧三角举要》、《环中黍尺》和《堑堵测量》三书.在这三本书中,其利用学习和消化后的西方画法几何对球面三角进行了深入研究,得出了和《崇正历书》中完全相同的结论,推广了西方传教士传入的球面三角公式,开辟了利用几何投影来研究球面三角的一个方向,对后世多位数学家的研究产生了积极的影响.此后,其在《几何补编》中又发展了《恒星历指》中五种正多面体的轴测投影画法,其得到的结论和克拉维乌斯神父于1574年编写的《欧几里得几何原本十五卷》中第十五卷介绍的方法非常一致.然后其还给出了多个半正多面体的轴测投影画法.

郎世宁于1715年来到我国,实际上其来到不久就开始传播西方画法几何了.这个时期郎世宁传播西方画法几何的方式主要有:给国人展示透视作品和教授学生.郎世宁在康熙年间给国人展示了多幅透视画,还招收了十三名中国学生,给他们系统地讲授西方透视学.

《视学》是1729年郎世宁帮助年希尧编写的一部论述透视画法的书.关于此书前人已指出,其中有30余幅图来源于意大利画家朴蜀的《绘画和建筑透视》;有50余幅图为年希尧自画;在翻刻图的第一幅中的文字翻译于朴蜀的书,等等.其实,仔细研究此书会发现,在翻刻的图中,除去第一幅之外,还有第二、三、四等多幅图中的文字意译于朴蜀的书;另外,全书除去朴蜀书中来的图和年希尧自画的图之外的95幅图,实际上是郎世宁的作品.这样算来,郎世宁在当时其实直接参与了《视学》的编纂.

年希尧是当时和西方传教士接触比较多的知识分子之一,其不仅通过编写了《视学》阐述郎世宁带来的西方画法几何,而且,他还将从西方传教士那里学习到的西方画法几何运用到了其他方面,比如几何图形的绘制中.年希尧于1717年写成了《测算刀圭》一书,该书为了探讨球面三角形的性质,多处使用了天球平行投影知识.后来年希尧又编写了《算法纂要总纲》和《面体比例便览》两书,在两书中其明显地采用了西方透视法和轴测投影.因此,年希尧为西方画法几何在我国的传播也做出了贡献.

明末清初,当西方画法几何在我国传播的时候,其他一些数学比如欧氏几何和三角学等也传入了我国.相比其他数学知识,画法几何知识在我国的传播应该是比较顺利的,也是比较成功的.之所以如此,我们认为主要原因应当有以下几个:一、这之前我国画法几何知识不如西方画法几何知识丰富,这在客观上为西方画法几何之东来留出了"空间";二、画法几何是当时西方科学技术研究和应用的重要工具,对有的学科还是必要工具,这为西方画法几何之东来形成了充分理由;三、欧氏几何的很多内容在当时已经传播,这就为西方画法几何在我国的顺利"着陆"奠定了基础;四、当时正是我国学者积极学习西方科学的时期,我国学者的热情无疑也促进了西方画法几何之东来.

回顾明末清初西方画法几何之东来的过程,我们发现其呈现出三个基本特点:一、以跟随其他科技知识的传入而传入;二、传入内容由少到多由慢到快,整个过程呈循序渐进特点;三、传播过程多开始于具体的科技实践活动过程中.

明末清初西方画法几何传入我国，在当时虽然没有欧氏几何传入的影响大，但我们认为其在相适应的学科和行业里起到了十分积极的作用. 在数学方面，其丰富了我国传统数学内容，为我国传统数学研究增添了新的成分，促进了我国球面三角的深入研究，为我国数学研究开辟了新的方向；在天文学方面其促进了我国星图绘制的改革，从理论和实践两个方面指导了人们对于星盘这种新的天文仪器的学习和制作，启发我国科学家找到了更为方便和快捷的天体坐标换算方法，从而在多个方面促进了当时我国天文学的进步；在绘画方面，其不仅为我国传统绘画带来了新的内容和方法，而且还影响了人们对于绘画的认识，使得当时的人们开始重视写实. 特别是在建筑画方面，西方画法几何的传入，使得我国建筑画在准确性上有了明显的提高.

综上，本书全面探讨了明末清初西方画法几何之东来的过程，着重分析了利玛窦、汤若望、李之藻、徐光启、郎世宁和梅文鼎等人在此过程中的作用，阐述了他们的贡献，在此基础上又分析了此时西方画法几何在我国传播的特点与其之所以能在我国传播的原因，论述了其在当时对于我国数学、天文学、地理学和绘画等学科的作用和影响等，基本实现了本书一开始提出的要求，达到了在前人研究基础上将本课题向前进一步推进的目的.

本书比较有特色的研究主要有以下几个：

1. 系统回顾了东西方 17 世纪之前画法几何的发展，并将二者进行了比较. 在这个过程中辨明了我国传统星图（圆形的和矩形的）绘制中没有使用中心投影这一事实.

2. 阐明了利玛窦为当时传入我国西方画法几何的第一人，并且指出了其传入的各项画法几何知识的时间、方式、内容和来源等. 对利玛窦传入圆锥投影这一说法进行了辨析.

3. 对汤若望传入我国的画法几何进行了深入研究，论述了其特点，对其传入的天球平行正投影知识的来源进行了探索.

4. 对郎世宁传入我国透视法的方式进行了研究，并且对他与《视学》的成书提出了全新的看法.

5. 对李之藻、徐光启和梅文鼎在当时关于西方画法几何的学习、研究和实践进行了探讨，对他们在西方早期画法几何在我国的传播中所起的作用进行了评述. 特别就梅文鼎为《明史》绘制的三幅天球图提出了自己的看法.

6. 探讨了西方画法几何在当时成功传入我国的原因和特点，并对其在我国传播所引起的影响进行了论述.

§9.2 继续研究

明清之际西方画法几何在我国的传播是一个内容十分丰富的课题，前面的研究尽管已经基本全面，但是，这之余仍有些地方可以继续探讨，比如汤若望传入的中心投影来源于哪里？这个时期西方传教士传入的西方画法几何和晚清时期西方传教士传入的画法几何——《器象显真》等书中的内容——有什么联系？明清时期西方画法几何在我国的传播对民国时期萨本栋和蔡元培等人关于西方画法几何的翻译有没有影响？等等.这些问题的研究，无疑是对上述研究极大的补充，无疑能使明清之际西方画法几何之东来这一课题的研究乃至明清之际西学东渐的整体研究更加全面和更加深入，因此，也是非常有意义的，我们日后将进一步深入研究.

主要参考文献

中文文献

[1] 年希尧. 视学[M]. 刻本,1735(清雍正十三年).

[2] 李之藻. 浑盖通宪图说[M]//李之藻. 天学初函. 台北:台湾学生书局,1965.

[3] 徐光启. 简评仪说[M]//李之藻. 天学初函. 台北:台湾学生书局,1965.

[4] 徐光启. 徐光启著译集[M]. 上海:上海古籍出版社,1983.

[5] 徐光启. 徐光启集[M]. 上海:上海古籍出版社,1984.

[6] 年希尧. 测算刀圭[M]. 抄本,1718(清康熙戊戌年).

[7] 年希尧. 算法纂要总纲[M]. 中国科学院自然科学史研究所收藏精写本.

[8] 年希尧. 面体比例便览[M]. 双啸室《古今算学丛书》刻本,1898.

[9] 李之藻. 頖宫礼乐疏[M]. 刻本,1618(明万历四十六年).

[10] 梅文鼎. 堑堵测量[M].《梅勿菴先生历算全书》刻本,1723(清雍正元年).

[11] 胡敬. 国朝院画录[M]. 杭州:仁和胡敬崇雅堂,1843.

[12] 顾观光. 读周髀算经书后[G]//顾观光. 顾氏遗书. 刻本,1888(清光绪九年).

[13] 江藩. 国朝汉学师承记[M]. 北京:中华书局,1983.

[14] 王肯堂. 郁冈斋笔麈(四)[M]. 刻本,1604(明万历三十二年).

[15] 顾起元. 客座赘语[M]. 刻本,1906(清光绪三十二年).

[16] 阮元. 畴人传[M]. 北京:商务印书馆,1955.

[17] 梅文鼎. 几何补编[M]. 兼济堂《梅勿菴先生历算全书》刻本,1723(清雍正元年).

[18] 姜绍书. 无声诗史[M]. 刻本,1720(清康熙五十九年).

[19] 韩非. 韩非子[M]. 上海：上海古籍出版社，1989.

[20] 荀况. 荀子[M]. 上海：上海古籍出版社，1989.

[21] 司马迁. 史记[M]. 长沙：岳麓书社，1983.

[22] 李诫. 营造法式[M]. 北京：方志出版社，2003.

[23] 欧阳修. 新唐书[M]. 北京：中华书局，1975.

[24] 瞿太素. 交友论序言[G]//李之藻. 天学初函. 台北：台湾学生书局，1965.

[25] 徐光启. 刻同文算指序[G]//李之藻. 天学初函. 台北：台湾学生书局，1965.

[26] 杨廷筠. 同文算指序[G]//李之藻. 天学初函. 台北：台湾学生书局，1965.

[27] 李之藻. 职方外纪序言[G]//李之藻. 天学初函. 台北：台湾学生书局，1965.

[28] 梅文鼎. 弧三角举要[M]. 兼济堂纂《梅勿菴先生历算全书》刻本，1723（清雍正元年）.

[29] 李之藻. 圜容较义[M]//李之藻. 天学初函. 台北：台湾学生书局，1965.

[30] 梅文鼎. 平三角举要[M]. 兼济堂纂《梅勿菴先生历算全书》刻本，1723（清雍正元年）.

[31] 梅文鼎. 环中黍尺[M]. 兼济堂纂《梅勿菴先生历算全书》刻本，1723（清雍正元年）.

[32] 梅文鼎. 历学疑问[M]. 承学堂《梅氏丛书辑要》刻本，1761（清乾隆二十六年）.

[33] 刘侗，于奕正. 帝京景物略[M]. 刻本，1635（明崇祯八年）.

[34] 梅文鼎. 历学疑问补[M]. 承学堂《梅氏丛书辑要》刻本，1761（清乾隆二十六年）.

[35] 王英明. 历体略[M]//任继愈. 中国科学技术典籍通汇（八）. 郑州：河南教育出版社，1993.

[36] 梅文鼎. 勿庵历算书目[M]. 鲍氏知不斋刻本.

[37] 李廌. 德隅斋画品[M]//永瑢，纪昀，等. 四库全书. 上海：上海古籍出版社，1987.

[38] 梅文鼎. 勿庵历算书记[M]. 台北:台湾商务印书馆,1983.

[39] 梅庚. 绩学斋诗钞序[G]//梅庚. 天逸阁集. 刻本,1700(清康熙三十九年).

[40] 张廷玉. 明史(三)[M]. 北京:中华书局,1974.

[41] 宋濂. 郭守敬[G]//宋濂. 元史(一百六十四卷). 北京:中华书局,1976.

[42] 沈括. 梦溪笔谈[M]//永瑢,纪昀,等. 四库全书. 上海:上海古籍出版社,1987.

[43] 徐光启. 泰西水法[M]//李之藻. 天学初函. 台北:台湾学生书局,1965.

[44] 徐朝俊. 高厚蒙求[M]. 同文馆刻本,1887(清光绪十七年).

[45] 宋应星. 天工开物[M]. 广州:广东人民出版社,1976.

[46] 昭琏. 啸亭杂录[M]. 北京:中华书局,1980.

[47] 刘道醇. 圣朝名画评[M]//永瑢,纪昀,等. 四库全书. 上海:上海古籍出版社,1987.

[48] 陆仲玉. 日月星晷式[M]//任继愈. 中国科学技术典籍通汇(八). 郑州:河南教育出版社,1993.

[49] 艾儒略. 大西西泰利先生行迹[M]. 刻本,1630(崇祯三年).

[50] 利玛窦. 利玛窦宝像图[M]. 中国科学院自然科学史研究所藏本.

[51] 罗雅谷. 测量全义[M]//永瑢,纪昀,等. 四库全书. 上海:上海古籍出版社,1987.

[52] 邓玉函. 大测[M]//永瑢,纪昀,等. 四库全书. 上海:上海古籍出版社,1987.

[53] 邓玉函. 测天约说[M]//永瑢,纪昀,等. 四库全书. 上海:上海古籍出版社,1987.

[54] 邓玉函. 远西奇器图说[M]. 刻本,1627(明天启七年).

[55] 白力盖. 器象显真[M]. 上海:江南制造局,1872.

[56] 利玛窦,金尼阁. 利玛窦中国札记[M]. 北京:中华书局,1983.

[57] 白晋. 康熙皇帝[M]. 哈尔滨:黑龙江人民出版社,1981.

[58] 李约瑟. 中国科学技术史(第一卷)[M]. 北京:科学出版社,1990.

[59] 李约瑟. 中国科学技术史(第二卷)[M]. 北京:科学出版社,1990.

[60] 李约瑟. 中国科学技术史(第三卷)[M]. 北京:科学出版社,1978.

[61] 李约瑟. 中国科学技术史(第四卷)[M]. 北京:科学出版社,1975.

[62] 李约瑟. 中国科学技术史(第五卷)[M]. 北京:科学出版社,1976.

[63] 李约瑟. 中国古代科学[M]. 上海:上海书店出版社,2001.

[64] 恩斯特·斯托英. "通玄教师"汤若望[M]. 北京:中国人民大学出版社,1989.

[65] 薮内清. 中国·科学·文明[M]. 北京:中国社会科学出版社,1989.

[66] 利奇温 M. 十八世纪中国与欧洲文化的接触[M]. 北京:商务印书馆,1991.

[67] 乔纳森·斯彭斯. 利玛窦传[M]. 西安:陕西人民出版社,1991.

[68] 克莱因 M. 古今数学思想(第一册)[M]. 上海:上海科学技术出版社,1979.

[69] 维特鲁维. 建筑十书[M]. 高履泰,译. 北京:中国建筑工业出版社,1986.

[70] 佩迪什. 古代希腊人的地理学[M]. 北京:商务印书馆,1983.

[71] 伊夫斯 H. 数学史概论[M]. 太原:山西经济出版社,1986.

[72] 安大玉. 明末平仪在中国的传播[J]. 自然科学史研究,2002,21(4).

[73] 宫岛一彦. 日本の古星稠と东アジアの天文学[J]. 人文学报,1999,82.

[74] 贝尔 E T. 数学精英[M]. 北京:商务印书馆,1991.

[75] 小高司郎. 现代图学[M]. 长沙:湖南科技出版社,1988.

[76] 吉特尔曼. 数学史[M]. 北京:科普出版社,1987.

[77] 白晋. 清康乾两帝与天主教传教史[M]. 台北:台湾光启出版社,1960.

[78] 萨里谢夫. 地图制图学概论[M]. 北京:测绘出版社,1982.

[79] 乌尔马耶夫. 数学制图学原理[M]. 北京:测绘出版社,1979.

[80] 丹皮尔. 科学史[M]. 北京:商务出版社,1997.

[81] 沃尔夫. 十六、十七世纪科学、技术和哲学史[M]. 北京:商务出版社,1997.

[82] 切特维鲁新. 画法几何[M]. 北京:高等教育出版社,1985.

[83] 捷夫林. 画法几何教程[M]. 北京:高等教育出版社,1988.

[84] 罗伊特. 画法几何学[M]. 北京:机械工业出版社,1991.

[85] 费赖之. 在华耶稣会士列传及书目[M]. 北京:中华书局,1995.

[86] 荣振华. 在华耶稣会士列传及书目补编[M]. 北京：中华书局，1995.

[87] 白晋. 康熙帝传[M]. 珠海：珠海出版社，1995.

[88] 裴化行. 利玛窦评传[M]. 北京：商务印书馆，1993.

[89] 安田朴，谢和耐. 明清间入华耶稣会士和中西文化交流[M]. 成都：巴蜀书社，1993.

[90] 苏立文. 东西方美术的交流[M]. 南京：江苏美术出版社，1998.

[91] 艾儒略. 职方外纪校释[M]. 北京：中华书局，1996.

[92] 石田干之助. 郎世宁传略考[J]. 国立北平图书馆馆刊，1933(7).

[93] 克莱因 M. 古今数学思想（第三册）[M]. 上海：上海科技出版社，1979.

[94] 汤若望. 恒星历指[M]//永瑢，纪昀，等. 四库全书. 上海：上海古籍出版社，1987.

[95] 邓恩. 从利玛窦到汤若望[M]. 上海：上海古籍出版社，2000.

[96] 克莱因 M. 西方文化中的数学[M]. 上海：复旦大学出版社，2004.

[97] 斯科特. 数学史[M]. 南宁：广西师范大学出版社，2002.

[98] 李约瑟. 中华科学文明史(5)[M]. 江晓原，译. 上海：上海人民出版社，2003.

[99] KATZ V J. 数学史通论[M]. 李文林，邹建成，胥鸣伟，等译. 北京：高等教育出版社，2004.

[100] 马国贤. 清廷十三年[M]. 上海：上海古籍出版社，2004.

[101] 利玛窦. 利玛窦全集(四)[M]. 台北：光启出版社，1986.

[102] 郎世宁. 郎世宁画集[M]. 天津：天津人民美术出版社，1998.

[103] 霍斯金. 剑桥插图天文学史[M]. 江晓原，译. 济南：山东画报出版社，2003.

[104] 邓玉函. 黄赤道距度表[M]//永瑢，纪昀，等. 四库全书. 上海：上海古籍出版社，1987.

[105] 伊拉里奥. 画家利玛窦与《野墅平林图》[G]//杨仁恺. 辽宁省博物馆藏宝录. 上海：上海文艺出版社，1994.

[106] 蒙日. 画法几何学[M]. 长沙：湖南科技出版社，1984.

[107] 平川佑弘. 利玛窦传[M]. 北京：光明日报出版社，1999.

[108] 方豪. 中西交通史[M]. 长沙：岳麓书社，1987.

[109] 方豪. 李我存研究[M]. 杭州:我存杂志社,1937.

[110] 方豪. 中国天主教史人物传 [M]. 北京:中华书局,1988.

[111] 罗渔. 利玛窦全集[M]. 台北:光启出版社,1986.

[112] 罗光. 利玛窦传[M]. 台北:台湾学生书局,1982.

[113] 赵尔巽. 清史稿(卷二九五)[M]. 北京:中华书局,1997.

[114] 何兆武. 中西文化交流史论[M]. 北京:中国青年出版社,2001.

[115] 赵尔巽. 清史稿(列传二百九十一)[M]. 北京:中华书局,1997.

[116] 顾长声. 传教士与近代中国[M]. 上海:上海人民出版社,1981.

[117] 倪波,霍丹. 信息传播原理[M]. 北京:书目文献出版社,1996.

[118] 刘克明. 中国工程图学史[M]. 武汉:华中科技大学出版社,2003.

[119] 陈垣. 陈垣学术论文集[G]. 北京:中华书局,1980.

[120] 刘克明,杨叔子. 中国古代工程制图的数学基础[J]. 成都大学学报(自然科学版),1999,31(2).

[121] 王重民. 徐光启[M]. 上海:上海人民出版社,1981.

[122] 孙宝寅. 科技传播研究[M]. 北京:清华大学出版社,1996.

[123] 金应春,丘富科. 中国地图史话[M]. 北京:科学出版社,1984.

[124] 杜石然. 中国科学技术史稿[M]. 北京:科学出版社,1982.

[125] 周庆山. 文献传播学[M]. 北京:书目文献出版社,1997.

[126] 李迪. 中国数学史简编[M]. 沈阳:辽宁人民出版社,1984.

[127] 卢良志. 中国地图学史[M]. 北京:测绘出版社,1984.

[128] 中国天文学史整理研究小组. 中国天文学史[M]. 北京:科学出版社,1981.

[129] 冯天瑜. 明清史散论[M]. 武汉:华中工学院出版社,1984.

[130] 刘克明.《营造法式》中的图学成就及其贡献——纪念《营造法式》发表900周年[J]. 华中建筑,2004(2).

[131] 王欣之. 明代大科学家徐光启[M]. 上海:上海人民出版社,1985.

[132] 刘克明. 宗炳的透视理论及其图学思想[J]. 自然杂志,2004,26(1).

[133] 罗方光. 利玛窦在肇庆(肇庆文史第二辑)[M]. 肇庆:肇庆市政协文史资料研究会,1985.

[134] 席泽宗,吴德铎. 徐光启研究论文集[M]. 上海:上海学林出版社,1986.

[135] 孙尚扬. 利玛窦与徐光启[M]. 北京:新华出版社,1993.

[136] 张维华. 明清之际中西关系简史[M]. 济南:齐鲁书社,1987.

[137] 江文汉. 明清间在华的天主教耶稣会士[M]. 北京:知识出版社,1987.

[138] 周一良. 中外文化交流史[M]. 郑州:河南人民出版社,1987.

[139] 李迪,郭世荣. 清代著名天文数学家梅文鼎[M]. 上海:上海科技文艺出版社,1988.

[140] 顾裕禄. 中国天主教的过去和现在[M]. 上海:上海社科院出版社,1989.

[141] 梅荣照. 明清数学史论文集[M]. 南京:江苏教育出版社,1990.

[142] 陈久金,杨怡. 中国古代的天文与历法[M]. 济南:山东教育出版社,1991.

[143] 樊洪业. 耶稣会士与中国科学[M]. 北京:中国人民大学出版社,1992.

[144] 李之勤. 王徵遗著[M]. 西安:陕西人民出版社,1987.

[145] 许明龙. 中西文化交流的先驱——从利玛窦到郎世宁[M]. 北京:东方出版社,1993.

[146] 朱亚非. 明代中外关系史研究[M]. 济南:济南出版社,1993.

[147] 杜石然. 中国古代科学家传记(下)[M]. 北京:科学出版社,1993.

[148] 杨伯达. 清代院画[M]. 北京:紫禁城出版社,1993.

[149] 沈毅. 中国清代科技史[M]. 北京:人民出版社,1994.

[150] 张国刚. 德国的汉学研究[M]. 北京:中华书局,1994.

[151] 李兰琴. 汤若望传[M]. 北京:东方出版社,1995.

[152] 故宫博物院. 故宫博物馆藏清代宫廷绘画[M]. 北京:文物出版社,1995.

[153] 林金水. 利玛窦与中国[M]. 北京:中国社会科学出版社,1996.

[154] 石云里. 中国古代科学技术史纲(天文卷)[M]. 沈阳:辽宁教育出版社,1996.

[155] 张铠. 庞迪我与中国[M]. 北京:北京图书馆出版社,1997.

[156] 楼宇烈,张志刚. 中外宗教交流史[M]. 长沙:湖南教育出版社,1998.

[157] 王镛. 中外美术交流史[M]. 长沙:湖南教育出版社,1998.

[158] 曹增友.传教士与中国科学[M].北京:宗教文化出版社,1999.

[159] 韩琦.中国科学技术之西传及其影响[M].石家庄:河北人民出版社,1999.

[160] 黄时鉴.东西交流论谭[M].上海:上海文艺出版社,1998.

[161] 关增建.中国古代科学技术史纲(理化卷)[M].沈阳:辽宁教育出版社,1999.

[162] 何哲.清代的西方传教士与中国文化[J].故宫博物院院刊,1983(2).

[163] 冯天瑜.利玛窦等耶稣会士在华学术活动[G]//冯天瑜.明清文化史散论.武汉:华中工学院出版社,1984.

[164] 徐明德.明清之际来华耶稣会士对中西文化交流的贡献[J].杭州大学学报,1986,16(4).

[165] 黄时鉴.东西交流论谭(第二辑)[M].上海:上海文艺出版社,2001.

[166] 刘潞.康熙帝与西方传教士[J].故宫博物院院刊,1981(3).

[167] 中村高志.徐光启的天主教宗教观考察[J].中国哲学,1982(11).

[168] 冯佐哲.试论顺康雍三朝对西方传教士政策的演变[J].世界宗教研究,1991(3).

[169] 秉航.试论明末清初中国科学技术史的若干问题[G]//自然科学史研究所.科技史文集(第3辑).上海:上海科学技术出版社,1980.

[170] 韩琦.关于十七、十八世纪欧洲人对中国科学落后原因的论述[J].自然科学史研究,1992,11(4).

[171] 董光璧.中国近现代科学技术史[M].长沙:湖南教育出版社,1997.

[172] 朱维铮.利玛窦中文著译集[M].上海:复旦大学出版社,2001.

[173] 江晓原.江晓原自选集[M].南宁:广西师范大学出版社,2001.

[174] 吴文俊.中国数学史大系(第七卷)[M].北京:北京师范大学出版社,2000.

[175] 吴文俊.中国数学史大系(第八卷)[M].北京:北京师范大学出版社,2000.

[176] 江晓原,钮卫星.天文西学东渐集[M].上海:上海书店出版社,2001.

[177] 周谷城.中国通史(下)[M].上海:上海人民出版社,1957.

[178] 王青建.科学译著先师——徐光启[M].北京:科学出版社,2000.

[179] 同济大学建筑制图教研室.画法几何[M].上海:同济大学出版社,

1985.

[180] 大连理工大学工程图教研室. 画法几何学[M]. 北京:高等教育出版社,1992.

[181] 江晓原. 托勒玫[G]//席泽宗. 世界著名科学家传记·天文学家 II. 北京:科学出版社,1990.

[182] 陈遵妫. 中国天文学史(上)[M]. 上海:上海人民出版社,1980.

[183] 曹婉如. 中外地图交流史初探[J]. 自然科学史研究,1993,12(3).

[184] 杜石然,曹婉如. 中国科学技术史稿(下)[M]. 北京:科学出版社,1982.

[185] 汪前进. 中国明代科技史[M]. 北京:人民出版社,1994.

[186] 沈毅. 中国清代科技史[M]. 北京:人民出版社,1994.

[187] 潘天寿. 中国绘画史[M]. 上海:上海人民美术出版社,1983.

[188] 王伯敏. 中国绘画史[M]. 上海:上海人民美术出版社,1982.

[189] 莫小也. 十七、十八世纪传教士与西画东渐[M]. 北京:中国美术学院出版社,2002.

[190] 莫小也. 欧洲传教士与清代宫廷铜版画的繁荣[J]. 文化杂志,2002(12).

[191] 江晓原. 天学外史[M]. 上海:上海人民出版社,1999.

[192] 刘钝. 梅文鼎[G]//席泽宗. 世界著名科学家传记·天文学家 II. 北京:科学出版社,1990.

[193] 严敦杰. 梅文鼎的数学和天文学工作[J]. 自然科学史研究,1989,8(2).

[194] 刘钝. 年希尧[G]//席泽宗. 世界著名科学家传记·天文学家 II. 北京:科学出版社,1990.

[195] 赵擎寰. 中国古代工程图发展初探[G]//画法几何及制图学论文选编. 武汉:湖北科学技术协会,1965.

[196] 李迪. 我国第一部画法几何著作《视学》[J]. 内蒙古师范学院学报(自然科学版),1979(00).

[197] 沈康身. 从《视学》看 18 世纪东西方透视学知识的交融和影响[J]. 自然科学史研究,1985,4(3).

[198] 沈康身. 界画、《视学》和透视学[G]//自然科学史研究所数学组. 科

技史文集(第八辑). 上海:上海科学技术出版社,1982.

[199] 沈康身. 波德拉《透视学史》与年希尧《视学》[J]. 科学探索,1987,7(1).

[200] 沈康身. 界画、《视学》和透视学[G]//杭州大学庆祝建国30周年科学报告会论文集(数学系分册). 杭州:杭州大学,1979.

[201] 沈康身.《视学》透视量点法作图选析[G]//吴文俊. 中国数学史论文集(四). 济南:山东教育出版社, 1996.

[202] 沈康身. 年希尧《视学》的研究[G]//杨翠华,黄一农. 近代中国科技史论集. 台北:"中央研究院"近代史研究所,1991.

[203] 沈康身.《视学》再析[J]. 自然杂志,1991,13(8).

[204] 刘钝. 郭守敬的《授时历草》和天球投影二视图[J]. 自然科学史研究,1982,1(4).

[205] 刘钝. 托勒密的"曷捺楞马"与梅文鼎的"三极通机"[J]. 自然科学史研究,1986,5(1).

[206] 刘钝. 弧三角举要提要[G]//任继愈. 中国科学技术典籍通汇(四). 郑州:河南教育出版社,1993.

[207] 刘钝. 环中黍尺提要[G]//任继愈. 中国科学技术典籍通汇(四). 郑州:河南教育出版社,1993.

[208] 刘钝. 堑堵测量提要[G]//任继愈. 中国科学技术典籍通汇(四). 郑州:河南教育出版社,1993.

[209] 刘逸.《视学》评析[J]. 自然杂志,1987,9(6).

[210] 刘逸. 略论梅文鼎的投影理论[J]. 自然科学史研究,1991,10(3).

[211] 韩琦. 康熙时代传入的西方数学及其对中国数学的影响[D]. 北京:中国科学院自然科学史研究所,1991.

[212] 韩琦. 视学提要[G]//任继愈. 中国科学技术典籍通汇(四). 郑州:河南教育出版社,1993.

[213] 汪前进. 康熙铜版《皇舆全览图》投影种类新探[J]. 自然科学史研究,1991,10(2).

[214] 胡铁珠. 日月星晷式提要[G]//任继愈. 中国科学技术典籍通汇(八). 郑州:河南教育出版社,1993.

[215] 葛路. 中国古代绘画理论发展史[M]. 上海:上海人民美术出版社,

1982.

[216] 王伯敏.中国山水画的透视[M].天津:天津美术出版社,1981.

[217] 陈明达.中国古代木结构建筑艺术[M].北京:文物出版社,1987.

[218] 孙大章.中国古代建筑史话[M].北京:中国建筑出版社,1987.

[219] 车一雄,王德昌.常熟石刻天文图[G]//《中国天文学史文集》编辑组.中国天文学史文集(第一集).北京:科学出版社,1978.

[220] 王立兴.从星图画法上看浑天说两次建成的先后[G]//《中国天文学史文集》编辑组.中国天文学史文集(第五集).北京:科学出版社,1989.

[221] 北京天文馆.中国古代天文学成就[M].北京:北京科学技术出版社,1987.

[222] 李汝昌,王祖英.地图投影[M].武汉:中国地质大学出版社,1991.

[223] 曹婉如.中国古代地图绘制的理论和方法初探[J].自然科学史研究,1983,2(3).

[224] 曹婉如.近四十年来中国地图史研究的回顾[J].自然科学史研究,1990,9(3).

[225] 林金水.泰西儒士利玛窦[M].北京:国际文化出版公司,2000.

[226] 沈定平.瞿太素的家事、信仰及其在文化交流中的作用[J].中国史研究,1997(1).

[227] 林东阳.利玛窦的世界地图及其对明末士人社会的影响[G]//纪念利玛窦来华四百周年中西文化交流国际学术会议秘书处.纪念利玛窦来华四百周年中西文化交流国际学术论文集.台湾:辅仁大学出版社,1983.

[228] 杨叔子,刘克明.中国古代工程图学的成就及其现代意义[J].世界科技研究与发展,1996(2).

[229] 潘鼐.中国恒星观测史[M].上海:学林出版社,1989.

[230] 天主教辅仁大学.郎世宁之艺术[M].台北:幼狮文化事业公司,1991.

[231] 聂崇正.郎世宁作品中的几个问题[J].世界美术,1982(4).

[232] 聂崇正.郎世宁的生平、艺术及"西画东渐"[G]//郎世宁.郎世宁画集[M].天津:天津人民美术出版社,1998.

[233] 杨伯达.郎世宁在清内廷的创作活动及其艺术成就[J].故宫博物院院刊,1988(2).

[234] 鞠德源,田建一,丁琼. 清宫廷画家郎世宁[J]. 故宫博物院院刊,1982(2).

[235] 朱伯雄. 郎世宁来华后的艺术活动[J]. 世界美术,1982(4).

[236] 吴廷玉,胡凌. 绘画艺术教育[M]. 北京:人民出版社,2001.

[237] 江晓原. 试论清代“西学中源”说[J]. 自然科学史研究,1988,7(2).

[238] 刘钝. 梅文鼎[G]//杜石然. 中国古代科学家传记. 北京:科学出版社,1993.

[239] 刘钝. 年希尧[G]//杜石然. 中国古代科学家传记. 北京:科学出版社,1993.

[240] 韩琦,詹嘉玲. 康熙时代西方数学在宫廷的传播[J]. 自然科学史研究,2003,22(2).

[241] 俞剑华. 中国绘画史(下)[M]. 北京:商务印书馆,1937.

[242] 莫小也. 乾隆年间姑苏版所见西画之影响[G]//黄时鉴. 东西交流论谭(第一辑). 上海:上海文艺出版社,1998.

[243] 聂崇正. 西洋画对清宫廷绘画的影响[J]. 朵云,1983(5).

[244] 吴振华. 日晷设计原理[M]. 上海:上海交通大学出版社,2001.

[245]《国际汉学》编委会. 国际汉学(第一辑)[M]. 北京:商务印书馆,1995.

[246] 任继愈. 国际汉学(第二辑)[M]. 郑州:大象出版社,1998.

[247] 任继愈. 国际汉学(第三辑)[M]. 郑州:大象出版社,1999.

[248] 任继愈. 国际汉学(第四辑)[M]. 郑州:大象出版社,1999.

[249] 任继愈. 国际汉学(第五辑)[M]. 郑州:大象出版社,2000.

[250] 范波涛,张慧. 画法几何学[M]. 北京:机械工业出版社,1998.

[251] 大连理工大学工程画教研室. 画法几何学[M]. 北京:高等教育出版社,2001.

[252] 徐宏文,郭绍仲. 投影理论基础[M]. 天津:天津大学出版社,1991.

[253] 北京工业学院《画法几何学》编写组. 画法几何学[M]. 北京:国防工业出版社,1982.

[254] 许志群,吴海霞. 射影几何学基础[M]. 北京:高等教育出版社,1987.

[255] 黄国耀. 透视和体视[M]. 北京:北京理工大学出版社,1992.

[256] 同济大学建筑制图教研室. 画法几何[M]. 上海:同济大学出版社,

1996.

[257] 赵慧宁. 建筑绘画[M]. 天津:天津科学技术出版社,1998.

[258] 朱建国. 建筑制图[M]. 重庆:重庆大学出版社,1997.

[259] 朱育万. 画法几何及土木工程制图[M]. 北京:高等教育出版社,2001.

[260] 陈明达. 中国古代木结构建筑技术[M]. 北京:文物出版社,1987.

[261] 章又新. 章又新建筑画法育技法[M]. 哈尔滨:黑龙江科技出版社,1992.

[262] 王雪娟. 画法几何及建筑制图[M]. 北京:高等教育出版社,1990.

[263] 马永立. 地图学教程[M]. 南京:南京大学出版社,1998.

[264] 钱可强. 建筑制图[M]. 北京:化学工业出版社,2002.

[265] 马志超. 建筑透视和阴影[M]. 上海:同济大学出版社,2002.

[266] 罗哲文. 中国古代建筑[M]. 上海:上海古籍出版社,2001.

[267] 王琦. 欧洲美术史[M]. 上海:上海人民美术出版社,1985.

[268] 朱铭. 外国美术史[M]. 济南:山东教育出版社,1986.

[269] 徐复观. 中国艺术精神[M]. 上海:华东师范大学出版社,2001.

[270] 李蜀光. 绘画透视原理与技法[M]. 重庆:西南师范大学出版社,1994.

[271] 刘人岛. 意大利美术史话[M]. 北京:人民美术出版社,2000.

[272] 王渝生. 中国近代科学的先驱李善兰[M]. 北京:科学出版社,2000.

[273] 汪晓勤. 中西科学交流的功臣伟烈亚力[M]. 北京:科学出版社,2000.

[274] 刘金沂. 天文学及其历史[M]. 北京:北京出版社,1984.

[275] 刘克明,杨叔子. 中国古代工程图学及其现代意义[J]. 哈尔滨工业大学学报(社会科学版),2003,5(2).

[276] 刘仁杰. 艺术家谈大师丢勒[M]. 广州:岭南美术出版社,1998.

[277] 关增建. 计量史话[M]. 北京:中国大百科全书出版社,2000.

[278] 江晓原,谢筠. 周髀算经译注[M]. 沈阳:辽宁教育出版社,1996.

[279] 中外关系史协会. 中外关系史论丛(第一辑)[M]. 北京:世界知识出版社,1985.

[280] 中外关系史协会. 中外关系史论丛(第二辑)[M]. 北京:世界知识出

版社,1987.

[281] 中外关系史协会. 中外关系史论丛(第三辑)[M]. 北京:世界知识出版社,1991.

[282] 中外关系史协会. 中外关系史论丛(第四辑)[M]. 北京:世界知识出版社,1993.

[283] 中外关系史协会. 中外关系史论丛(第五辑)[M]. 北京:世界知识出版社,1996.

[284] 陈美东. 中国古星图[M]. 沈阳:辽宁教育出版社,1996.

[285]《民国丛书》编辑委员会. 天主教传行中国考[M]. 上海:上海书店出版社,1989.

[286] 莫小也. 游文辉与油画《利玛窦像》[J]. 世界美术,1997(3).

[287] 余三乐. 早期西方传教士与北京[M]. 北京:北京出版社,2001.

[288] 雷雨田. 近代来粤传教士评传[M]. 上海:百家出版社,2004.

[289] 李迪. 清代著名天文学家[M]. 上海:上海科学技术文献出版社,1988.

[290] 朱家溍. 养心殿造办处史料辑览(第一辑)[M]. 北京:紫禁城出版社,2003.

[291] 潘鼐,王庆余.《崇祯历书》中的恒星图表[C]//席泽宗. 徐光启研究论文集. 上海:学林出版社,1986.

[292] 黄时鉴,龚缨晏. 利玛窦世界地图研究[M]. 上海:上海古籍出版社,2004.

[293]《法国汉学》丛书编辑委员会. 法国汉学(第六辑,科技史专号)[M]. 北京:中华书局,2002.

[294]《法国汉学》丛书编辑委员会. 法国汉学(第七辑,宗教史专号)[M]. 北京:中华书局,2002.

[295]《法国汉学》丛书编辑委员会. 法国汉学(第八辑,教育史专号)[M]. 北京:中华书局,2003.

[296] 王佐才,杨小农. 郎世宁与脱胎瓷器画彩[J]. 南方文物,1994(4).

[297] 周经. 谈《史记》中的画图地图档案[J]. 历史档案,1985,5(4).

[298] 刘克明. 中西机械制图之比较[J]. 清华大学学报(哲学社会科学版),1996,11(2).

[299] 刘克明. 蒙日图学思想及其现代意义——纪念蒙日画法几何学发表200周年[J]. 自然辩证法研究,1996,12(3).

[300] 聂崇正. 郎世宁[M]. 北京:人民美术出版社,1985.

[301] 梁家勉. 徐光启年谱[M]. 上海:上海古籍出版社,1981.

[302] 刘克明,杨叔子. 中国古代图学对现代工程图学的贡献[J]. 工程图学学报,1999,3.

[303] 沈福伟. 中西文化交流史[M]. 上海:上海人民出版社,1985.

[304] 刘克明. 从《器象显真》看西方工程图学的引进[J]. 工程图学学报,2004(1).

[305] 李俨,钱宝琮. 李俨钱宝琮科学史全集[M]. 沈阳:辽宁教育出版社,1998.

[306] 徐宗泽. 明清间耶稣会士译著提要[M]. 北京:中华书局,1989.

[307] 施宣圆. 徐光启[M]. 南京:江苏古籍出版社,1984.

[308] 曲安京.《周髀算经》新议[M]. 西安:陕西人民出版社,2002.

[309] 李兆华. 汪莱球面三角成果讨论[J]. 自然科学史研究,1995,14(3).

外文文献

[1] MARTZLOFF J C. Recherches sur L'euvre mathematique de mei wending(1633—1721)[M]. Paris: Collège de France, Institut des hautes études chinoises, 1981.

[2] MARTZLOFF J C. Histoire des mathématiques chinoises[M]. Paris: Masson, 1988.

[3] ARCHIMEDES. Conies[M]// HUTCHINS R M. Great books of the western world(V11). Chicago: Encyclopedia Britannica, Inc., 1980.

[4] EUCLID. Elements[M]// HUTCHINS R M. Great books of the western world(V11). Chicago: Encyclopedia Britannica, Inc., 1980.

[5] PTOLEMY C. The almagest[M]// HUTCHINS R M. Great books of the western world(V16). Chicago: Encyclopedia Britannica, Inc., 1980.

[6] COPERNICUS N. On the revolutions of the heavenly spheres[M]// HUTCHINS R M. Great books of the western world(V16). Chicago: Encyclopedia Britannica, Inc., 1980.

[7] KEPLER J. The harmonies of the world[M]//HUTCHINS R M. Great books of the western world(V16). Chicago: Encyclopedia Britannica, Inc., 1980.

[8] APOLLONIUS. Conics[M]//HUTCHINS R M. Great books of the western world(V11). Chicago: Encyclopedia Britannica, Inc., 1980.

[9] SNYDER J P. Flattening the earth: Two thousand years of map projections[M]. Chicago: The University of Chicago Press, 1993.

[10] BERNARD H. Matteo Ricci's scientific contribution to China[M]. Peiping: Henri Vetch, 1935.

[11] POZZO A. Perspective in architecture and painting[M]. New York: Dover Publications, Inc., 1989.

[12] LEONARDO DA VINCI. A treatise on painting[M]. Princeton: Princeton University Press, 1956.

[13] BARTSCHI W A. Linear perspective: Its history, directions for constructions, and as peets in the environment and in fine arts[M]. New York: Van Nostrand Reinbold Company, 1981.

[14] TOOMER G J. Hipparchus[G]//GILLISPIE C C. Dictionary of scientific biography. New York: Charles Scriber's Sons, 1978.

[15] JONES A. Hipparchus [G]//MURDIN P. Encyclopedia of astronomy and astrophysics. London: Institute of Physics Publishing, 2001.

[16] IVOR T. Selections illustrating the history of Greek mathematics [M]. London: Heinemann, 1939.

[17] HEATH T. A history of Greek mathematics: From Thales to Euclid[M]. Bristol: Thoemmes Press, 1993.

[18] LORCH R P. Ptolemy and Maslama on the transformation of circles into circles in stereographic projection[J]. Arch. Hist. Exact Sci. 1995, 49 (3).

[19] TOOMER G J. Ptolemy[G]//GILLISPIE C C. Dictionary of scientific biography. New York: Charles Scriber's Sons, 1970.

[20] PTOLEMATEUS C. Geographia[M]. Venice: Theatrvm Orbis Terrarvm Ltd., 1511.

[21] NEUGEBAUER O E. The early history of the astrolabe[J]. Isis, 1949, 40(3).

[22] NEUGEBAUER O E. A history of ancient mathematical astronomy [M]. NewYork: Springer-Verlag, 1975.

[23] EDGERTON S Y. The heritage of Giotto's geometry: Art and science on the eve of the scientific revolution[M]. Ithaca, N. Y.: Cornell University Press, 1991.

[24] CHAUCER G. A treatise on the astrolabe[M]// SKEAT W W. Early English text society. Woodbridge: Boydell & Brewer Incorporated, 1969.

[25] JAFF M. From the vault to the heavens: A hypothesis regarding Filippo Brunelleschi's invention of linear perspective and the costruzione legittima[J]. Nexus Networks Journal, 2003,5(1).

[26] ALBERTI L B. Della Pittura [EB/OL]. [2005 - 1 - 15]. it. wikisource. org/wiki/Della-pittwra.

[27] CLARK K. Piero della Francesca [M]. London: Phaidon Press Limited, 1951.

[28] FIELD J V, GRAY J J. The geometrical work of Girard Desargues [M]. London: Springer-Verlag, 1987.

[29] CLAVIUS C. Gnomonices libri octo[M]. Romae: Apud Franciscum Zannettum, 1581.

[30] CLAVIUS C. Astrolabium[M]. Romae: Ex Typogrphia Gabiana, 1593.

[31] CLAVIUS C. Horologiorvm: nova descriptio [M]. Romae: Apud Aloysium Zannettum, 1599.

[32] BEURDELEY C, BEURDELEY M, BULLOCK M. Giuseppe Castiglione: A jesuit painter at the court of the Chinese emperors [M]. Rutland: Charles E. Tuttle Company, 1971.

[33] CLAVIUS C. Euclidis Elementorum libri XV [M]. Romae: Apud Vincentium Accoltum, 1574.

[34] BLAGRAVE J. The mathematical jewel [M]. London: Walter

Venge, 1585.

[35] SARTON G. Ancient science and modern civilization: Euclid and his time, Ptolemy and his time, the end of Greek science and culture[M]. London:Arnold, 1954.

[36] HARTSHORNE R. Geometry:Euclid and Beyond[M]. New York: Springer,2000.

[37] MOODY E A, CLAGETT M. The medieval science of weights (Scientia de ponderibus)[M]. Madison: University of Wisconsin Press, 1952.

[38] KLINE M. Mathematics in the modern world: Reading from Scientific American[C]. San Francisco: W. H. Freeman, 1968.

[39] KLINE M. Mathematical thought from ancient to modern times [M]. New York: Oxford University Press, 1972.

[40] FORSETH K, VAUGHAN D. Graphics for architecture[M]. New York: Van Nostrand Reinhold, 1980.

[41] HARRIES K. Infinity and perspective[M]. Cambridge: MIT Press, 2001.

[42] BRÖTJE M. Bildsprache und intuitives Verstehen: exemplarisch: Dürer, Das Schweisstuch von zwei Engeln gehalten, Melencolia I; Magritte, Die Such nach dem Absoluten[M]. Hildesheim: Olms, 2001.

[43] LEONARDO DA VINCI. Selections from the notebooks of Leonardo da Vinci [M]. London: Oxford University Press, 1955.

[44] DURER A, CONWAY W M, WERNER A. The writings of Albrecht Dürer[M]. London: Peter Owen Limited,1958.

[45] ANDERSEN K. Brook Taylor's work on linear perspective: a study of Taylor's role in the history of perspective geometry; including facsimiles of Taylor's two books on perspective[M]. New York: Springer-Verlag, 1992.

[46] ALLISON E C. Perspective: Introduction and commentary by Pierre Desargues [M]. New York: Harry N. Abrams, 1977.

[47] EDGERTON S Y. The Renaissance rediscovery of linear perspective [M]. New York: Basic Books,1975.

[48] ROSE P L. The Italian Renaissance of mathematics[M]. Geneva:

Librairie Droz, 1975.

[49] STRUIK D J. A concise history of mathematics[M]. S'hai: Longmans, 1955.

[50] BOHUSALU M. Les fresques de Piero della Francesca: en trois mouvments[M]. Wien: Universal Edition, 1956.

[51] FRANCESCA P, MURRAY P, DE VECCHI P. The complete paintings of Piero della Francesca[C]. Harmondsworth, Middlesex: Penguin Books Ltd, 1985.

[52] ENGELFRIET P M. Euclid in China[M]. Boston: Brill, 1989.

[53] NEEDHAM J. Chinese astronomy and the Jesuit Mission[M]. London: The China Society, 1958.

[54] CAJORI F. A history of mathematics[M]. New York: Macmillan & Co. Ltd, 1919.

[55] HEATH T. A history of Greek mathematics: From Aristarchus to Diophantus[M]. Oxford: Clarendon Press, 1921.

[56] SARTON G. Introduction to the history of science[M]. Baltimore: Williams & Wilkins Company, 1927.

后　记

本书付梓之际，首先将最诚挚的谢意献给笔者的导师——上海交通大学的江晓原教授。本书是在笔者博士论文的基础上修订而成的。笔者的博士论文，无论是前面的选题、查找资料、阅读文献、确定内容，还是后来的具体撰写，都得到了导师的殷切指导。另外，自 2002 年 4 月笔者考入上海交通大学科学史系攻读博士学位至 2005 年 6 月毕业离开，三年的时间里，导师无论在学习研究还是其他方面都给了笔者很大的帮助。导师学识渊博、思维活跃、视野开阔、治学严谨、造诣深厚、待人诚恳、研究方法多样而有效，等等，给笔者留下了深刻的印象。

其次，特别感谢纪志刚教授。纪教授也非常关心笔者博士论文的写作，在笔者撰写博士论文的写作过程中，纪教授多次提供了非常有价值的参考资料和信息。笔者博士论文初稿写成之后，纪教授又提出了多个十分宝贵的修改意见。另外，纪教授讲授的数学史课程和在课程之外介绍的数学史知识使笔者得到了比较系统的数学史专业训练。

再次，特别感谢关增建教授。关教授在古文献的阅读和科学史的研究方法上给了笔者很多指导，这使我受益匪浅。特别感谢钮卫星教授，钮卫星教授的古代天文学史课程使我学习到了许多和博士论文有关的内容。

感谢柏林工业大学的 Welf H. Schnell(维快)博士，他给我们讲授的拉丁语课程使笔者开阔了视野，提高了西文阅读能力。还有，本文中的部分拉丁文也是他帮助翻译的。也感谢法国国家科研中心的 Catherine Jami(詹嘉玲)研究员，她为本文的研究解答了若干问题。

感谢内蒙古师范大学的李迪教授、清华大学的刘兵教授、中国科学院自然科学史研究所的刘钝教授和韩琦教授、徐州师范大学的刘逸教授、上海师范大学的王幼军教授，以及上海交通大学的董煜宇博士，他们在百忙之中多次帮我解答有关问题和查找资料。李迪教授还曾亲自写信来提供相关信息，这无疑是对笔者莫大的鼓励。

感谢美国特拉华大学(University of Delaware)的蔡金法教授、英国利物浦大学(The University of Liverpool)的高理平博士和香港中文大学的张鹏博士，他们帮我查找和复印了多份外文文献。同时也感谢我的同窗和朋友韩建民、王延峰、温昌斌三人，他们给予笔者的帮助多不胜举。另外，还有当时在上海交大科学史系读书的同学姬永亮、杨惠玉、吴慧、孔庆典、马丁玲、吴燕、曹一、穆蕴秋、袁媛、王玮、王磊、郑方磊、韩卿等也给予笔者不少帮助，感谢他们。

最后，笔者特别感谢中国科学院数学所的李文林教授。李老师不仅在笔者读博期间关心笔者博士论文的写作，而且在笔者毕业之后还特别关心本书的修改和出版。记得2005年秋，笔者冒然与李老师联系，试问能否加入李老师的出版计划时，没想到李老师非常爽快地答应了，并且详细地给笔者介绍了出版程序和联系人员。李老师当时热情的声音，时至今日，依然清晰在耳，让笔者感动。

另外，还要特别感谢山东教育出版社的胡明涛编辑和孙金栋编辑。自本书初稿交到出版社之后，他们二人不辞劳苦，对本书进行了多次修改。他们的修改不仅准确而且专业。特别是胡明涛编辑，胡明涛编辑在前面修改的基础上后期对本书又进行了多次修订，又订正了许多不足，他的工作使本书在各个方面都增色很多，本书的最后出版与他的辛苦工作密不可分。

本书完成之际，也非常感谢我的家人给予的大力支持！

杨泽忠

2015年2月于济南